Schriften zur Handelsforschung

Begründet von Prof. Dr. Dr. h.c. RUDOLF SEŸFFERT

Herausgegeben von Prof. Dr. LOTHAR MÜLLER-HAGEDORN,
Universität zu Köln

Band 91

Die Schriften zur Handelsforschung enthalten Beiträge zu aktuellen Problemen aus Handel und Distribution. Die Schriftenreihe wurde 1953 begründet und erscheint ab Band 89 im Physica-Verlag.

Schriften zur Handelsforschung

Band 89: W. Toporowski
Logistik im Handel
Optimale Lagerstruktur und Bestellpolitik einer Filialunternehmung
1996, ISBN 3-7908-0963-2

Band 90: M. Greune
Der Erfolg externer Diversifikation im Handel
Eine theoretische und empirische Untersuchung
1997, ISBN 3-7908-0979-9

Sven Oliver Mandewirth

Transaktionskosten von Handelskooperationen

Ein Effizienzkriterium für Verbundgruppen und Franchise-Systeme

Mit 53 Abbildungen

Physica-Verlag
Ein Unternehmen
des Springer-Verlags

Dr. Sven Oliver Mandewirth
Am Kleekamp 5
D-50259 Pulheim

ISBN 3-7908-1054-1 Physica-Verlag Heidelberg

Die Deutsche Bibliothek – CIP-Einheitsaufnahme
Mandewirth, Sven O.: Transaktionskosten von Handelskooperationen: ein Effizienzkriterium für Verbundgruppen und Franchise-Systeme / Sven O. Mandewirth. – Heidelberg: Physica-Verl., 1997
  (Schriften zur Handelsforschung; Bd. 91)
  ISBN 3-7908-1054-1

Dieses Werk ist urheberrechtlich geschützt. Die dadurch begründeten Rechte, insbesondere die der Übersetzung, des Nachdrucks, des Vortrags, der Entnahme von Abbildungen und Tabellen, der Funksendung, der Mikroverfilmung oder der Vervielfältigung auf anderen Wegen und der Speicherung in Datenverarbeitungsanlagen, bleiben, auch bei nur auszugsweiser Verwertung, vorbehalten. Eine Vervielfältigung dieses Werkes oder von Teilen dieses Werkes ist auch im Einzelfall nur in den Grenzen der gesetzlichen Bestimmungen des Urheberrechtsgesetzes der Bundesrepublik Deutschland vom 9. September 1965 in der jeweils geltenden Fassung zulässig. Sie ist grundsätzlich vergütungspflichtig. Zuwiderhandlungen unterliegen den Strafbestimmungen des Urheberrechtsgesetzes.

© Physica-Verlag Heidelberg 1997

Die Wiedergabe von Gebrauchsnamen, Handelsnamen, Warenbezeichnungen usw. in diesem Werk berechtigt auch ohne besondere Kennzeichnung nicht zu der Annahme, daß solche Namen im Sinne der Warenzeichen- und Markenschutz-Gesetzgebung als frei zu betrachten wären und daher von jedermann benutzt werden dürften.

SPIN 10644791   88/2202-5 4 3 2 1 0 – Gedruckt auf säurefreiem Papier

Geleitwort

Wettbewerb findet nicht nur zwischen einzelnen Unternehmen statt, im Handel kann darüber hinaus von einem Wettbewerb der Systeme gesprochen werden. So konkurriert der selbständige Einzel- und Großhandel mit verschiedenen Formen des Direktvertriebs der Industrie sowie mit Filialsystemen, bei denen die Großhandelsstufe und die Einzelhandelsstufe korporationsrechtlich verknüpft sind. Die Systeme repräsentieren unterschiedliche Formen der Arbeitsteilung in der Distribution. *Williamson* spricht von der marktlichen Lösung auf der einen Seite und von der hierarchischen auf der anderen Seite. Zwischen ihnen stehen als sogenannte hybride Formen die Handelskooperationen. Bei ihnen behalten die Unternehmen auf der Handelsstufe ihre rechtliche und wirtschaftliche Selbständigkeit, bringen sich aber doch in ein mehr oder minder straff geführtes System ein; relativ eng sind die Tätigkeiten in Franchiseorganisationen abgestimmt, lockerer in Verbundgruppen. Es stellt sich die Frage, wie ein Distributionssystem organisiert sein sollte.

Der Verfasser greift auf die Transaktionskostentheorie zurück, um prüfen zu können, wie eng die einzelnen Wirtschaftsstufen miteinander verbunden sein sollten. Die Transaktionskostentheorie macht darauf aufmerksam, daß auch die Inanspruchnahme des Marktes mit Kosten verbunden ist, z.B. für die Suche von Marktpartnern, die Verhandlungen mit ihnen und die Überwachung der Vereinbarungen. Koordinationskosten fallen nicht nur bei der Abstimmung mit den externen Partnern, sondern auch innerhalb der Organisation an. Der Verfasser wendet diese neue theoretische Sichtweise auf Handelskooperationen an, um einen Einblick zu erhalten, von welcher Bedeutung die Transaktionskosten für die Effizienz von Verbundgruppen sind. Er erschließt damit eine interessante Perspektive für die Beurteilung der Effizienz von Verbundgruppen, die gerade in Deutschland von großer Marktbedeutung sind.

L. Müller-Hagedorn

Vorwort

Die vorliegende Arbeit entstand während meiner Zeit als wissenschaftlicher Mitarbeiter am Institut für Handelsforschung an der Universität zu Köln. Besonderen Dank möchte ich an meinen Doktorvater, Herrn Prof. Dr. Lothar Müller-Hagedorn, richten. Dies gilt vor allem für die Denkanstöße zur Weiterentwicklung des Arbeitsthemas. Die angenehme und motivierende Zusammenarbeit, auch über den Rahmen der Dissertation hinaus, wird mir stets in bester Erinnerung verbleiben.

Das Korreferat hat Herr Prof. Dr. Dr. h.c. Jürgen Zerche übernommen. Hierfür möchte ich mich herzlich bedanken.

Wertvolle Anregungen für meine Arbeit erhielt ich auch von den Kollegen des Instituts für Handelsforschung. Mein Dank gilt vor allem Frau Dagmar Rösgen-Feier und Herrn Dr. Benedikt Erdmann. Für die formale Überarbeitung möchte ich mich bei Frau Uschi Hoffmann bedanken.

Auch das private Umfeld hat mit Unterstützung, guten Ratschlägen und viel Verständnis wesentlich zum Gelingen dieses Vorhabens beigetragen. Herzlichsten Dank möchte ich daher meinen Eltern und meiner Freundin, Kira Metzen, aussprechen.

S. Mandewirth

Inhaltsverzeichnis

Abbildungsverzeichnis   XIII

Abkürzungsverzeichnis   XVII

1 Einleitung   1

  1.1 Problemstellung   1
  1.2 Gang der Untersuchung   3

2 Die Handelskooperation im Wettbewerb der distributiven Systeme   4

  2.1 Zum Begriff der Handelskooperation   4
  2.2 Erscheinungsformen der Handelskooperation   8
    2.2.1 Merkmale der Handelskooperation   8
    2.2.2 Die Entwicklung der Handelskooperationen   13
  2.3 Die Handelskooperation als distributives System   18
    2.3.1 Der Begriff des distributiven Systems   18
    2.3.2 Das Modell eines Kooperationssystems im Handel   20
    2.3.3 Das Zielsystem der Handelskooperation   22
  2.4 Der Wettbewerb der distributiven Systeme   28
    2.4.1 Die Ebenen des Wettbewerbs   28
    2.4.2 Das Kontinuum zwischen Markt und Hierarchie   30

3 Der Transaktionskostenansatz als Theorie der Handelskooperation   35

  3.1 Der Erklärungsansatz der Transaktionskostentheorie   36
    3.1.1 Die Abgrenzung von Transaktionskosten   36
    3.1.2 Die Bestimmung der effizienten Koordinationsform   41
  3.2 Der Transaktionskostenansatz im Theorienvergleich   44
    3.2.1 Institutionenökonomische Theorien im Vergleich   45

3.2.2 Theorien der Unternehmung im Vergleich	52
3.3 Die Beurteilung der Transaktionskosteneffizienz von Handelskooperationen	57
3.3.1 Zur Effizienzbeurteilung der Handelskooperation	58
3.3.2 Transaktionskosten als Effizienzkriterium in der Distribution	62
3.3.3 Interne und externe Transaktionskosten des Kooperationssystems	64
3.3.4 Die Beurteilung der Transaktionskostenhöhe	67
4 Einflußfaktoren auf die Transaktionskosten der Handelskooperation	**77**
4.1 Allgemeine Einflußfaktoren auf die Transaktionskostenhöhe	77
4.1.1 Der Einfluß des organizational failures framework	79
4.1.1.1 Begrenzte Rationalität und Umweltunsicherheit	80
4.1.1.2 Opportunismus und Wettbewerb	85
4.1.2 Der Einfluß der Transaktionsdimensionen	93
4.1.2.1 Spezifität	93
4.1.2.2 Unsicherheit	99
4.1.2.3 Häufigkeit	104
4.1.3 Infrastruktur für Transaktionen	112
4.1.3.1 Rechtliche Rahmenbedingungen	113
4.1.3.2 Technologische Rahmenbedingungen	114
4.1.4 Zusammenfassung und Kritikpunkte	121
4.1.4.1 Allgemeine Einflußfaktoren auf die Transaktionskosteneffizienz von Verbundgruppen und Franchise-Systemen	122
4.1.4.2 Kritische Beurteilung	129
4.2 Spezielle Einflußfaktoren auf die Transaktionskosten der Handelskooperation	130
4.2.1 Ausschöpfbarkeit von Kostensenkungspotentialen	131
4.2.1.1 Die Lieferkonditionen der Hersteller	133
4.2.1.2 Kostensenkungspotentiale durch Zentralisierung	136
4.2.1.2.1 Zentrale Warenbeschaffung	136
4.2.1.2.2 Zentrales Marketing	141
4.2.1.2.3 Zentrale Servicedienstleistungen	143
4.2.2 Die Berücksichtigung erlöswirtschaftlicher Zielsetzungen	144
4.2.2.1 Der Einsatz des Marketing-Mix	145
4.2.2.2 Der Einfluß des Endabnehmermarktes	147
4.2.2.2.1 Homogenität lokaler Märkte	147
4.2.2.2.2 Unsicherheit des Konsumentenverhaltens	149
4.2.2.2.3 Werbeelastizität	150
4.2.3 Der Einfluß der Mitgliedsbetriebe	152
4.2.3.1 Heterogenität der Mitgliedsbetriebe	152
4.2.3.2 Das individuelle Autonomiebedürfnis	154

4.2.4 Zusammenfassung	155
4.2.4.1 Spezielle Einflußfaktoren auf die Transaktionskosteneffizienz von Verbundgruppen und Franchise-Systemen	156
4.2.4.2 Das Gesamtsystem allgemeiner und spezieller Einflußfaktoren	159
5 Gestaltung transaktionskosteneffizienter Kooperationssysteme	**163**
5.1 Auswahl transaktionskosteneffizienter Koordinationsformen	164
5.1.1 Die Gestaltung des Kooperationsvertrages	164
5.1.1.1 Kartellrechtliche Grenzen kooperativer Vereinbarungen	164
5.1.1.2 Satzung und Rechtsform	166
5.1.1.3 Vertragliche Regelung konzeptioneller Inhalte	170
5.1.2 Die Durchsetzung vertraglicher Vereinbarungen	173
5.1.2.1 Externe Effekte als Principal-Agent-Problem	173
5.1.2.2 Anreize zur Vermeidung externer Effekte	176
5.2 Transaktionskosten und organisatorische Gestaltung der Handelskooperation	179
5.2.1 Interdependenzen zwischen Transaktionskosten und Organisation	179
5.2.2 Effizienzkriterien organisatorischer Gestaltung	182
5.2.2.1 Koordinationseffizienz	182
5.2.2.2 Motivationseffizienz	186
5.2.3 Gestaltung der Organisationsstruktur	190
5.2.3.1 Strukturalternativen	191
5.2.3.2 Die Beurteilung von Strukturalternativen: Das Beispiel der INTERFUNK eG	194
5.2.4 Organisation der Kooperationsleitung	198
5.2.4.1 Organisation kollektiver Entscheidungen	199
5.2.4.2 Abgrenzung von Organen und Gremien	202
6 Zusammenfassung der Ergebnisse	**207**
Literaturverzeichnis	**211**

Abbildungsverzeichnis

Abb. 1: Systematisierung der Unternehmensverbindungen — 5

Abb. 2: Klassifikation von Handelskooperationen — 9

Abb. 3: Die Kooperationsintensität als Kontinuum — 9

Abb. 4: Die Kombination der Kooperationsmerkmale 'Intensität' und 'Anzahl der Kooperationsfelder' in der Portfolio-Darstellung — 10

Abb. 5: Terminologische Systematik zu den Erscheinungsformen der Handelskooperation — 13

Abb. 6: Quantitative Bedeutung der Handelskooperationen auf den Absatz- und Beschaffungsmärkten im Jahre 1986 — 15

Abb. 7: Entwicklungsstufen der Handelskooperation — 17

Abb. 8: Modell eines Kooperationssystems im Handel — 20

Abb. 9: Beispiele für Konflikte zwischen Kooperationsmitgliedern — 26

Abb. 10: Zielsystem und Zielkonflikte der Handelskooperation — 27

Abb. 11: Die Vielfalt distributiver Systeme — 32

Abb. 12: Transaktionskostenarten — 37

Abb. 13: Die Gesamtkosten des Handels — 40

Abb. 14: Fixe und variable Transaktionskosten — 40

Abb. 15: Iso-Transaktionskurve und Budgetgerade der Transaktionskosten 43

Abb. 16: Property-Rights-, Transaktionskosten- und Principal-Agent-Theorie im Vergleich 47

Abb. 17: Die Verfügungsrechte 48

Abb. 18: Theorien der Unternehmung 53

Abb. 19: Einführung von Subzielen bei der Bewertung von Organisationsstrukturen 59

Abb. 20: Transaktionskosten als Subzielgröße der vertraglichen Koordination. 61

Abb. 21: Transaktions- und Produktionskosten im Handel 63

Abb. 22: Transaktionskosten des Kooperationssystems 66

Abb. 23: Entwicklungstendenzen im betrieblichen Rechnungswesen 68

Abb. 24: Faktor-Verwendungsnachweis 70

Abb. 25: Der Güterfluß am Beispiel einer Vertriebsstelle 71

Abb. 26: Definitorische Zerlegung der Transaktionskosten und mögliche Einflußgrößen 74

Abb. 27: Einflußgrößen im Beziehungsrahmen des 'organizational failures framework' 79

Abb. 28: Einflußfaktoren auf die Management-Kapazität 83

Abb. 29: Der Zusammenhang zwischen Opportunismus und Wettbewerb. 91

Abb. 30: Formen spezifischer Investitionen 94

Abb. 31: Die Kosteneffizienz alternativer Koordinationsform in Abhängigkeit vom Spezifitätsgrad 96

Abb. 32: Effiziente Koordinationsformen in Abhängigkeit von den Einflußfaktoren Häufigkeit und Spezifität 105

Abb. 33:	Reduktion der Kontaktzahl durch Einschaltung eines Handelsbetriebes	108
Abb. 34:	Numerische Illustration des Baligh/Richartz-Effektes	109
Abb. 35:	Reduktion der Kontaktzahl durch Kooperation	111
Abb. 36:	Anforderungen und inhaltliche Konzeption eines EDV-Konzepts für Kooperationen am Beispiel der Vereinigten Möbeleinkaufs GmbH & Co.KG (VME)	118
Abb. 37:	Die Beeinflussung der Kosteneffizienz alternativer Koordinationsformen in Abhängigkeit vom Spezifitätsgrad	120
Abb. 38:	Ausgewählte Unterschiede zwischen Verbundgruppen des Handels und Franchise-Systemen	122
Abb. 39:	Allgemeine Einflußfaktoren auf die Transaktionskosteneffizienz von Verbundgruppen und Franchise-Systemen	125
Abb. 40:	Determinanten der Auswahl von Koordinationsformen im Handel	131
Abb. 41:	Kostensenkungspotentiale der Handelskooperation	132
Abb. 42:	Die absatzpolitischen Instrumente des Handelsbetriebes	145
Abb. 43:	Spezielle Einflußfaktoren auf die Transaktionskosteneffizienz von Verbundgruppen und Franchise-Systemen	157
Abb. 44:	Das Gesamtsystem allgemeiner und spezieller Einflußfaktoren auf die Transaktionskostenhöhe	161
Abb. 45:	Lokale Qualität und 'free riding'	175
Abb. 46:	Zusammenhang zwischen Autonomie- und Kommunikationskosten	184
Abb. 47:	Ausgewählte Kriterien zur Beurteilung von Motivationswirkungen organisatorischer Maßnahmen	188
Abb. 48:	Die Organisationsstruktur der INTERFUNK eG vor der Reorganisation	194

Abb. 49: Die Organisationsstruktur der INTERFUNK eG nach der
Reorganisation 195

Abb. 50: Die Hauptfunktionen der Unternehmenseinheiten nach der
Reorganisation der INTERFUNK eG 196

Abb. 51: Kostenminimierung bei kollektiver Entscheidung 201

Abb. 52: Kostenminimierung bei Managerentscheidung 203

Abb. 53: Ausgewählte Gremien in Verbundgruppen des Handels 205

Abkürzungsverzeichnis

Abb.	Abbildung
Abs.	Absatz
AG	Aktiengesellschaft
AGB	Allgemeine Geschäftsbedingungen
Aufl.	Auflage
Bd.	Band
BGB	Bürgerliches Gesetzbuch
Diss.	Dissertation
EDV	elektronische Datenverarbeitung
eG	eingetragene Genossenschaft
EG	Europäische Gemeinschaft
EWG	Europäische Wirtschaftsgemeinschaft
GbR	Gesellschaft bürgerlichen Rechts
GenG	Genossenschaftsgesetz
GmbH	Gesellschaft mit beschränkter Haftung
GWB	Gesetz gegen Wettbewerbsbeschränkungen
Hrsg.	Herausgeber
i.d.R.	in der Regel
IuK	Information- und Kommunikation
Jg.	Jahrgang
Kap.	Kapitel
KG	Kommanditgesellschaft
o.Jg.	ohne Jahrgang
o.V.	ohne Verfasser
oHG	offene Handelsgesellschaft
S.	Seite
Sp.	Spalte
TAK	Transaktionskosten
vgl.	vergleiche
Vol.	Volume

1 Einleitung

Dieses einführende Kapitel erläutert das Erklärungsziel der vorliegenden Arbeit und gibt eine Übersicht über den Gang der Untersuchung.

1.1 Problemstellung

Kooperationen im Handel stellen seit vielen Jahrzehnten eine Möglichkeit für selbständige Betriebe dar, sich einem größeren System anzuschließen, ohne hierdurch die eigene wirtschaftliche und rechtliche Selbständigkeit aufzugeben. Zwischen den einzelnen Kooperationssystemen gibt es jedoch erhebliche Unterschiede, die das Erscheinungsbild, die Struktur und die ökonomische Bedeutung der Handelskooperationen betreffen. So variieren Handelskooperationen beispielsweise in ihrer Funktionsausübung, dem vertikalen bzw. horizontalen Integrationsgrad und in ihrer organisatorischen Struktur. Die ökonomische Bedeutung, gemessen an dem Marktanteil des kooperierenden Handels, differiert z.B. in Abhängigkeit von der betrachteten Handelsstufe (Einzel- und Großhandel) oder der Branche. Innerhalb einiger Branchen existieren verschiedene Kooperationsformen, z.B. in der Gestalt von Verbundgruppen und Franchise-Systemen.

Es stellt sich die Frage, wie die aufgezeigten Unterschiede erklärt werden können. Die Fragestellung rechtfertigt sich insbesondere vor dem Hintergrund einer dynamischen Wettbewerbsentwicklung, die durch das Aufkommen neuer Betriebsformen und Systeme im Handel gekennzeichnet ist. Hierbei sieht sich die Handelskooperation nicht nur in ihrer Funktionsausübung, sondern auch als Institution dem direkten Wettbewerb ausgesetzt.

Mit der vorliegenden Arbeit wird das Ziel verfolgt, die institutionelle Existenz unterschiedlicher Kooperationssysteme im Handel zu erklären. Ihre institutionellen Eigenschaften gewinnt die Handelskooperation aus den vertraglichen Beziehungen, die zwischen den Kooperationspartnern bestehen. Als institutionenökonomischer Erklärungsansatz bietet sich daher die Transaktionskostentheorie an, deren Anliegen darin besteht, die Existenz von Institutionen mit den Kosten zu begründen, die in Zusammenhang mit vertraglichen Vereinbarungen entstehen. Die Wettbewerbsfähigkeit einer Institution würde demnach von den Transaktionskosten abhängen, die durch sie verursacht werden.

Bezüglich des erklärenden Beitrages der Transaktionskostentheorie ergeben sich folgende Fragen, die mit der vorliegenden Arbeit beantwortet werden sollen:

- Welche Erklärungsmöglichkeiten bietet der Transaktionskostenansatz im Vergleich zu anderen Theorien ?
- Kann mit einer rein kostenorientierten Betrachtung die Handelskooperation umfassend erklärt werden ?
- Was bedeutet „Transaktionskosteneffizienz" in der Distribution ?
- Wie können die Transaktionskosten des Handels gegenüber den Produktionskosten abgegrenzt werden und welche Bedeutung kommt ihnen zu ?
- Wie können interne und externe Transaktionskosten des Koopertionssystems abgegrenzt werden ?
- Wie können die Transaktionskosten der Handelskooperation gemessen bzw. beurteilt werden ?

Wenn der Transaktionskostenansatz einen Beitrag zur Erklärung von Kooperationssystemen im Handel zu leisten vermag, müßten sich auf dieser Grundlage auch konkrete Handlungsempfehlungen formulieren lassen. Daher soll geprüft werden, welche Einflußfaktoren auf die Transaktionskosten von Kooperationssystemen einwirken und welche Gestaltungsmaßnahmen auf dieser Basis zu empfehlen sind. Auf der Basis dieser Erkenntnisse wird die Transaktionskostentheorie weiterentwickelt, um eine Anpassung an die vorherrschenden Transaktionsbeziehungen distributiver Systeme vorzunehmen.

Gestaltungsmöglichkeiten zur Einflußnahme auf die Transaktionskosten einer Institution beziehen vertragliche und organisatorische Ansätze ein. Auf der Grundlage des Transaktionskostenansatzes müßte es demnach gelingen, die Transaktionskostenwirkungen alternativer Kooperationsverträge abzuschätzen. Dieser Aufgabe kann eine erhebliche Bedeutung beigemessen werden, weil der Kooperationsvertrag das Bindeglied zwischen den an sich selbständigen Kooperationspartnern darstellt und damit die Existenz eines Kooperationssystems begründet. Der Kooperationsvertrag nimmt zudem Einfluß auf die Effizienz der organisatorischen Struktur und auf die Kooperationsführung. Mit diesen weitreichenden Konsequenzen, die sich aus der Auswahl und Gestaltung von Kooperationsverträgen ergeben, begründet sich das Erklärungsziel der vorliegenden Arbeit.

1.2 Gang der Untersuchung

In dem nachfolgenden Kapitel wird, neben begrifflichen Abgrenzungen, die Handelskooperation zunächst in ihren unterschiedlichen Erscheinungsformen vorgestellt und mit der Einordnung zwischen Markt und Hierarchie ein systematisierender Ansatz vorgestellt, der den Wettbewerbsaspekt betont.

Kapitel 3 stellt die Transaktionskostentheorie innerhalb der Neuen Institutionenökonomie vor und prüft deren Beitrag zur Erklärung der Handelskooperation im Vergleich mit alternativen Theorien. Es wird gefragt, ob die Höhe der Transaktionskosten ein aussagefähiges und operationalisierbares Effizienzkriterium für die Beurteilung von Handelskooperationen darstellt. Weitere Ausführungen beschäftigen sich damit, an welchen Stellen in Kooperationssystemen Transaktionskosten auftreten und wie diese gemessen bzw. beurteilt werden können.

Im Mittelpunkt von Kapitel 4 steht die Beurteilung der Transaktionskosteneffizienz anhand relevanter Einflußfaktoren. Hierbei handelt es sich zum einen um allgemeine Einflußfaktoren, die üblicherweise zur Erklärung ökonomischer Institutionen in transaktionskostentheoretischen Untersuchungen herangezogen werden. Zum anderen wird versucht, ein ergänzendes System spezieller Einflußfaktoren zu entwikkeln, um die besonderen institutionellen Gegebenheiten der Handelskooperation stärker zu berücksichtigen. Hiermit verbindet sich auch das Ziel, die wesentlichen Kostensenkungs- und Erlöspotentiale der Handelskooperation in die Untersuchung einzubeziehen und hierbei auch die individuellen Eigenschaften der kooperierenden Betriebe zu berücksichtigen.

Kapitel 5 betrachtet die Möglichkeiten zur gestaltenden Einflußnahme auf die Transaktionskostenhöhe. Hierbei geht es zunächst um die Auswahl, Gestaltung und Durchsetzung des Kooperationsvertrages, der die Position der Handelskooperation auf dem Kontinuum zwischen Markt und Hierarchie bestimmt. Darauf aufbauend erfolgt eine Beurteilung der Transaktionskosteneffizienz alternativer Kooperationsformen (Verbundgruppen, Franchise-Systeme), die eine typologische Auswahl von Kooperationsverträgen repräsentieren. Desweiteren wird die Beeinflussung von Transaktionskosten durch die organisatorische Gestaltung der Handelskooperation untersucht. Hierbei handelt es sich sowohl um die Festlegung von Organisationsstrukturen als auch um die Organisation der Kooperationsführung.

2 Die Handelskooperation im Wettbewerb der distributiven Systeme

Mit diesem Kapitel verbindet sich nicht nur das Ziel, terminologische und inhaltliche Grundlagen zu schaffen, sondern darüber hinaus die wettbewerblichen Beziehungen der Handelskooperation aufzuzeigen. Den Wettbewerbsbeziehungen der Handelskooperation wird deshalb eine sehr hohe Bedeutung beigemessen, weil diese im direkten Zusammenhang mit der Frage nach der institutionellen Existenz von Handelskooperationen stehen. Nach der definitorischen und rechtlichen Auseinandersetzung mit der Handelskooperation wird daher der Überbegriff des **distributiven Systems** eingeführt, wodurch eine ganzheitliche, modellhafte Betrachtung von Kooperationen und alternativen Formen ermöglicht wird. Hieran schließen sich Ausführungen über eine systematische Erfassung von Distributionssystemen an, die auf der prinzipiellen Unterscheidung der Koordinationsmechanismen **Markt** und **Hierarchie** beruhen.

2.1 Zum Begriff der Handelskooperation

Bei der Definition des Begriffes **Handel** wird im allgemeinen zwischen dem Handel im funktionellen und im institutionellen Sinne unterschieden. Im funktionellen Sinne handelt es sich um den Austausch von Gebrauchs- und Umsatzgütern[1], ohne daß diese be- oder verarbeitet werden. Der Handel im institutionellen Sinn umfaßt „jene

---

[1] Der Begriff 'Gebrauchsgüter' bezeichnet dauerhafte Produktions- und Konsumgüter, die dem mehrmaligen Gebrauch dienen (z.B. Einrichtungen, Maschinen). Unter dem Begriff "Umsatzgüter" (auch 'Verbrauchsgüter') werden Güter zusammengefaßt, die durch Produktion oder Konsumtion dem Markt entzogen werden (z.B. Rohstoffe, Hilfsstoffe, Nahrungsmittel). Beide Güterarten umfassen nicht den Handel mit Nominalgütern, Nutzungsgütern (Grundstücke), Rechten und Dienstleistungen. Vgl. Müller-Hagedorn, Lothar: Handelsmarketing, 2. Aufl., Stuttgart-Berlin-Köln 1993, S. 16.

Institutionen[2], deren wirtschaftliche Tätigkeit ausschließlich oder überwiegend dem Handel im funktionellen Sinne zuzurechnen ist"[3].

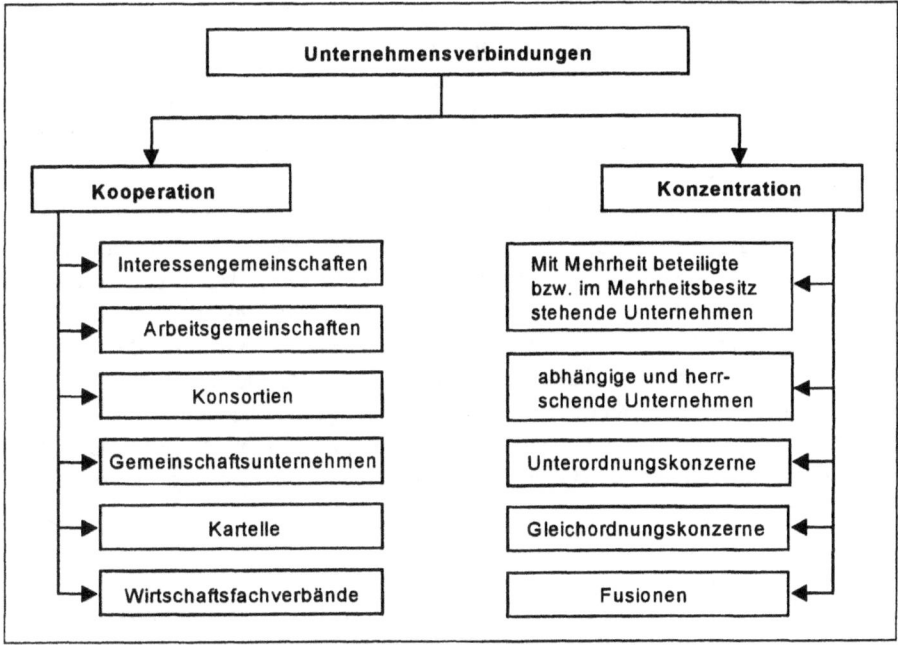

Abb. 1: Systematisierung der Unternehmensverbindungen; Quelle: Wöhe, G. 1993, S. 410.

Der Begriff der Kooperation, als Bezeichnung für den Zusammenschluß bestehender Einzelwirtschaften, wird gewöhnlich dem Oberbegriff der Betriebs- bzw.

---

[2] Der Institutionenbegriff umfaßt neben der Unternehmung und ihren organisatorischen Regelungen z.B. auch den Markt, das Geld, die Sprache sowie soziale Normen und rechtliche Einrichtungen wie etwa Verfassungen, Vertragsformen und das Eigentum. Vgl. Picot, Arnold: Ökonomische Theorien der Organisation - Ein Überblick über neuere Ansätze und deren betriebswirtschaftliches Anwendungspotential, in: Ordelheide, Dieter/Rudolph, Bernd/ Büsselmann, Elke, (Hrsg.): Betriebswirtschaftslehre und Ökonomische Theorie, Stuttgart 1991, S. 144.

[3] Katalog E - Begriffsdefinitionen aus der Handels- und Absatzwirtschaft, 4. Ausgabe, Köln 1995, S. 28. Vgl. zum funktionellen und institutionellen Handelsbegriff auch Marré, Heribert: Funktionen und Leistungen des Handelsbetriebes, Köln-Opladen 1960, S. 1 - 3.

Unternehmensverbindung[4] zugerechnet[5]. *Wöhe* unterscheidet, wie in Abbildung 1 erkennbar, innerhalb der Unternehmensverbindungen zwischen dem Begriff der Kooperation und dem der Konzentration[6]. Konzentration liegt nach *Wöhe* vor, „wenn die Partner einer Unternehmensverbindung entweder ihre wirtschaftliche Selbständigkeit (. . .) oder außerdem noch ihre rechtliche Selbständigkeit aufgeben (. . .)"[7]. Die Kooperation kennzeichnet er als „freiwillige Zusammenarbeit von Unternehmen, die rechtlich und in den nicht der vertraglichen Zusammenarbeit unterworfenen Bereichen auch wirtschaftlich selbständig bleiben"[8]. Die Handelskooperation wird nach der Systematik in Abbildung 1, die sich eng an die wettbewerbsrechtlichen Rahmenbedingungen[9] anlehnt, - unter dem Begriff **Kooperationskartell** (oder **Mittelstandskartell**) - den Kartellen zugeordnet.

Benisch bezieht den Kooperationsbegriff ausschließlich auf das Kooperationskartell und definiert dieses als „Zusammenlegung einzelner Unternehmensfunktionen zu dem Zweck, die Leistung der beteiligten Unternehmen zu steigern und dadurch deren Wettbewerbsfähigkeit zu verbessern"[10]. Diese engere Sichtweise des Kooperationsbegriffs betont zwar die gemeinsame Leistungserstellung der Kooperationspartner, eine Anlehnung an das Kartellgesetz erfolgt jedoch ähnlich wie bei *Wöhe*.

Unabhängig von der wettbewerbsrechtlichen Einstufung grenzt der Ausschuß für Begriffsdefintionen aus der Handels- und Absatzwirtschaft die Kooperation ab und

---

[4] Im weiteren Verlauf der Arbeit werden die Begriffe "Betrieb" und "Unternehmen" als Synonym für den Begriff "Unternehmung" rangmäßig gleichgeordnet. Während der Begriff des Betriebes in erster Linie die Stätte der wirtschaftlichen Entscheidungen und des technischen Vollzuges bezeichnet, stellt der Unternehmensbegriff die Tätigkeit des Unternehmers als Träger des Kapitalrisikos in den Vordergrund. Sofern beide Aspekte auf die betrachtete Wirtschaftseinheit zutreffen, finden hier beide Begriffe Anwendung. Vgl. zu den verschiedenen Auffassungen über die Begriffe "Betrieb" und "Unternehmung": Grochla, Erwin: Unternehmung und Betrieb, in: Beckerath, Erwin v. et al., (Hrsg.): Handwörterbuch der Sozialwissenschaften, Band 10, Göttingen 1959a, S. 583 - 588; Grochla, Erwin: Betrieb, Betriebswirtschaft und Unternehmung, in: Grochla, Erwin/Wittmann, Waldemar, (Hrsg.): Handwörterbuch der Betriebswirtschaftslehre, 4. Aufl., Band 1, Stuttgart 1974, Sp. 541 - 557.

[5] Vgl. Knoblich, Hans: Zwischenbetriebliche Kooperation, in: Zeitschrift für Betriebswirtschaft, Jg. 39 (1969), S. 499; Grochla, Erwin: Betriebsverband und Verbandbetrieb, Berlin 1959b, S. 28 f.

[6] Vgl. Wöhe, Günter: Einführung in die Allgemeine Betriebswirtschaftslehre, 18. Aufl., München 1993, S. 410.

[7] Wöhe, G., 1993, S. 411.

[8] Wöhe, G., 1993, S. 410.

[9] Siehe zu den wettbewerbsrechtlichen Rahmenbedingungen ausführlicher Kap. 5.1.1.1.

[10] Benisch, Werner: Kooperationsfibel, 4. Aufl., Bergisch Gladbach 1973, S. 67. Benisch definiert den Kooperationsbegriff in enger Anlehnung an die "Deutsche Kooperationsfiebel" des Bundesministeriums für Wirtschaft vom 29. Oktober 1963 und die "Kooperationserleichterungen im Zweiten Gesetz zur Änderung des Gesetzes gegen Wettbewerbsbeschränkungen" vom 3. August 1973. Abdruck der amtlichen Texte bei: Benisch, W., 1973, S. 11 - 40.

findet hiermit in Wissenschaft, Politik und Rechtsprechung die weiteste Verbreitung und Anerkennung[11]. Der Ausschuß definiert den Begriff der Kooperation wie folgt: „Kooperation ist jede auf freiwilliger Basis beruhende, meist vertraglich geregelte Zusammenarbeit rechtlich und wirtschaftlich selbständig bleibender Unternehmungen zur Absicherung bzw. Verbesserung ihrer Leistungsfähigkeit."[12]

Im Hinblick auf die verfolgten Untersuchungsziele erscheint diese Abgrenzung zweckmäßiger, weil hier die vertraglichen Beziehungen der Kooperationspartner anstelle der wettbewerbspolitischen Rahmenbedingungen im Mittelpunkt stehen. Die Definition läßt allerdings offen, ob es sich bei der „vertraglich geregelten Zusammenarbeit"[13] ausschließlich um funktionale oder auch um institutionale Beziehungen handelt. Diese Anmerkung muß vor dem Hintergrund gesehen werden, daß die deutschsprachige Betriebswirtschaftslehre der 50er und 60er Jahre durch die auf *Erich Gutenberg* zurückgehende funktionale Denkweise dominiert wurde[14]. Hierdurch wurde der Blick vor allem auf den Faktor-Kombinationsprozeß[15] gelenkt, während institutionelle Aspekte vorwiegend in der betriebswirtschaftlichen Organisationslehre behandelt wurden[16]. Dementsprechend unterscheiden sich funktionale und institutionelle Ansätze auch grundlegend in ihrem Erklärungsziel. Während in der funktionalen Betrachtungsweise die Optimierung der Aufgabenerfüllung (z.B. Absatz, Beschaffung, Finanzierung etc.) durch die Kooperation im Vordergrund steht, stellt der institutionelle Ansatz den organisatorischen und rechtlichen Rahmen und damit auch die selbständige Existenz der an der Kooperation beteiligten Unternehmungen in Frage.

Knoblich kritisiert die funktionale Prägung des Kooperationsbegriffs und versucht der Kooperation mit dem Begriff der **Ökonomisierungsgemeinschaft** institutionellen Charakter zu verleihen[17]. Auch wenn sich dieser Begriff nicht allgemein durchsetzen konnte, so wurde bei späteren Abgrenzungen des Kooperationsbegriffs der institutionelle Aspekt stärker berücksichtigt. So definiert *Schwarz*:

„Die Kooperation ist eine Organisation mit dem Zweck der Erfüllung angegliederter Teilaufgaben ihrer sonst selbständigen Träger"[18].

Hier wird die Kooperation als Organisation bezeichnet, die Leistungen an Unternehmen erbringt, durch deren Trägerschaft sie überhaupt erst existiert. *Schwarz* weist darauf hin, daß der funktionale und der institutionale Kooperationsbegriff

---

[11] Vgl. Schenk, Hans-Otto: Marktwirtschaftslehre des Handels, Wiesbaden 1991, S. 353 f.
[12] Katalog E, 1995, S. 22.
[13] Zur Gestaltung von Kooperationsverträgen ausführlicher Kap. 5.1.1.
[14] Vgl. Dülfer, Eberhard: Betriebswirtschaftslehre der Kooperative, Göttingen 1984, S. 17.
[15] Gemäß dem funktionalen Ansatz richtet sich der Faktor-Kombinationsprozeß im Handel auf den Umsatz von Ware innerhalb der Kategorien Raum, Zeit, Menge, Sortiment sowie auf die Förderung von Markttransparenz und die Sicherung der Marktpartner durch Schaffung von Vertrauen gegenüber dem Handelsbetrieb. Vgl. Marré, H., 1960, S. 39 f; ähnlich: Oberparleiter, Karl: Funktionen und Risikenlehre des Warenhandels, Berlin-Wien 1930, S. 8.
[16] Vgl. Dülfer, E., 1984, S. 17.
[17] Vgl. Knoblich, H., 1969, S. 503.
[18] Schwarz, Peter: Morphologie von Kooperationen und Verbänden, Tübingen 1979, S. 85.

nicht konkurrierend, sondern komplementär zu sehen seien[19]. Dieser Ansicht wird hier gefolgt, weil durch eine konsequente Trennung von Funktion und Institution Interdependenzen keine Berücksichtigung finden würden. Aufgrund der hier behandelten Themenstellung wird der institutionelle Aspekt jedoch vielfach in den Vordergrund treten.

2.2 Erscheinungsformen der Handelskooperation

Innerhalb der hier vorgenommenen terminologischen Abgrenzungen existiert im Handel eine erhebliche Vielfalt unterschiedlicher Kooperationen. Die wissenschaftliche Literatur begegnet diesem Phänomen mit zahlreichen Klassifizierungsansätzen und Merkmalstypologien, die zur Beschreibung von Kooperationsformen führen[20]. Es kann hier nicht die Aufgabe sein, die unterschiedlichen Ansätze aufzuzeigen und zu diskutieren. Um dennoch auf die vielfältige Gestalt der Handelskooperationen einzugehen, werden einzelne Ansätze exemplarisch dargestellt. Auf diese statische Analyse folgen Ausführungen über die dynamische Entwicklung der Handelskooperationen.

2.2.1 Merkmale der Handelskooperation

Die folgende Abbildung zeigt ein Beispiel für die Systematisierung von klassifizierenden Kriterien der Handelskooperation und mögliche Ausprägungsformen.

Obwohl die verschiedenen Merkmalskriterien und Ausprägungsformen die Vielfalt von Handelskooperationen beschreiben, ergeben sich methodische Probleme. Die Kritik an Merkmalsklassifikationen richtet sich zum einen auf die geringe Differenzierbarkeit aufgrund nominaler Skalierung und zum anderen auf Zuordnungsprobleme, die entstehen, weil nicht alle Untersuchungsobjekte bei bestimmten Merkmalen eine eindeutige Ausprägung aufweisen[21].

---

[19] Vgl. Schwarz, P., 1979, S. 87.
[20] Der Begriff der 'Kooperationsform' hat sich gegenüber dem Begriff des 'Kooperationstyps' stärker durchgesetzt. Beide werden jedoch häufig synonym verwendet, so auch bei Schenk, H.-O., 1991, S. 358.
[21] Vgl. Gahrens, Norbert: Die Ökonomisierung der Warendistribution durch zwischenbetriebliche Kooperationen, Göttingen 1990a, S. 66.

Kriterium	Ausprägungsform		
(1) Kooperationsausrichtung[22]	horizontal	vertikal	lateral
(2) Funktion	Marketing	Logistik	Warenwirtschaft
(3) Intensität	gering	mittel	hoch
(4) Zahl der Kooperationspartner	zwei (bilateral)	wenige	viele
(5) Dauer	kurzfristig	mittelfristig	langfristig
(6) Rechtliche Regelung	mündliche Abmachung	schriftliche Einzelvereinbarung	ausgebauter Gesamtvertrag

Abb. 2: Klassifikation von Handelskooperationen; Quelle: Vgl. Lerchenmüller, M., 1992, S. 315.

Als Lösungsmöglichkeit bietet sich die Beschreibung der Kooperationsmerkmale durch stetige Variablen an, wodurch intensitätsmäßige Abstufungen der Merkmalsausprägungen zugelassen werden. Diese Vorgehensweise soll hier am Beispiel der Kooperationsintensität verdeutlicht werden. Die Kooperationsintensität zeigt den Bindungsgrad der Zusammenarbeit auf, der sich vor allem in der Zentralisierungstendenz gemeinschaftlich wahrgenommener Aufgaben widerspiegelt. Die folgende Abbildung veranschaulicht das Kontinuum, auf dem die unterschiedlichen Abstufungen der Merkmalsausprägungen dargestellt werden können.

```
  keine/schwache    mittlere              intensive filialähnliche
  Kooperation       Kooperationsintensität Kooperation
  |─────────────────────────────────────────────────────────────|
                    KOOPERATIONSINTENSITÄT           ──────►
```

Abb. 3: Die Kooperationsintensität als Kontinuum

Die Beschreibung von Merkmalsausprägungen durch stetige Variablen stellt eine Voraussetzung für die Entwicklung einer Merkmalstypologie dar. Merkmalstypen entstehen durch eine „bestimmte Kombination von Merkmalsausprägungen gleichrangiger Merkmale; die Merkmalstypen sind jedoch nicht starr sondern - zumindest teilweise - veränderlich bzw. intensitätsmäßig abstufbar"[23]. Die Auswahl geeigneter Typisierungsmerkmale hängt hierbei von dem jeweiligen Untersuchungsziel ab[24].

---

[22] Zur kartellrechtlichen Unterscheidung von vertikalen und horizontalen Kooperationen ausführlicher Kap. 5.1.1.1. Laterale Kooperationen beziehen verschiedene Branchen oder Wirtschaftsstufen ein. Vgl. Lerchenmüller, M., 1992, S. 316.
[23] Gahrens, N., 1990a, S. 66.
[24] Vgl. Gahrens, N., 1990a, S. 67.

Diese Vorgehensweise soll beispielhaft an der Kombination der Merkmale **Kooperationsintensität** und **Anzahl der Kooperationsfelder (Funktionsbereiche)** aufgezeigt werden. In der folgenden Abbildung spannen die gewählten Merkmale ein Portfolio[25] auf, in dem die empirischen Kooperationsformen entsprechend ihrer Merkmalsausprägungen plaziert werden.

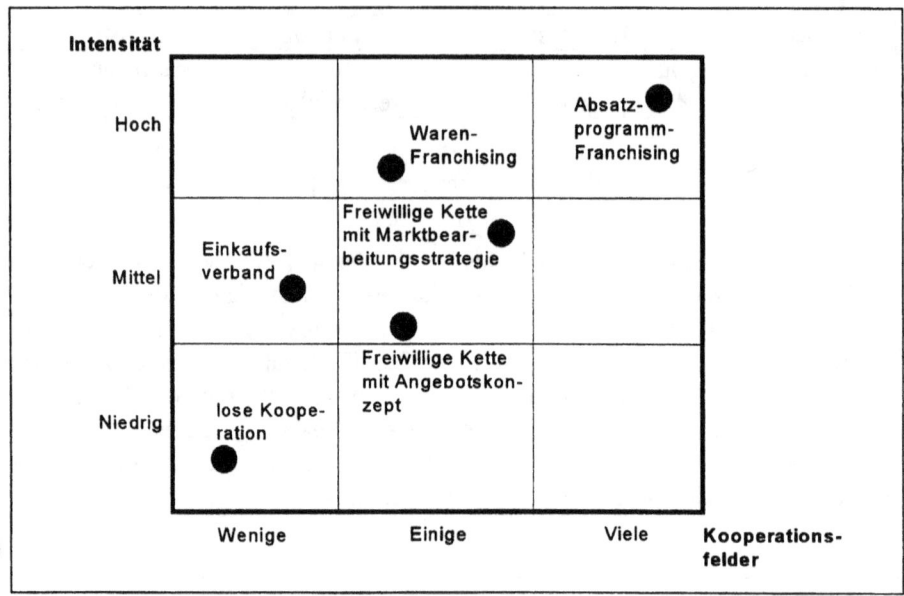

Abb. 4: Die Kombination der Kooperationsmerkmale „Intensität" und „Anzahl der Kooperationsfelder" in der Portfolio-Darstellung; Quelle: Vgl. Tietz, Bruno: Handbuch Franchising, Landsberg am Lech 1991, S. 17.

Die Portfoliodarstellung zeigt die lose Kooperation (niedrige Intensität und wenige Kooperationsfelder) und das Absatzprogramm[26]-Franchising (hohe Intensität und viele Kooperationsfelder) als die beiden Kooperationsformen, die die größten Unterschiede aufweisen. Diese Polarität muß vor dem Hintergrund unterschiedlicher Zielsetzungen gesehen werden. Während lose Kooperationen z.B. kurzfristig oder als Vorstufe einer engeren Verbindungen gebildet werden, liegt die Intention des Absatzprogramm-Franchising in der Gestaltung einer intensiven Zusammenarbeit im

---

[25] Portfolio-Techniken finden vor allem in der strategischen Planung Anwendung. Hierbei wird eine begrenzte Anzahl von Bewertungskriterien herangezogen, um mögliche Geschäftsfelder zu typologisieren und diese vereinfacht darzustellen. Die Übertragung auf die Typologisierung von Kooperationsformen erfolgt analog.

[26] Im Vergleich mit dem Warenfranchising werden die Kooperationsfelder des Absatzprogrammfranchising um zusätzliche Marketing-Aktivitäten ergänzt.

vertikalen Distributionskanal. Der Begriff des Franchising wird folgendermaßen definiert:

„Franchising ist ein vertikal-kooperativ organisiertes Absatzsystem rechtlich selbständiger Unternehmen auf der Basis eines vertraglichen Dauerschuldverhältnisses. Dieses System tritt am Markt einheitlich auf und wird geprägt durch das arbeitsteilige Leistungsprogramm der Systempartner sowie durch ein Weisungs- und Kontrollsystem eines systemkonformen Verhaltens."[27]

In der Rechtspraxis entwickelt die vertragsgebende Partei - auch als Franchisegeber bezeichnet - ein Gesamtpaket, welches sämtliche relevante Vereinbarungen enthält und bietet dieses dem potentiellen Vertragspartner (Franchisenehmer) zur Nutzung gegen ein von ihm zu entrichtendes Entgelt an. Einflußmöglichkeiten des Franchisenehmers auf das Gesamtkonzept entfallen hier weitgehend, sein Leistungsbeitrag besteht in der Einbringung der Betriebsfaktoren Arbeit, Kapital und Information[28]. Trotz der Eingrenzung seiner unternehmerischen Entscheidungsfreiheit bleibt der Franchisenehmer rechtlich und wirtschaftlich unabhängig, auch vor dem Hintergrund, daß er den Eintritt in den Verbund freiwillig gewählt hat[29].

In der Praxis existiert eine Vielzahl unterschiedlicher Franchise-Typen, auf die hier nicht näher eingegangen werden soll[30]. Bei den hier betrachteten Franchise-Systemen handelt es sich weitgehend um den Typ des Vertriebs-Franchising, der dann vorliegt, „wenn der Gegenstand des franchisierten Systems der Vertrieb eines Erzeugnisses oder eines Inbegriffs von Gütern ist"[31]. Diese Franchisen, die wahrscheinlich die Mehrzahl der überhaupt in Deutschland vorhandenen Franchise-Systeme darstellen, können sowohl vom Produzenten, wie auch durch einen Distributionsbetrieb (z.B. Großhändler) gewährt werden, wobei im letzteren Fall auch mehrere Stufen ausgeschaltet sein können[32].

Zwischen den Extremformen beinhaltet das Portfolio eine Reihe weiterer Kooperationstypen, die graduelle Differenzen aufweisen. Hierzu gehören auch Einkaufsverbände und freiwilligen Ketten, die in der Handelspraxis eine bedeutende Rolle spielen. Sowohl der Einkaufsverband als auch die freiwillige Kette dienen als Kooperationsform dem primären Ziel, durch die Zentralisierung handelsbetrieblicher Funktionen zur Ökonomisierung der Warendistribution beizutragen, um dadurch die Wettbewerbsfähigkeit der zusammengeschlossenen Kooperationspartner zu verbessern.

Der wesentliche Unterschied zwischen den beiden Kooperationsformen liegt nach *Barth* in der Richtung der vertikalen Integration verschiedener Wirtschaftsstufen.

---

[27] Informationsschrift des Deutschen Franchiseverbandes e.V. (DFV) in München, S. 2, zitiert bei Skaupy, Walther: Franchising - Handbuch für die Betriebs- und Rechtspraxis, 2. Aufl., München 1995, S. 6.
[28] Vgl. Skaupy, W., 1995, S. 6; Tietz, Bruno: Handbuch Franchising, Landsberg am Lech 1991, S. 13.
[29] Vgl. Skaupy, W., 1995, S. 127.
[30] Siehe hierzu ausführlich Skaupy, W., 1995, S. 30 - 37.
[31] Skaupy, W., 1995, S. 31.
[32] Vgl. Skaupy, W., 1995, S. 31; Liesegang, Helmuth: Der Franchise-Vertrag, 3. Aufl., Heidelberg 1990, S. 5.

Demnach geht der Einkaufsverband als sogenannte Rückwärtsintegration auf die Initiative des institutionellen Einzelhandels zurück, während freiwillige Ketten, im Wege der Vorwärtsintegration, durch den Großhandel gebildet werden[33]. Hierdurch bedingt unterscheiden sich der Einkaufsverband und die freiwillige Kette auch in der Hervorbringung neuer Wirtschaftseinheiten. Durch den zunächst horizontalen Zusammenschluß von Einzelhändlern zu einem Einkaufsverband kommt es, im Zuge der Funktionszusammenlegung, zur Bildung einer neuen Institution auf der Großhandelsebene. Der Zusammenschluß in einer freiwilligen Kette bewirkt hingegen keine Unternehmensneugründung[34].

Die Aufzählung struktureller Unterschiede zwischen Einkaufsverbänden und freiwilligen Ketten ließe sich noch beliebig erweitern. Angesichts der hier nur angedeuteten Vielfalt empirischer Kooperationsformen erscheint der erklärende Beitrag solcher Ausführungen, im Hinblick auf das Untersuchungsziel, jedoch als fragwürdig. Im weiteren Verlauf der Arbeit werden daher Einkaufsverbände und die freiwilligen Ketten unter dem Oberbegriff der Verbundgruppe zusammengefaßt. Diese zählen zusammen mit den losen Kooperationsformen und Franchise-Systemen zu den hier betrachteten Handelskooperationen. Abbildung 5 gibt einen Überblick über die terminologische Systematik. Diese Systematik sei jedoch mit dem Hinweis versehen, daß es in der Praxis, durch intensitätsmäßige Abstufungen bedingt, zu beliebig vielen Übergangsformen kommt, die eine trennscharfe Abgrenzung von Kooperationsformen erheblich erschweren. *Eschenburg* äußert ähnliche Bedenken, indem er fragt, „ob es überhaupt möglich ist, alle . . Erscheinungsformen auf eine überschaubare Anzahl wohlunterschiedener Kooperationsarten zurückzuführen"[35].

Obwohl die verschiedenen Merkmalskriterien und Ausprägungsformen die Vielfalt von Handelskooperationen beschreiben, ergeben sich methodische Probleme. Die Kritik an Merkmalsklassifikationen richtet sich zum einen auf die geringe Differenzierbarkeit aufgrund nominaler Skalierung und zum anderen auf Zuordnungsprobleme, die entstehen, weil nicht alle Untersuchungsobjekte bei bestimmten Merkmalen eine eindeutige Ausprägung aufweisen[36].

---

[33] Vgl. Barth, Klaus: Betriebswirtschaftslehre des Handels, 2. Aufl., Wiesbaden 1993, S. 105 - 108.
[34] Vgl. Kuhn, Gustav: Entwicklung und Probleme der Kooperation im Handel, Göttingen 1977, S. 22; Olesch, Günter: Die Einkaufsverbände des Einzelhandels, Frankfurt am Main 1980, S. 14.
[35] Eschenburg, Rolf: Ökonomische Theorie der genossenschaftlichen Zusammenarbeit, Tübingen 1971, S. 9.
[36] Vgl. Gahrens, Norbert: Die Ökonomisierung der Warendistribution durch zwischenbetriebliche Kooperationen, Göttingen 1990a, S. 66.

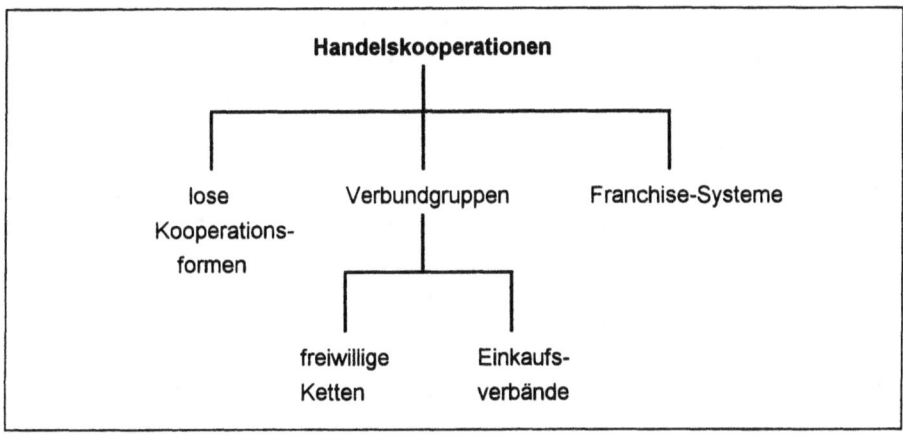

Abb. 5: Terminologische Systematik zu den Erscheinungsformen der Handelskooperation

Die Kritik an der typologisierenden Vorgehensweise richtet sich damit auf die vereinfachte Darstellung komplexer Kooperationsstrukturen und dem damit verbundenen Informationsverlust. Dieser Einwand kann prinzipiell aufrecht erhalten werden, sofern eine Komplexitätsreduktion nicht gezielt (wie z.B. in der strategischen Planung) eingesetzt werden soll. Ein weiterer Kritikpunkt ergibt sich aus der rein statischen Betrachtungsweise. Der folgende Abschnitt soll daher zeigen, ob mit der Beschreibung von dynamischen Entwicklungen im Kooperationsbereich ein weiterführender Beitrag geleistet werden kann.

2.2.2 Die Entwicklung der Handelskooperationen

Die Anfänge der kooperativen Zusammenarbeit zwischen Handelsbetrieben gehen in Deutschland bis auf das Ende der 80er Jahre des 19. Jahrhunderts zurück und sind als Selbsthilfereaktion auf das damalige Aufkommen der Konsumgenossenschaften, der Waren- und Spezialversandhäuser und der Lebensmittelfilialbetriebe zu verstehen[37]. Unter der Rechtsform der Genossenschaft schlossen sich kleinere und mittelgroße Betriebe zum Zweck des gemeinsamen Warenbezugs zusammen, um ihre Machtposition gegenüber den Lieferanten zu verbessern und die Beschaffungskosten zu senken[38].

Die ersten freiwilligen Ketten in Deutschland wurden 1950 als Initiative des institutionellen Großhandels gegründet, der sich durch das verstärkte Aufkommen der

---

[37] Vgl. Schultz, Reinhard: Einkaufsgenossenschaften und freiwillige Ketten des Lebensmitteleinzelhandels - ein Vergleich, Karlsruhe 1969, S. 8 f.
[38] Vgl. Dahmen, Egbert: Die Veränderungen der Betriebsführung des Facheinzelhandels durch Beteiligung an Koalitionen, Köln 1972, S. 53; Kuhn, G., 1977, S. 17, Gahrens, Norbert: Zur Entstehung und Entwicklung der Kooperation in der Absatzwirtschaft, in: Der Verbund, Jg. 3 (1990b), Nr. 4, S. 15.

Einkaufsgenossenschaften und filialisierten Betriebe in seiner Existenz gefährdet sah[39]. Zum heutigen Zeitpunkt entsprechen die Leistungsprogramme der freiwilligen Ketten weitgehend denen der Einkaufsgenossenschaften und umfassen häufig sämtliche betriebswirtschaftlichen Funktionen. Diese Kooperationen, die häufig auch als **Fullservice-Verbund**[40] bezeichnet werden, streben durch organisatorische Straffung und Intensivierung der Zusammenarbeit ein aktives und innovatives Einwirken auf den Wettbewerb an[41]. Die Entwicklung zum Fullservice-Verbund muß auch im Zusammenhang mit dem in den letzten 20 Jahren verstärkten Aufkommen von Franchise-Organisationen gesehen werden, die in einigen Branchen eine weitere Alternative zur horizontalen Kooperation darstellen.

Neben der funktionalen Erweiterung der kooperativen Zusammenarbeit läßt sich als weiterer wichtiger Entwicklungstrend das quantitative Expansionsstreben der Handelskooperationen festhalten. Dieses Expansionsstreben richtet sich zum einen auf die Sicherung möglichst hoher Einkaufsvolumina, weil die in Abhängigkeit von der Bestellmenge ausgehandelten Bezugspreise und -konditionen einen wesentlichen Grund für die Kooperationsbereitschaft der einzelnen Mitglieder darstellen[42]. Zum anderen wird, wegen der verstärkten „integrativen Verzahnung zwischen Absatz- und Beschaffungsmarketing"[43], ein quantitatives Wachstum auf den Absatzmärkten der angeschlossenen Mitgliedsbetriebe als Ziel verfolgt.

Es stellt sich hier die Frage, wie hoch die quantitative Bedeutung der Kooperationen im Handel eingeschätzt werden kann. Die folgende Abbildung zeigt an den Beispielen ausgewählter Branchen des Konsumgütereinzelhandels, daß die quantitative Expansion der Handelskooperationen auf den Absatz und Beschaffungsmärkten in unterschiedlichem Maße stattgefunden hat.

Die ausgewiesenen Werte in Abbildung 6 zeigen an, wieviel Prozent des gesamten privaten und gewerblichen Verbrauchs des betreffenden Warenbereichs auf den kooperierenden Einzelhandel im relevanten Warenbereich entfallen[44]. Die Werte für den Beschaffungsanteil sind grundsätzlich kleiner, weil nur ein Teil des Wareneinkaufs der Kooperationsmitglieder über die Zentrale erfolgt. Der Vergleich der Marktanteile führt zu dem Ergebnis, daß die Bedeutung der Handelskooperationen in den einzelnen Branchen sehr unterschiedlich ausfällt. Die Werte differieren für den Warenabsatz zwischen 50 % (Haushaltswaren) und 6% (Fotoartikel) sowie für die Warenbeschaffung zwischen 38 % (Nahrungs- und Genußmittel) und 3 % (Fotoartikel). Zwischen dem Absatzmarktanteil und dem

---

[39] Vgl. Kuhn, G., 1977, S. 22 f.
[40] Vgl. zum Begriff "Fullservice": Nieschlag, Robert: Auf dem Wege zum Full Service, in: Moderner Markt, o.Jg. (1967), Nr. 7, S. 37; Kuhn, G., 1977, S. 19.
[41] Batzer, Erich/Lachner, Josef/Meyerhöfer, Walter: Die handels- und wettbewerbspolitische Bedeutung der Kooperationen des Konsumgüterhandels, Band 1, Allgemeiner und zusammenfassender Teil, München 1989, S. 25.
[42] Vgl. Olesch, Günter: Die Kooperationen des Handels, Frankfurt am Main 1991c, S. 37; Batzer, E./Lachner, J./Meyerhöfer, W., 1989, S. 44 f.
[43] Batzer, E./Lachner, J./Meyerhöfer, W., 1989, S. 43.
[44] Vgl. Batzer, E./Lachner, J./Meyerhöfer, W., 1989, S. 38.

Beschaffungsmarktanteil kann insgesamt ein positiver Zusammenhang festgestellt werden.

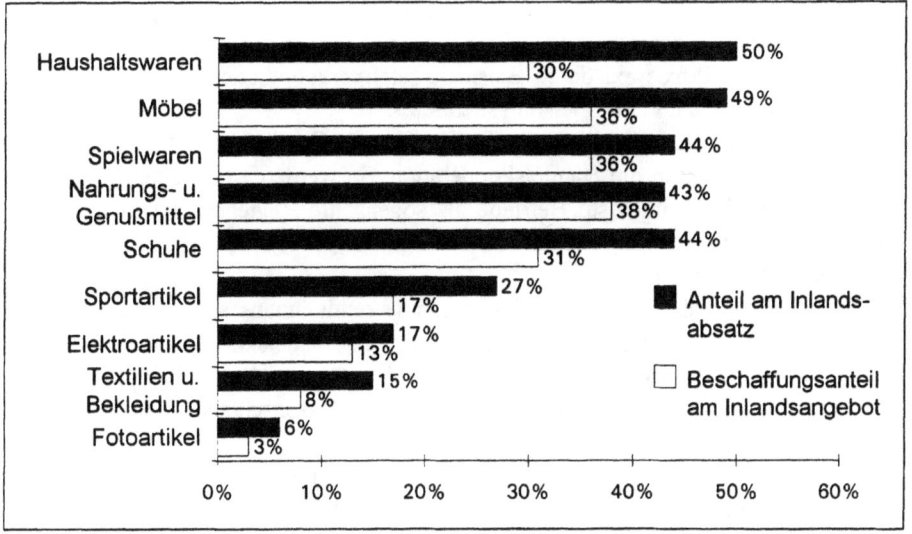

Abb. 6: Quantitative Bedeutung der Handelskooperationen auf den Absatz- und Beschaffungsmärkten im Jahre 1986; Quelle: Vgl. Batzer, Erich/Lachner, Josef/Meyerhöfer, Walter: Der Handel in der Bundesrepublik Deutschland - Teil II, München 1991, S. 487.

Einem weiteren Marktwachstum der Kooperationen steht allerdings insbesondere der in vielen Branchen schrumpfende Marktanteil des mittelständischen Fachhandels gegenüber. Diese Entwicklung führt dazu, daß in diesen Branchen kaum noch **kooperationsfähige** Unternehmen existieren, so daß es, von Wanderungsbewegungen zwischen den Gruppen abgesehen, kaum noch zu echten Neuaufnahmen kommt[45]. Von den expandierenden Kooperationen wurden daher in den letzten Jahren vor allem die Strategien der

- Internationalisierung,
- Interkooperation und
- Intersystem-Kooperation

verfolgt. Die Internationalisierungsstrategie beinhaltet zum einen die Ausrichtung des Beschaffungsmarketing auf die internationalen Märkte und zum anderen die Akquisition neuer Mitgliedsunternehmen im Ausland[46].

---

[45] Vgl. Olesch, G., 1991c, S. 36.
[46] Vgl. Olesch, Günter: Internationalisierungsstrategien der Kooperationen des Handels, in: Thexis, Jg. 11 (1994), Nr. 4, S. 17; o.V.: Strategische Ansätze zur Weiterentwicklung der Verbundgruppen, in: Der Verbund, Jg. 1 (1988), Nr. 1, S. 6.

Die Interkooperationsstrategie richtet sich auf die Zusammenarbeit mehrerer Verbundgruppen mit dem Ziel weitere Kooperationspotentiale zu erschließen. Für die Form der interkooperativen Zusammenarbeit existieren verschiedene Modelle, die jedoch an dieser Stelle nicht einzeln vorgestellt werden[47]. Unabhängig von der Wahl des Interkooperationsmodells bewahren die beteiligten Kooperation ihre Selbständigkeit[48]. In der Praxis existieren Beispiele für Interkooperationen sowohl im Wareneinkauf als auch im Dienstleistungsbereich[49].

Die Intersystem-Kooperation umfaßt vor allem die Eingliederung von Regie- oder Franchise-Betrieben in die Handelskooperation. So werden z.B. existenzgefährdete oder vom Inhaber aufgelöste Betriebe als sogenannte Regiebetriebe im Eigentum der Kooperationszentrale weitergeführt, um die entsprechenden Standorte für die Kooperation zu sichern[50].

Über die Darstellung wichtiger Entwicklungstrends hinaus soll die Frage beantwortet werden, ob die Entwicklung einer einzelnen Handelskooperation einem typischen Verlauf folgt. Abbildung 7 stellt hierfür einen Ansatz dar, in dem die Entwicklungsstufen von Handelskooperationen in einem Phasenschema zusammengefaßt werden.

Von der Warenvolumenphase bis zur Full-Servicephase erfolgt die bereits beschriebene funktionale Ausdehnung der kooperativen Zusammenarbeit. Die nachfolgenden Phasen repräsentieren die verstärkte Ausrichtung der Kooperationen auf die Absatzmärkte (insbesondere Marketing- und Segmentierungsphase) sowie den Einsatz von Expansionsstrategien (insbesondere regionale Marktbesetzungsphase sowie Diversifikations-, Supervolumen- und Internationalisierungsphase).

Schenk sieht durch die aufgezeigten Entwicklungsphasen der Handelskooperation einen „zutreffenden Eindruck von der verbundgruppentypischen Ausweitung ihrer Märkteaktivitäten"[51] vermittelt. Er gibt jedoch zu bedenken, daß die einzelnen Phasen nicht für alle Kooperationsformen des Handels gelten und daß diese zeitlich nicht genau abgegrenzt werden können[52]. *Olesch* weist zudem darauf hin, daß es in der Kooperationspraxis immer wieder zu Einzelentwicklungen kommt, die sich unter Umständen als **Trendkatalysatoren** herausstellen[53]. Derartige Einzelentwicklungen werden durch das Phasenschema nicht erfaßt.

---

[47] Siehe hierzu o.V.: Zukunftsstrategien für die Einkaufsverbände, in: Der Verbund, Jg. 1 (1988), Nr. 2, S. 6 - 8.
[48] Vgl. Olesch, Günter: Das interkooperative Gemeinschaftsunternehmen als Wettbewerbsinstrument, in: Der Verbund, Jg. 5 (1992), Nr. 1, S. 10.
[49] Vgl. o.V.: Strategische Ansätze zur Weiterentwicklung der Verbundgruppen, in: Der Verbund, Jg. 1 (1988), Nr. 1, S. 6.
[50] Vgl. Tietz, Bruno: Der Handelsbetrieb, 2. Aufl., München 1993a, S. 1547.
[51] Schenk, H.-O., 1991, S. 395.
[52] Vgl. Schenk, H.-O., 1991, S. 395
[53] Vgl. Olesch, G., 1991c, S. 7.

Entwicklungsstufe der Kooperation	Gegenstand
Warenvolumenstufe	Warenbeschaffung und Belieferung der Mitgliederunternehmen Eigen-/Fremdgeschäft Lager-/Streckengeschäft Zentralregulierung, Delkrederehaftung Informationsaustausch
Waren- und Servicephase	Beschaffungsmarketing Produktgestaltung (Modellverbände) Markterschließung (Importe) Messen, Börsen Handels-/Eigenmarken Sortimentspolitik (Kernsortimente, Sonderangebote)
Full-Servicephase	Betriebswirtschaftliche Dienstleistungen (Betriebsvergleiche, Standortanalysen, Betriebstypenpolitik) Aus- und Weiterbildung Nachfolgeberatung
Regionale Marktbesetzungsphase	Aktive Mitgliederpolitik, Standortsicherung Partnerschaftsmodelle, Regiebetriebe
Marketingphase	Gruppenprofilierung (offensives Gruppenmarketing), Leistungsprogrammkonturierung
Segmentierungsphase	Homogenisierung der Gruppen unter gleichzeitiger Leistungsdifferenzierung: - Sortimentsstruktur - Betriebstypen - Zielgruppen - Betriebsgrößen
Diversifikationsphase	Sortimentserweiterung Erweiterung des Leistungsprogramms (Aufnahme von Dienstleistungen) Betriebstypenerweiterung Aufbau von Franchise-Systemen
Supervolumenphase (Intersystem-Kooperation)	Kooperation mehrerer Einkaufsverbände Kooperation von Verbundgruppen mit Filialbetrieben, Freiwilligen Ketten, Großhandel
Internationalisierungsphase	Aufnahme ausländischer Mitglieder Abschluß von Freundschafts- und Partnerschaftsabkommen Gründung von Niederlassungen im Ausland

Abb. 7: Entwicklungsstufen der Handelskooperation; Quelle: Vgl. Batzer, E./Lachner, J./Meyerhöfer, W., 1989, S. 27.

2.3 Die Handelskooperation als distributives System

Es stellt sich die Frage, wie die Handelskooperation mit ihren beteiligten Betrieben und deren internen sowie externen Beziehungen, formal dargestellt werden kann. Unter Anwendung der Systemtheorie wird zu diesem Zweck der Terminus **distributives System** als Oberbegriff für die Handelskooperation vorgestellt. Hieran schließen sich Ausführungen über die Anwendung des Systemgedankens auf die Handelskooperation an, um deren grundlegende institutionale und funktionale Strukturen aufzuzeigen. In einem weiteren Schritt wird das dargestellte System durch die Zuordnung potentieller Zielbeziehungen ergänzt.

2.3.1 Der Begriff des distributiven Systems

Das Anliegen der Systemtheorie als einer interdisziplinären Formalwissenschaft besteht darin, komplexe Handlungs- und Beziehungsstrukturen analytisch zu erfassen. Als System wird im allgemeinen eine Gesamtheit von Elementen mit bestimmten Eigenschaften, die durch Beziehungen untereinander verknüpft sind, bezeichnet[54]. Die Elemente, als kleinste Bausteine des Systems, können nicht weiter zerlegt werden. In wirtschaftenden Systemen stellen Menschen und technische Aggregate die wesentlichen Elemente dar. Sofern diesen Elementen unter bestimmten Bedingungen Aufgaben zugeordnet werden, die nach festgelegten Regeln zu erfüllen sind, wird von einem **sozio-technischen System** gesprochen[55].

Setzt sich ein System aus mehreren untergeordneten Systemen zusammen, werden diese als **Subsysteme** bezeichnet. Die Geschlossenheit des Systems wird nicht vorausgesetzt. Im wirtschaftlichen Bereich handelt es sich in der Regel um **offene Systeme**, welche in intensiver Beziehung zu ihrer Umwelt stehen und deren Existenz von diesen Umweltbeziehungen abhängt. In der vorliegenden Arbeit sei vorausgesetzt, daß der Systembegriff ein offenes, sozio-technisches System bezeichnet.

Der Distributionsbegriff existiert in einer gesamtwirtschaftlichen und in einer einzelwirtschaftlichen Betrachtungsweise[56]. Gesamtwirtschaftlich gesehen „erfaßt der Distributionsbegriff alle Aktivitäten, die die körperliche und/oder wirtschaftliche Verfügungsmacht über materielle und immaterielle Güter von einem Wirtschaftssubjekt auf ein anderes übergehen lassen"[57]. Im einzelwirtschaftlichen Sinne soll der

---

[54] Vgl. Grochla, Erwin: Systemtheorie und Organisationstheorie, in: Zeitschrift für Betriebswirtschaft, Jg. 40 (1970), S. 7; Grochla, Erwin: Einführung in die Organisationstheorie, Stuttgart 1978, S. 8 - 11 und S. 203 f.; Ulrich, Hans: Die Die Unternehmung als produktives soziales System, 2. Aufl., Bern-Stuttgart 1970; S. 105.
[55] Vgl. Grochla, E., 1978, S. 9 f.
[56] Vgl. Specht, Günter: Distributionsmanagement, 2. Aufl., Stuttgart-Berlin-Köln 1992, S. 25.
[57] Specht, Günter: Grundlagen der Preisführerschaft, Wiesbaden 1971, S. 13 - 14.

2.3 Die Handelskooperation als distributives System

Distributionsbegriff die Marketingaktivitäten erfassen, welche die Güterübertragungswege betreffen[58].

Was unter einem **distributiven System** verstanden wird, hängt von dem abgrenzenden Merkmal auf der Subsystemebene ab. Hier können institutionelle und funktionelle Subsysteme unterschieden werden. Zu den institutionellen Subsystemen zählt *Specht*[59]:

- Absatzorgane der Produzenten mit Distributionsaufgaben,
- Distributionsmittler bzw. selbständige Handelsbetriebe in Groß- und Einzelhandel,
- Distributionshelfer (Transport- und Lagerhausbetriebe, Agenturen mit Akquisitionsaufgaben) sowie
- Beschaffungsorgane der Konsumenten.

Im Gegensatz zu einer institutionellen Betrachtung des Handels, werden in die Untersuchung von Distributionssystemen auch firmeninterne Subsysteme einbezogen[60], wie z.B. die Absatzorgane der Produzenten mit Distributionsaufgaben. Daher stellt, im Hinblick auf die Untersuchung der Vorteilhaftigkeit von Kooperationen gegenüber alternativen Konzepten, der Begriff des Distributionssystems den umfassenderen Terminus dar.

In funktioneller Abgrenzung lassen sich akquisitorische und logistische (bzw. physische) Distributionssysteme unterscheiden[61]. Die akquisitorische Distributionstätigkeit richtet sich auf die Herstellung bzw. Festigung von Marktteilnehmerbeziehungen sowie die Vorbereitung und Erreichung von Einkaufs- und Verkaufsabschlüssen[62]. Das logistische Distributionssystem umfaßt die räumliche und zeitliche Überbrückung durch Transport und Lagerung sowie Auftragsabwicklung und Auslieferung[63].

Unabhängig von der Unterscheidung nach institutioneller und funktioneller Betrachtungsweise, sollen hier die Systembeziehungen in der Distribution herausgestellt werden, die nicht als Zufallsprodukt, sondern als Ergebnis planvollen Handelns zustande kommen. Dies verdeutlicht die Definition von *Müller-Hagedorn*:

„Unter System wird die Einbindung eines einzelnen Betriebes in die Geschäftspolitik einer größeren Gruppe von Betrieben verstanden."[64]

---

[58] Vgl. Specht, G., 1992, S. 25.
[59] Vgl. Specht, G., 1992, S. 33 f.
[60] Siehe zum Nebeneinander der Begriffe "Handel" und "Distribution": Maas, Rainer-Michael: Absatzwege - Konzeptionen und Modelle, Wiesbaden 1980, S. 18 f.
[61] Vgl. Specht, G., 1992, S. 34.
[62] Vgl. Katalog E, 1995, S. 97 f.
[63] Vgl. Specht, G., 1992, S. 34 f.
[64] Müller-Hagedorn, Lothar: Wettbewerb der Systeme, in: Pawlitzek, Bernd/Solfrian, Dieter W., (Hrsg.): Vom Einkaufsverband zum Fullservice- und Marketingverbund, Seminardokumentation der Mercuri International Deutschland, München 1994, S. 35.

2.3.2 Das Modell eines Kooperationssystems im Handel

Ebenso wie nach dem systemtheoretischen Ansatz jede Unternehmung als produktives, soziales, dynamisches und (in bezug auf ihre Umweltbeziehungen) offenes System dargestellt werden kann, trifft dies auch für jede Handelskooperation zu[65]. Mit der Anwendung der Systemtheorie steht nicht die Schaffung neuer Begrifflichkeiten im Vordergrund, sondern die „Integration unterschiedlich disziplinärer Aspekte in einem geschlossenen Erklärungsansatz"[66] und die Analyse von vernetzten Strukturen. *Ulrich* formuliert zur Anwendung der Systemtheorie:

„Die Systemvorstellung erlaubt es uns, vorurteilsfrei und nur mit einigen wenigen Grundbegriffen ausgerüstet, an die Vielfalt der wirklichen Erscheinungen heranzugehen und sie in ihrem Aufbau und ihrem Verhalten nach formalen Kategorien zu analysieren"[67].

Obwohl in der Praxis eine nahezu unüberschaubare Anzahl unterschiedlicher Systemausprägungen existiert, soll hier versucht werden, die Subsysteme und Systembeziehungen einer Kooperation in groben Umrissen aufzuzeigen. Abbildung 8 zeigt das Modell eines Kooperationssystems im Handel sowie dessen Beziehungen zu den wichtigsten Umsystemen.

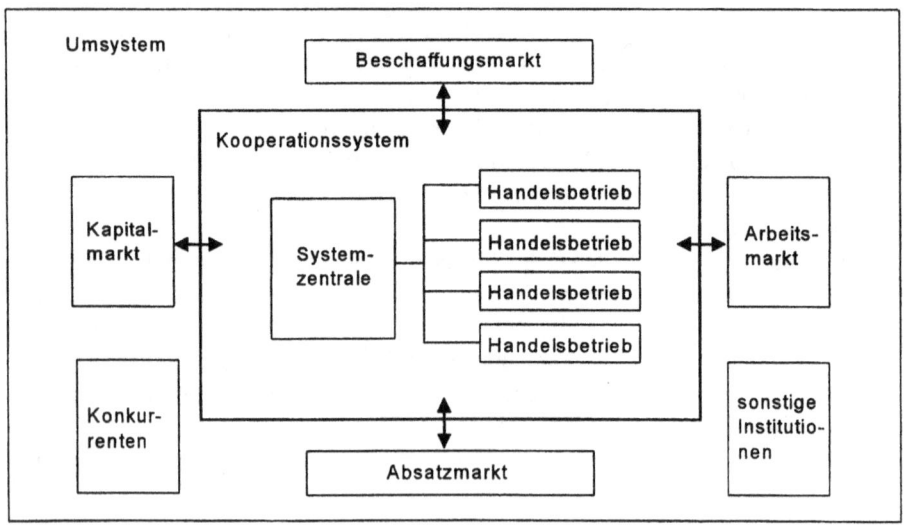

Abb. 8: Modell eines Kooperationssystems im Handel

---

[65] Vgl. Schenk, H.-O., 1991, S. 355; Dülfer, E., 1984, S. 35 f.
[66] Dülfer, E., 1984, S. 33; Vgl. auch Kuhn, G., 1977, S.190.
[67] Ulrich, H., 1970, S. 111.

2.3 Die Handelskooperation als distributives System 21

Die Zentrale und die ihr angeschlossenen Handelsbetriebe sind die wesentlichen Subsysteme des Kooperationssystems[68]. Die Zentrale erfüllt zum einen Funktionen für die gesamte Gruppe, wie z.b. die Durchführung der Warenbeschaffung. Zum anderen obliegen der Zentrale, im dispositiven Bereich, all jene Entscheidungen, die nur aus Kenntnis der Gesamtsituation der kooperativen Gruppe getroffen werden können und die der Führung und Lenkung des Gesamtsystems dienen[69]. Zu den Leistungen der Zentrale gehören beispielsweise die

- Festlegung der Gruppenziele,
- Planung und Kontrolle,
- Finanzierung,
- Warenbeschaffung,
- Einsatz der absatzpolitischen Instrumente,
- Lagerhaltung,
- Beratung der Mitgliedsbetriebe und das
- Controlling.

Viele der oben aufgeführten Leistungen können auch auf der Ebene des Handelsbetriebes erbracht werden (z.B. Warenbeschaffung, Einsatz der absatzpolitischen Instrumente). Allerdings steigert sich der Komplexitätsgrad dieser Aufgaben, wenn diese durch die Zentrale für eine Vielzahl angeschlossener Händler erfüllt werden.

Bei geringer Bindungsintensität des Systems bietet die Zentrale meist nur einen Teil aller denkbaren Leistungen an und auch diese Leistungen werden nicht unbedingt von sämtlichen Mitgliedern in Anspruch genommen. Statt dessen behalten die Mitglieder weitreichende Entscheidungsautonomie[70] und gestalten ihre Betriebspolitik relativ eigenständig.

In Kooperationen mit hoher Bindungsintensität erfüllen die angeschlossenen Handelsbetriebe die zu den Funktionen der Zentrale komplementären Teilaufgaben, indem sie die Pläne der Zentrale, ihren regionalen Gegebenheiten gemäß, umsetzen und die in diesem Prozeß gewonnenen Informationen als **Feedback** zurückleiten[71]. Mit zunehmender Funktionenübernahme durch die Zentrale verlagert sich der Aufgabenschwerpunkt des einzelnen Handelsbetriebes tendenziell in den operativen Bereich, der im Absatz insbesondere die Sortimentspolitik, die Warenpräsentation, die Preispolitik und Werbemaßnahmen umfaßt. Neben zu treffenden Investitions-, Lager- und Personalentscheidungen vertritt der Betrieb zudem, im Rahmen der Mitgliedspolitik, seine Interessen gegenüber der Systemzentrale[72]. Die verschiedenen Modelle, die der Institutionalisierung dieses Interessensaustausches dienen, werden ebenfalls an späterer Stelle ausführlich behandelt.

Die Abgrenzung des Kooperationssystems gegenüber dem Umsystem erfolgt durch die Intensität der Systembeziehungen. Während zwischen der Systemzentrale

---

[68] Vgl. Schenk, H.-O., 1991, S. 355.
[69] Vgl. Kuhn, G., 1977, S. 196 f.
[70] Siehe zur Autonomie von Kooperationsmitgliedern ausführlicher Kap. 4.2.3.2.
[71] Vgl. Kuhn, G., 1977, S. 197 f.
[72] Vgl. Kuhn, G., 1977, S. 197.

und den angeschlossenen Handelsbetrieben in der Regel ein Kooperationsvertrag vorliegt, welcher die Systembeziehungen bis zu einem gewissen Grad regelt, bestehen zu den Subsystemen des Umsystems weniger intensive Beziehungen.

Als Subsysteme des kooperativen Umsystems zeigt Abbildung 8 die wichtigsten externen Märkte der Kooperation. Hierzu zählen neben dem Absatz- und Beschaffungsmarkt auch der Kapital- und Arbeitsmarkt[73]. Marktbeziehungen zu den externen Subsystemen werden in der Abbildung 8 durch einen doppelseitigen Pfeil symbolisiert. Es sei erwähnt, daß nicht nur Waren, sondern auch Dienstleistungen beschafft und abgesetzt werden können. Dies bedeutet, daß auch Distributionshilfsbetriebe und sonstige Dienstleistungsunternehmen zu den Subsystemen des Absatz- und Beschaffungsmarktes gehören.

Neben den Subsystemen, mit denen Marktbeziehungen hergestellt werden, zählen auch die Konkurrenten und sonstige Institutionen, wie z.B. staatliche Behörden, Verbände und Kammern, zu dem Umsystem der Kooperation. *Schenk* zählt auch die Konkurrenten zu den marktlichen Subsystemen und spricht von einem „Konkurrenzmarkt"[74]. Ausgehend von der üblicherweise verwendeten Definition des Marktes als ökonomischem Ort des Tausches, also des Zusammentreffens von Angebot und Nachfrage bezüglich eines Gutes oder einer Güterart, könnte dieser Begriff fehlinterpretiert werden. Zwar handelt es sich bei den Konkurrenten um Marktteilnehmer, jedoch sind direkte Marktbeziehungen - in Form von Tauschgeschäften zwischen der Kooperation und den Wettbewerbern - nicht oder nur in Sonderfällen[75] erkennbar.

Schenk verwendet weiterhin den Begriff des **internen Marktes**, um damit den ökonomischen Ort der Tauschbeziehungen zwischen der Kooperationszentrale und den Mitgliedsbetrieben zu lokalisieren[76]. Diese Tauschbeziehungen betreffen nicht nur den Handel mit Waren, sondern auch Angebot und Nachfrage von Informationen und Dienstleistungen. Die Abgrenzung eines internen Marktes erscheint zweckmäßig, weil innerhalb einer Kooperation intensive Austauschbeziehungen bestehen, welche nach gruppenspezifischen formellen und informellen Regeln ablaufen.

2.3.3 Das Zielsystem der Handelskooperation

Bei kooperativen Gruppen handelt es sich um zielgerichtete Systeme, „weil sie von den am System beteiligten Elementen bzw. Subsystemen aufgrund bestimmter Zielvorstellungen bzw. Interessen entsprechend geleitet und gesteuert werden"[77]. Die zu verfolgenden Ziele sind das Ergebnis einer Zielkonzeption, die durch formelle und

---

[73] Vgl. Müller-Hagedorn, L., 1994, S. 1.
[74] Vgl. Schenk, H.-O., 1991, S.355 f. und S. 381 - 386.
[75] Ein solcher Fall wäre z.B. die Interkooperation, durch die der Waren- und Informationsaustausch zwischen mehreren Kooperationssystemen begründet würde.
[76] Vgl. Schenk, H.-O., 1991, S. 387 f.
[77] Kuhn, G., 1977, S. 203.

informelle Verhandlungsprozesse zwischen den einzelnen Subsystemen der Kooperation zustande kommt[78]. Im Mittelpunkt dieses Zielbildungsprozesses steht der Mensch als elementarer Bestandteil des Systems und mit seiner Fähigkeit zur bewußten Zielgestaltung und -verfolgung[79].

Unabhängig von den jeweiligen Zielinhalten unterliegt die Zielformulierung generellen Anspruchsnormen. Diese fordern insbesondere die Operationalität und, im Falle konkurrierender Zielbeziehungen, die Priorisierung der Einzelziele[80]. Die Priorisierung erfolgt durch die Strukturierung der Ziele in einem Zielsystem, das die Beziehungen der Einzelziele regelt[81]. Dabei lassen sich, nach der Strukturdimension, horizontale und vertikale Zielbeziehungen unterscheiden[82]. Während die Ziele auf der horizontalen Ebene gleichzeitig angestrebt werden, erfolgt in der vertikalen Dimension die hierarchische Unterordnung von Subzielen unter ein allgemeines Oberziel. Die Verfolgung der Unterziele erweist sich dann - gemessen an dem Oberziel - als vorteilhaft, „wenn zwischen beiden Zielen entweder eine vollständige Komplementarität besteht, oder aber trotz partieller Konkurrenz das Oberziel mit einem Zielerreichungsgrad erfüllt wird, der das subjektive Zufriedenheitsniveau des Entscheidungsträgers übersteigt"[83]. Es stellt sich die Frage, ob ein allgemeingültiges, modellhaftes Zielsystem der Handelskooperation entwickelt werden kann und ob sich hierdurch Hinweise auf potentielle Zielkonflikte zwischen den einzelnen Subsystemen ergeben.

Vielfach besteht der Hauptzweck zwischenbetrieblicher Zusammenarbeit definitionsgemäß in der Leistungsverbesserung der einzelnen Kooperationsteilnehmer. Als Oberziel in einem Zielsystem erweist sich diese Formulierung jedoch als wenig operabel, weil der Leistungsbegriff nicht hinreichend konkretisiert wird und ein Maßstab zur Fixierung eines bestimmten Leistungsniveaus fehlt. Gleiches gilt für die Vorgabe, Leistungs- und Kostenpotentiale der kooperierenden Einzelbetriebe zu optimieren, weil Unternehmungen häufig nicht nach maximalen, sondern nach zufriedenstellenden, zonalen Lösungen streben[84]. In alternativen Ansätzen zur Konkretisierung des Leistungsziels finden sich Formulierungen wie

---

[78] Vgl. Kuhn, G. 1977, S. 203; Cyert, Richard M./March, James G.: A Behavioral Theory of the Firm, Englewood Cliffs, New Jersey 1963, S. 26 f.

[79] Vgl. Kuhn, G. 1977, S. 203; Mayntz, Renate: Soziologie der Organisation, Reinbeck bei Hamburg 1963, S. 43.

[80] Ziele gelten dann als operational, wenn sie den Kriterien der Vollständigkeit, Realisierbarkeit, Verständlichkeit und Meßbarkeit/Kontrollierbarkeit entsprechen. Vgl. hierzu: Bänsch, Axel: Operationalisierung des Unternehmenszieles Mitgliederförderung, Göttingen 1983, S. 17 - 24.

[81] Vgl. Ulrich, H., 1970, S. 190 f.

[82] Vgl. Schneider, Dieter J. G.: Unternehmungsziele und Unternehmungskooperation - Ein Beitrag zur Erklärung kooperativ bedingter Zielvariationen, Wiesbaden 1973, S. 21 - 24.

[83] Heinen, Edmund: Aufgaben, Methoden und Ergebnisse der betriebswirtschaftlichen Zielforschung. Einführung zu Kirsch, Werner: Gewinn und Rentabilität - Ein Beitrag zur Theorie der Unternehmungsziele, in: Heinen, Edmund, (Hrsg.): Die Betriebswirtschaft in Forschung und Praxis, Bd. 5, Wiesbaden 1968, S. 12.

[84] Vgl. Schneider, D. J. G., 1973, S. 44.

2 Die Handelskooperation im Wettbewerb der distributiven Systeme

- „Erzielung eines technischen und wirtschaftlichen Fortschritts"[85] oder
- „Erhöhung bzw. Förderung der Wettbewerbsfähigkeit der kooperierenden Unternehmungen"[86].

Die Kritik an diesen Ansätzen richtet sich zum einen auf die mangelnde Operationalisierbarkeit der Begriffe **Fortschritt** und **Wettbewerb** und zum anderen auf die fehlende Spezifizierung der Vorteilhaftigkeit des Kooperationsweges gegenüber dem Individualweg[87]. Bezüglich des zweiten Kritikpunktes betont *Schneider* die Notwendigkeit einer kooperationsspezifischen Zielvorstellung, die in der Erreichung eines höheren Erfolges durch die Kooperationsteilnahme gegenüber der Einzelwirtschaft besteht[88]. Als bedeutsam erscheint hier der Hinweis, den Erfolg der Kooperation in Relation zu einer alternativen Koordinationsform zu sehen. Allerdings sei eingewendet, daß die Einzelwirtschaft nicht die einzige denkbare Alternative darstellt[89] und daß die Messung von Erfolgsbeiträgen der Kooperation im Vergleich zur Einzelwirtschaft erhebliche methodische Schwierigkeiten mit sich bringt[90].

Der hier verwendete Erfolgsbegriff umfaßt sowohl monetär erfaßbare Zielgrößen als auch nichtmonetäre Vor- und Nachteile der Kooperation[91]. Als wichtiges monetär ausdrückbares Ziel gilt die Erwirtschaftung von Gewinnen und die hiermit eng verbundene Mehrung oder mindestens Sicherung des betrieblichen ökonomischen Potentials[92]. Im Rahmen der nichtmonetären Zielvorstellungen stellt das Streben nach Macht und Prestige ein typisches Beispiel dar. Weitere, nichtmonetäre Zielvorgaben richten sich auf die Koordination der Leistungsaustausch- und Kommuni-

---

[85] Aschoff, Albrecht: Kooperation und Gesetzgebung, in: Wirtschaftlichkeit, o. Jg. (1965), Nr. 2, S. 14.
[86] Schneider, D. J. G., 1973, S. 45; Vgl. auch Raasche, Hans O.: Kooperation - Chance und Gewinn, Heidelberg 1970, S. 20; Rühle v. Lilienstern, Hans: Konkurrenzfähiger durch zwischenbetriebliche Kooperation, in: Der Deutsche Volks- und Betriebswirt, Jg. 10 (1964), Nr. 2, S. 22; Sölter, Arno: Grundzüge industrieller Kooperationspolitik, in: Wirtschaft und Wettbewerb, Jg. 16 (1966), Nr. 3, S. 236.
[87] Vgl. Schneider, D. J. G., 1973, S. 44 - 46.
[88] Vgl. Schneider, D. J. G., 1973, S. 46.
[89] Siehe zur vollständigen Darstellung alternativer Distributionssysteme Kap. 2.4.2.
[90] Schneider weist darauf hin, daß es sich hierbei um ein wissenschaftliches Problem handelt, welches sich allerdings in der Wirtschaftspraxis lösen läßt. Vgl. Schneider, D. J. G., 1973, S. 49 f., insbesondere Fußnote Nr. 152.
[91] Vgl. Schneider, D. J. G., 1973, S. 46.
[92] Vgl. Dahmen, E., 1972, S. 64; Sandig, Curt: Betriebswirtschaftspolitik, 2. Aufl., Stuttgart 1966, S. 83.

kationsbeziehungen des Kooperationssystems, so wie die folgenden, aus einer Aufzählung von *Tietz*[93]:

- Erhöhung der Flexibilität,
- Senkung der Komplexität,
- Verbesserung der Arbeitsteilung durch Neuordnung von Aktivitäten und Verfahrensprozessen zwischen Partnern,
- Zeitverkürzung bei allen Prozessen (z.B. Logistik, Information).

Bis hierhin konnte lediglich eine Vorstellung vermittelt werden, welche Oberziele möglicherweise von Handelskooperationen angestrebt werden können. Die Festlegung auf ein allgemeingültiges Kooperationsziel wäre hier, angesichts der aufgezeigten Bandbreite, wenig sinnvoll. Vielmehr soll die Untersuchung auf die Betrachtung des gesamten Zielsystems gelenkt werden, um die Ausrichtung der Subsysteme auf das Oberziel aufzuzeigen.

Die neuere Betriebswirtschaftslehre unterstellt für das einzelne Unternehmen ein **multivariables Zielsystem**, welches sich aus mehreren Einzelzielen zusammensetzt und von Fall zu Fall unterschiedlich sein kann[94]. Analog hierzu stellt sich das Zielsystem der Kooperativwirtschaft als Verzahnung mehrerer Zielsysteme dar und muß, vor dem Hintergrund der sozialen und kulturellen Umwelt, im engen Zusammenhang mit der situationsbezogenen Ausgestaltung des interpersonalen Kommunikationssystems gesehen werden[95]. Es stellt sich die Frage, welche Subzielsysteme in der Kooperation vorliegen und ob diese in Verbindung zu den bisher aufgezeigten Subsystemen (Zentrale und angeschlossene Mitgliedsbetriebe) stehen.

Eschenburg weist darauf hin, daß ein potentieller Zielkonflikt zwischen den Interessen der Führungskräfte und den Mitgliederinteressen besteht[96]. Ein solcher Zielkonflikt wäre z.B. gegeben, wenn die Führungskräfte das Wachstumsziel für die Kooperation verfolgen und die erzielten Kooperationsgewinne zur Finanzierung des Wachstums einsetzen, anstatt diese an die Mitgliedsbetriebe auszuschütten.

Neben dem potentiellen Zielkonflikt zwischen Zentrale und Mitgliedsbetrieben können auch Konflikte zwischen verschiedenen Mitgliedsbetrieben entstehen. Insbesondere die heterogene Zusammensetzung der Mitglieder begründet unterschiedliche Interessenlagen innerhalb der zwischenbetrieblichen Kooperation[97]. Abbildung 9 zeigt eine Auswahl solcher Konflikte und die Probleme, die sich daraus ergeben können.

Konkurrierende Zielbeziehungen innerhalb der Kooperation können zu einer ernsthaften Beeinträchtigung der Verfolgung des gemeinsamen Oberziels führen, insbesondere dann, wenn die Zielkonkurrenz dauerhaft besteht und hierdurch Machtkämpfe innerhalb der Gruppe ausgelöst werden. Dies weist auf die Notwen-

---

[93] Vgl. Tietz, B., 1993a, S. 1529.
[94] Vgl. Dülfer, E., 1984, S. 177.
[95] Vgl. Dülfer, E., 1984, S. 176 f.
[96] Vgl. Eschenburg, R., 1971, S. 152 - 161.
[97] Vgl. Harms, Volker: Interessenlagen und Interessenkonflikte bei der zwischenbetrieblichen Kooperation, Würzburg-Wien 1973, S. 14.

digkeit von Verhandlungs- oder Abstimmungsprozessen hin, um unter Einbeziehung der betreffenden Subsysteme die verschiedenen Zielsysteme so weit wie möglich zur Deckung zu bringen[98].

Beispiele für Zielkonflikte:

(1) Große gegen kleine Mitglieder
Problem: Die Zentrale läßt sich von den großen Mitgliedern beeinflussen.

(2) Alte gegen neue Mitglieder
Problem: Diskriminierung der neuen Mitglieder

(3) Wirtschaftlich gesunde gegen existenzgefährdete Mitglieder
Problem: Intensität einzusetzender Hilfsprogramme

(4) Lokale Intragruppenkonkurrenz
Problem: Aufteilung der Marktpotentiale und Harmonisierbarkeit der Interessen

(5) Stagnations- gegen Wachstumsunternehmen
Problem: Besetzung von guten Standorten durch entwicklungsunwillige Mitglieder

(6) Internationalisierungswillige Mitglieder gegen nicht internationalisierungswillige Mitglieder
Problem: „Trittbrettfahrerverhalten"

(7) Egoismus versus Altruismus
Problem: Ausnutzung der Marktstärke der gesamten Gruppe zur Verwirklichung der Ziele von Gruppen innerhalb der Gruppe

---

Abb. 9: Beispiele für Konflikte zwischen Kooperationsmitgliedern, Quelle: Vgl. Tietz, Bruno: Alternative Entscheidungskonzepte in Verbundgruppen - Vortrag anläßlich der Unternehmenspolitischen Tagung der Internationalen Vereinigung von Einkaufs- und Marketingverbänden (IVE), Saarbrücken 1993b, S. 17.

Die vorangegangenen Ausführungen haben gezeigt, daß es kaum gelingen kann, ein allgemeingültiges Zielsystem für Handelskooperationen zu entwickeln. Als Ergebnis bleibt festzuhalten, daß es sich um ein multivariables Zielsystem handelt, in dem die

---

[98] Vgl. Dülfer, E., 1984, S. 188 f.

individuellen Ziele der einzelnen Subsysteme und Systemelemente eine entscheidende Rolle spielen. Als Maßstab zur Beurteilung des kooperationsspezifischen Erfolges dient der Vergleich mit alternativen Distributionssystemen. Abbildung 10 faßt diese Erkenntnisse in einer Übersicht zusammen.

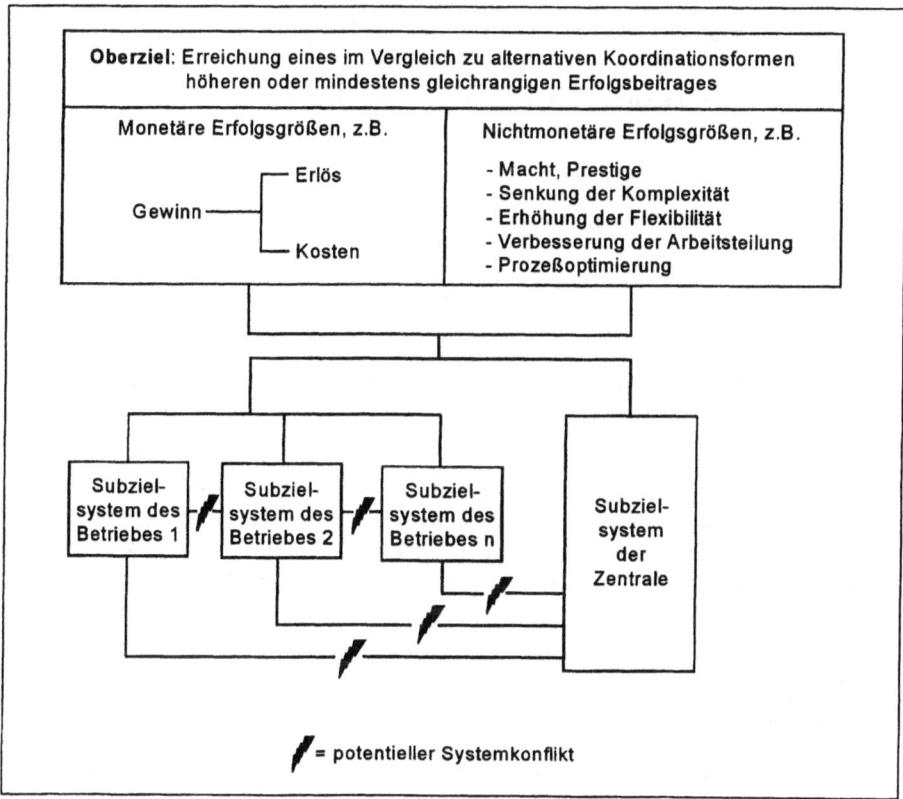

Abb. 10: Zielsystem und Zielkonflikte der Handelskooperation

2.4 Der Wettbewerb der distributiven Systeme

Wie bereits in dem vorhergehenden Abschnitt erwähnt, stellt die Kooperation nicht die einzige Systemalternative in der Distribution dar. Es wird zu zeigen sein, daß Handelskooperationen im direkten Wettbewerb mit selbständigen Händlern, Filialunternehmen und Direktvertriebssystemen der Hersteller stehen. Die folgenden Ausführungen konkretisieren die Ebene, auf der dieser Wettbewerb stattfindet und mit dem **Kontinuum zwischen Markt und Hierarchie** wird ein ordnendes Element in die Betrachtung eingebracht.

2.4.1 Die Ebenen des Wettbewerbs

Der Wettbewerb entscheidet langfristig über die Existenz von Unternehmen in einer Branche. *Porter* beschreibt diesen Wettbewerb folgendermaßen:

„Der Wettbewerb in einer Branche drückt die Ertragsrate des eingesetzten Kapitals tendenziell auf die Mindestertragsrate herunter, die bei sogenannter 'vollkommener Konkurrenz' erzielt wird. Diese Mindestertragsrate oder 'Rate bei freiem Wettbewerb' ist annähernd gleich dem Ertrag aus langfristigen Staatsanleihen, zuzüglich eines Risikozuschlags für die Gefahr des Kapitalverlusts. Investoren werden langfristig keine geringeren Ertragsraten als diese akzeptieren, da ihnen als Alternative die Anlage in anderen Branchen offensteht; Unternehmen, die ständig eine geringere Rate erwirtschaften, werden auf Dauer aus der Branche ausscheiden."[99]

Auf die Handelskooperation bezogen unterscheidet *Müller-Hagedorn* drei Ebenen des Wettbewerbs[100]:

1. Den Wettbewerb auf der operativen Ebene,
2. den Wettbewerb auf der Betriebsformenebene und
3. den Systemwettbewerb.

Der Wettbewerb auf der operativen Ebene betrifft den Einsatz der absatzpolitischen Instrumente. Hierzu zählen die Bestimmung des Sortiments, die Standortwahl, die Preis- und Konditionenpolitik, die Gestaltung des Verkaufsraums sowie Werbung und Personalplanung[101]. Die gewünschte Wettbewerbswirkung hängt von dem zielgerichteten und abgestimmten Einsatz der Instrumente ab, so daß aus Kundensicht eine attraktive Gesamtleistung angeboten werden kann. Die der Kooperation angeschlossenen Betriebe stehen hierbei im direkten Wettbewerb mit alternativen Distributionssystemen (z.B. Absatzpreiskonkurrenz, Beschaffungskonkurrenz, Standortkonkurrenz).

Der kombinierte Einsatz der Instrumente spiegelt sich auch in der Wahl der Betriebsform wider. Bei der Betriebsform handelt es sich um eine mehrdimensionale

---

[99] Porter, Michael E.: Wettbewerbsstrategie (Competitive Strategy), 6. Aufl., Frankfurt 1990, S. 27.
[100] Vgl. Müller-Hagedorn, L., 1994, S. 32.
[101] Vgl. Müller-Hagedorn, L., 1993, S. 48.

2.4 Der Wettbewerb der distributiven Systeme

Kennzeichnung der Unternehmenspolitik, vor allem in Bezug auf die Größe der Verkaufsfläche, das Bedienungssystem, die Sortimentszusammenstellung und die Preispolitik[102]. Zu den Betriebsformen im Handel gehören z.B. das Fachgeschäft, das Kaufhaus, der Supermarkt, der Discounter oder der Verbrauchermarkt[103]. Wettbewerbsmäßige Beziehungen werden vor allem durch das Aufkommen innovativer Betriebsformen initiiert. Dabei durchlaufen neue Betriebsformen einen typischen Entwicklungsprozeß, der anfänglich vor allem durch eine aggressive Preispolitik gekennzeichnet ist. In späteren Phasen etabliert sich diese **Betriebsformengeneration** am Markt und neu auftretende Betriebsformen übernehmen die Preisführerschaft. Dieser Ablauf wird als **Dynamik der Betriebsformen** bezeichnet[104]. Vor dem Hintergrund dieser Betriebsformendynamik, stellt die Förderung bestimmter Betriebsformen für die Handelskooperation eine bedeutende, wettbewerbspolitische Aufgabe dar.

Auf der dritten Ebene findet der Wettbewerb zwischen den distributiven Systemen statt. Während sich auf den ersten beiden Ebenen des Wettbewerbs die Fragen der Handelskooperation auf den Instrumenteneinsatz oder die zu verfolgende Geschäftspolitik richten, stellt sich auf der dritten Ebene die Grundfrage nach der Auswahl und Weiterentwicklung des Distributionssystems. Auf dieser Ebene kann ein enger Zusammenhang zwischen Kooperation und Wettbewerb im Handel aufgezeigt werden. In empirischen Untersuchungen konnte festgestellt werden, daß die Kooperation eine Möglichkeit für kleine und mittlere Betriebe zur Lösung ihrer strukturell bedingten Existenzprobleme darstellt[105]. Der strukturelle Nachteil dieser Betriebe besteht insbesondere gegenüber distribuierenden Großunternehmen[106], die u.a. über Rationalisierungs- und Finanzierungsvorteile verfügen. Zur Überwindung dieser Nachteile stellt der Zusammenschluß in einer Kooperation, als defensive

---

[102] Vgl. Müller-Hagedorn, L., 1993, S. 23 f. Der Betriebsformenbegriff wird in der Handelsliteratur auf vielfältige Weise, durch wechselnde und nicht überschneidungsfreie Merkmale definiert. Zur vertiefenden Diskussion dieser Problematik siehe Nieschlag, Robert: Binnenhandel und Binnenhandelspolitik, 2. Aufl., Berlin 1972a, S. 108 - 113; Woratschek, Herbert: Betriebsform, Markt und Strategie, Wiesbaden 1992, S. 5 - 9.

[103] Auf eine vollständige Systematisierung von Betriebsformen wird hier verzichtet. Siehe hierzu weiterführend Bidlingmaier, Johannes: Betriebsformen des Einzelhandels, in: Tietz, Bruno, (Hrsg.): Handwörterbuch der Absatzwirtschaft, Stuttgart 1974, Sp. 526 - 546; Behrens, Karl Christian: Versuch einer Systematisierung der Betriebsformen des Einzelhandels, in: Behrens, Karl Christian, (Hrsg.): Memorium Julius Hirsch, Tübingen 1962, S. 131 - 143.

[104] Vgl. Nieschlag, R., 1972a, S. 125 f.; Nieschlag, Robert: Die Dynamik der Betriebsformen im Handel, Essen 1954, S 8.

[105] Vgl. Müller, Klaus/Goldberger, Ernst: Unternehmens-Kooperation bringt Wettbewerbsvorteile, Zürich 1986, S. 66.

[106] Bei diesen Großunternehmen handelt es sich um Filialsysteme und Direktvermarktungssysteme der Hersteller. Siehe hierzu auch Kap. 2.4.2.

30   2 Die Handelskooperation im Wettbewerb der distributiven Systeme

Wettbewerbsstrategie[107], eine Alternative dar. Es kann daher von einem „Druck zur kooperativen Zusammenarbeit" gesprochen werden, der vom Wettbewerb ausgeht[108]. Für die einzelne Handelskooperation ergibt sich damit die Aufgabe, durch eine wettbewerbsorientierte Systemgestaltung langfristig zur Existenzsicherung der angeschlossenen Händler beizutragen.

Eine Erhebung des Ifo-Instituts im Jahr 1994[109] zeigt jedoch, daß die Kooperation nur im begrenzten Ausmaß eine Alternative für den nichtorganisierten Einzelhandel darstellt. Dieser Erhebung nach ging der Marktanteil des nichtorganisierten deutschen Einzelhandels in den Jahren 1980 bis 1995 von 19,5 % auf 12,0 % (-7,5 %) des gesamten Umsatzvolumens zurück. Kooperationen bzw. Verbundgruppen hingegen bauten ihren Marktanteil in diesem Zeitraum nur um 2,1 % (1980: 42,7 %; 1995: 44,8 %) aus. Offenbar konnten die verlorengegangenen Marktanteile des nichtorganisierten Einzelhandels keineswegs vollständig von den Kooperationen aufgefangen werden, sondern fielen zum Teil auch alternativen Distributionssystemen zu. Ohne hier näher auf die Ursachen einzugehen zeigt sich, daß auch der Wettbewerb auf der Systemebene von dynamischen Prozessen geprägt wird. Dies wird für die nachfolgenden Ausführungen auch zum Anlaß genommen, die Kooperation im Wettbewerb der Systeme theoretisch zu erklären.

2.4.2 Das Kontinuum zwischen Markt und Hierarchie

Neben der Kooperation existiert im Handel eine Vielzahl alternativer Systeme, die unter den Oberbegriffen

– selbständiger Handel,
– Filialsysteme und
– Direktvermarkter

zusammengefaßt werden können. Nachfolgend werden die einzelnen Oberbegriffe kurz erläutert.

Als selbständige Händler werden wirtschaftlich und rechtlich selbständige Betriebe bezeichnet, die keiner Systemzentrale angeschlossen sind und ihre Entscheidungen daher weitgehend autonom treffen. Es stellt sich die Frage, ob bezüglich des

---

[107] Siehe zur systematischen Übersicht über die Wettbewerbsstrategien des Handels: Möhlenbruch, Dirk/Nickel, Sylvia: Kooperationsstrategien als Element der wettbewerbsstrategischen Konzeption von Einzelhandelsunternehmungen, in: Trommsdorf, Volker, (Hrsg.): Handelsforschung 1994/95. Kooperationen im Handel und mit dem Handel, Wiesbaden 1994, S. 7 - 13.

[108] Vgl. Bott, Helmut: Zwischenbetriebliche Kooperation und Wettbewerb, Diss. Köln 1967, S. 180.

[109] Erhoben wurde der Zeitraum von 1980 bis 1995. Für das Jahr 1995 wurde eine Schätzung vorgenommen. Die Marktanteile für genossenschaftliche und privatwirtschaftliche Kooperationen werden in den nachfolgenden Ausführungen zusammengefaßt. Vgl. Beuthien, Volker/Schwarz, Günter Chr./Täger, Uwe Chr.: Handelskooperationen und Franchisesysteme im Distributionswettbewerb in Europa - Eine handelspolitische und wettbewerbsrechtliche Darstellung, Teil I, München 1994, S. 29.

selbständigen Handels überhaupt von einem System[110] gesprochen werden kann, da sich der einzelne Betrieb keinem Gesamtsystem mit gemeinsamer Zielsetzung anschließt. Diesem Einwand kann entgegengehalten werden, daß der selbständige Handel vertikale Systembeziehungen pflegen kann, z.B. in Form von Rahmenverträgen mit den Herstellerbetrieben (Rabattabkommen, Werbemittelzuschüsse, Produktschulung etc.). Derartige Abkommen erfolgen z.B. auf Jahresbasis und erfordern nicht die Zusammenlegung von betriebswirtschaftlichen Funktionen. Selbst wenn derartige Beziehungen nicht gepflegt werden, stellt der selbständige Handel durchaus einen Bestandteil der Distributionspolitik des Herstellers dar, insbesondere dann, wenn der Hersteller sich von diesem Distributionsweg gegenüber alternativen Systemen einen Vorteil verspricht. Im weiteren Verlauf der Arbeit wird daher der selbständige Handel den distributiven Systemen zugerechnet, auch wenn die Systembeziehungen vorwiegend vertikaler Art sind und deren Intensität nicht die graduelle Ausprägung alternativer Systeme erreicht.

Die einem Filialsystem angeschlossenen Handelsbetriebe unterscheiden sich von den selbständigen Händlern und den Kooperationsbetrieben vor allem dadurch, daß es sich bei ihnen um wirtschaftlich und rechtlich *unselbständige* Betriebe handelt. Dementsprechend wird der Filialbetrieb nicht von dem Unternehmer selbst geführt, sondern von einem der Systemzentrale gegenüber weisungsgebundenen Filialleiter[111]. Die Hauptaufgabe des Filialbetriebes besteht insbesondere in der dezentralen Warenbereitstellung, während die Systemzentrale die Funktionen der Unternehmensführung übernimmt[112]. Die Anzahl der angeschlossenen Filialbetriebe variiert erheblich[113] und nicht selten integriert das Gesamtsystem mehrere Wirtschaftsstufen (z.B. Einzel- und Großhandel).

Der Direktvertrieb wird in der engen Begriffsauffassung definiert als der „persönliche Verkauf von Waren und/oder Dienstleistungen in der Wohnung eines Letztverbrauchers nach anbieterinitiierter Kontaktaufnahme"[114]. Diese Abgrenzung bezieht sich im Handel mit Konsumgütern[115] vor allem auf den klassischen Vertreterverkauf (z.B. Firma Vorwerk). Weniger enge Definitionen schließen u.a. auch

---

[110] Siehe zum Systembegriff in der Distribution Kap. 2.3.1.
[111] Vgl. Nieschlag, Robert: Grundfragen der Unternehmungspolitik im Filialbetrieb, in: Nieschlag, Robert/Eckardstein, Dudo v., (Hrsg.): Der Filialbetrieb als System - Das Cornelius Stüssgen Modell, Köln 1972b, S. 12.
[112] Vgl. Deutsch, Paul: Die Betriebsformen des Einzelhandels, Stuttgart 1968, S. 45.
[113] Die Spannweite reicht von Systemen mit weniger als zehn Filialen (Kleinfilialisten) bis hin zu Groß- oder Massenfilialisten mit mehreren hundert angeschlossen Betrieben.
[114] Engelhardt, Werner H./Kleinaltenkamp, Michael/Rieger, Sören: Der Direktvertrieb im Konsumgüterbereich, Stuttgart u.a. 1984, S. 25. Vgl. auch Engelhardt, Werner H./Witte, Petra: Direktvertrieb im Konsumgüter- und Dienstleistungsbereich, Stuttgart 1990, S. 16.
[115] Der Handel mit Konsumgütern betrifft den Absatz an Endverbraucher. Die Ausführungen lassen sich analog auf den Großhandel und weitere vorgelagerte Wirtschaftsstufen übertragen. Z.B. können klassische Großhandelsfunktionen vom Hersteller übernommen werden, indem dieser den Einzelhandel direkt beliefert. Eine größere Bedeutung als im Konsumgüterbereich hat der Direktvertrieb bei der Distribution von hochwertigen und serviceintensiven Investitionsgütern.

das Ladenlokal des Herstellers (z.B. Handelsniederlassungen von Automobilherstellern) als Ort des Kaufes ein und führen Medien (z.B. Schriftkontakt, Telefon, Bildschirmdienste) als Kontaktmöglichkeiten an[116]. Hier wird der weiteren Abgrenzung gefolgt, weil in den nachfolgenden Untersuchungen weniger die Art und der Ort des Verkaufs im Mittelpunkt stehen, als vielmehr das Potential des Direktvertriebs, selbständige Händlersysteme durch vertikal hochintegrative Vermarktungsformen zumindest teilweise zu substituieren.

Die folgende Abbildung gibt, unter Einbeziehung der Handelskooperationen, einen systematischen Überblick über die verschiedenen Distributionssysteme.

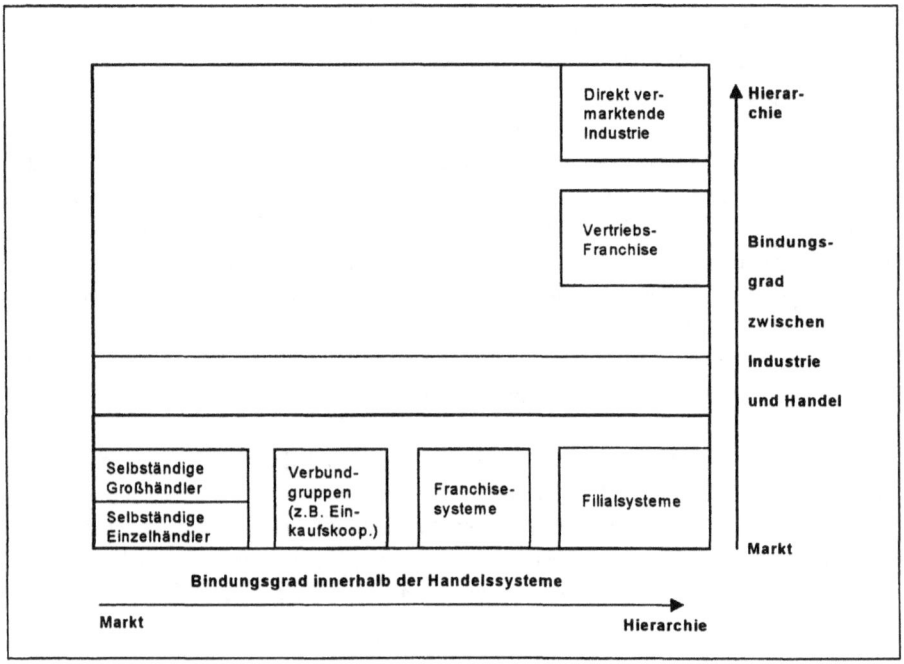

Abb. 11: Die Vielfalt distributiver Systeme; Quelle: Vgl. Müller-Hagedorn, Lothar: The Variety of Distribution System, in: Journal of Institutional and Theoretical Economics, Vol. 151 (1995), S. 189.

Abbildung 11 stellt die distributiven Systeme in einem zweidimensionalen Raum dar, der von einem horizontalen und einem vertikalen Markt-Hierarchie-Kontinuum gebildet wird. Markt und Hierarchie stellen hierbei Formen der Koordination dar. Der Begriff der Koordination bezieht sich hier und auch im weiteren Verlauf dieser Arbeit auf die Art und Weise der Abwicklung von Transaktionen. Unter einer Transaktion wird der Prozeß der Klärung und Vereinbarung eines Leistungsaus-

---

[116] Vgl. Engelhardt, W. H./Witte, P., 1990, S. 17.

2.4 Der Wettbewerb der distributiven Systeme

tauschs verstanden, der dem physischen Güteraustausch logisch sowie meist auch zeitlich vorausgeht[117].

Im Falle der rein marktlichen Koordination, werden Transaktionen in Form von Verhandlungsprozessen zwischen zwei oder mehreren, voneinander unabhängigen, Vertragsparteien ausgehandelt. Sofern sich die verschiedenen Parteien einigen, kommt es als Ergebnis dieser Verhandlungen zum Abschluß eines Vertrages. Diese Verträge sind tendenziell kurzfristiger Natur, weil bei jeder weiteren Kontaktaufnahme neue Verhandlungen notwendig sind. Dieser Koordinationsform bedient sich weitgehend der selbständige Handel, weil er z.B. mit seinen Zulieferern immer wieder in Verhandlung treten muß, um seine Waren zu beschaffen. Die hierarchische Koordination erweist sich hierbei als relativ unbedeutend, weil der selbständige Unternehmer weisungsungebunden handelt[118].

Zwischen den polaren Koordinationsformen Markt und Hierarchie werden auf dem horizontalen Kontinuum die verschiedenen Kooperationsformen[119] angeordnet, unterschieden nach Verbundgruppen und Franchise-Systemen. Dies bedeutet, daß sich Kooperationssysteme sowohl der marktlichen als auch der hierarchischen Koordination bedienen.

Eine hohe Bedeutung nimmt die hierarchische Koordination bei Filial- und Direktvertriebssystemen ein. Innerhalb dieser Systeme sind die angeschlossenen Filialen von ihrer Zentrale weisungsabhängig, so daß es in den Filialen nicht zu freien, unternehmerischen Entscheidungen kommt. Hier kann zwischen Koordinationsformen unterschieden werden, die nur innerhalb des Handelssystems einen hohen Bindungsgrad aufweisen und solchen, die auch gegenüber der Industrie weisungsgebunden sind. Bei letzteren handelt es sich um Direktvertriebssysteme der Hersteller, durch die teilweise eine oder mehrere Handelsstufen völlig ausgeschaltet werden. Allerdings existieren auch auf dem vertikalen Markt-Hierarchie-Kontinuum zahlreiche Zwischenformen, die sich marktlichen und hierarchischen Koordinationsmechanismen in unterschiedlichem Ausmaß bedienen. Hierzu zählen sowohl das Vertriebs-Franchising als auch die vielfältigen Formen des vertikalen Marketing, durch die eine gezielte und planmäßige Abstimmung der Distribution zwischen Industrie und Handel erfolgt.

---

[117] Vgl. Picot, Arnold: Transaktionskostenansatz in der Organisationstheorie: Stand der Diskussion und Aussagewert, in: Die Betriebswirtschaft, Jg. 42 (1982), Nr. 2, S. 269; Commons, John R.: Institutional Economics, in: American Economic Review, Vol. 21 (1931), S. 652.

[118] Siehe zur Unterscheidung der Koordinationsmechanismen "Markt" und "Hierarchie": Schenk, Karl-Ernst: Märkte, Hierarchien und Wettbewerb, München 1981, S. 64 f.

[119] Teilweise werden die Koordinationsformen zwischen der reinen Markt- und der reinen Hierarchieform auch als "Hybride Formen" bezeichnet. Vgl. Richter, Rudolf: Institutionenökonomische Aspekte der Theorie der Unternehmung, in: Ordelheide, Dieter/Rudolph, Bernd/Büsselmann, Elke, (Hrsg.): Betriebswirtschaftslehre und Ökonomische Theorie, Stuttgart 1991, S. 416.

Zentes betont, daß die Abgrenzung der Kooperation gegenüber den marktlichen und hierarchischen Koordinationsformen nur unscharf erfolgen kann[120]. Bezüglich der Unterscheidung zwischen dem selbständigen und dem kooperierenden Handel erscheint diese Anmerkung - in Anbetracht der Existenz von losen Kooperationsformen[121] - als berechtigt. Hier müßte im Einzelfall entschieden werden, ob die definitionsgemäßen Merkmale der Handelskooperation vorliegen. Die Abgrenzung der Handelskooperation gegenüber dem Filialsystem erscheint auf den ersten Blick relativ eindeutig, weil der Filialbetrieb, im Gegensatz zum kooperierenden Händler, keine wirtschaftliche und rechtliche Selbständigkeit besitzt. Aber auch hier sind die folgenden Bedenken angebracht:

− Es erscheint zweifelhaft, ob Franchisenehmer, die lediglich ihr Kapital und ihre eigene Arbeitskraft in den Betrieb einbringen noch als wirtschaftlich selbständig bezeichnet werden können.
− Von einigen Kooperationszentralen werden, neben dem üblichen Kooperationsgeschäft, auch filialisierte Regiebetriebe[122] geführt. Auch hier müßte im Einzelfall entschieden werden, welcher Koordinationsform das einzelne System zuzurechnen ist.

Die aufgeführten Beispiele zeigen, daß in Anbetracht der dynamischen Entwicklung von Distributionssystemen zu Recht ein Kontinuum gewählt wurde, um die verschiedenen Koordinationsformen aufzuzeigen. Es kommt dabei weniger auf die trennscharfe Abgrenzung der einzelnen Koordinationsformen an, als vielmehr auf die Erkenntnis, daß es durch die Einführung des Koordinationsbegriffes gelingt, sämtliche Distributionsformen unter Anwendung des Markt-Hierarchie-Kontinuums systematisch zu erfassen. Diese Erkenntnis würde, im Hinblick auf die Wahl oder Gestaltung eines Kooperationssystems, insbesondere dann eine erhebliche Bedeutung annehmen, wenn es sich theoretisch begründen ließe, daß die Koordination von Transaktionen eine wesentliche ökonomische Dimension für die Handelskooperation darstellt. In dem nachfolgenden Kapitel wird daher die Transaktionskostentheorie als Erklärungsansatz für die Handelskooperation vorgestellt.

---

[120] Vgl. Zentes, Joachim: Kooperative Wettbewerbsstrategien im internationalen Konsumgütermarketing, in: Zentes, Joachim, (Hrsg.): Strategische Partnerschaften im Handel, Stuttgart 1992, S. 18.
[121] Zur Beschreibung loser Kooperationsformen siehe Kap. 2.2.1.
[122] Siehe zum Begriff des Regiebetriebes Kap. 2.2.2.

3 Der Transaktionskostenansatz als Theorie der Handelskooperation

Schenk gibt zu bedenken, daß sich die Kooperationsforschung, trotz zahlreicher Publikationen, auf eine Aspekte-Forschung beschränkt und daß bislang kein überzeugendes System der Kooperationstheorie existiert[123]. In der Transaktionskostentheorie sieht er einen geeigneten Erklärungsansatz für die Bildung von Kooperationen, der gegenüber anderen Theorien den Vorteil der größten Anschaulichkeit besitzt[124]. Über diesen Vorteil hinaus soll mit den nachfolgenden Ausführungen herausgestellt werden, worin der Beitrag der Transaktionskostentheorie zur Erklärung der Handelskooperation besteht. Es ergeben sich diesbezüglich die folgenden Fragen:

- Welche Erklärungsmöglichkeiten bietet der Transaktionskostenansatz im Vergleich zu anderen Theorien ?
- Welche Ansprüche werden an eine Theorie der Handelskooperation gestellt ?
- Kann mit einer rein kostenorientierten Betrachtung die Handelskooperation umfassend erklärt werden ?
- Wie erklärt der Transaktionskostenansatz die Vorteilhaftigkeit der Handelskooperation ?

In einem ersten Schritt wird der Transaktionskostenansatz in seinen Grundzügen erläutert. Hierauf folgt ein Theorienvergleich, der den Beitrag der Transaktionskostentheorie zur Erklärung der Handelskooperation herausstellen soll. In einem weiteren Schritt schließen sich Überlegungen über die Transaktionskosteneffizienz von Kooperationssystemen im Handel an. Hiermit verbinden sich vor allem Fragen nach der Operationalisierung und Messung von Transaktionskosten.

---

[123] Vgl. Schenk, Hans-Otto: Verbundlehre: Neuer Wissenschaftsansatz für die Kooperation, in: Der Verbund, Jg. 6 (1993), Nr. 1, S. 4.
[124] Vgl. Schenk, H.-O., 1991, S. 71 und 371.

3.1 Der Erklärungsansatz der Transaktionskostentheorie

Die Bedeutung der Kooperation als alternative Institution läßt sich anhand zahlreicher Publikationen zur Transaktionskostentheorie aufzeigen. So werden Koordinationsformen zwischen Markt und Hierarchie unter verschiedenen Begriffen wie „cooperation"[125] oder „clan"[126] in die Transaktionskostenanalyse einbezogen. Transaktionskosten stellen bei diesen Untersuchungen das wesentliche Effizienzkriterium für die Auswahl und Gestaltung eines Koordinationssystems dar. Im Anschluß an grundlegende Ausführungen über die Abgrenzung von Transaktionskosten wird der transaktionskostentheoretische Ansatz zur Bestimmung effizienter Koordinationsformen vorgestellt.

3.1.1 Die Abgrenzung von Transaktionskosten

Schon im Jahr 1924 stellt John R. Commons die seiner Ansicht nach hohe Bedeutung der Transaktion als ökonomische Analyseeinheit heraus:
„A transaction ... is the ultimate unit of economics, ethics and law"[127]
Eine Transaktion beinhaltet die dem physischen Güteraustausch vorgelagerten, vertraglichen Regelungen über den Übergang von Verfügungsrechten[128]. Der Begriff der Transaktionskosten umfaßt dementsprechend die Kosten, die im Zusammenhang mit der Bestimmung, Übertragung und Durchsetzung von Verfügungsrechten entstehen[129].

Dem Transaktionskostenkonzept liegen die Theorie unvollständiger Kontrakte und die Theorie unvollständiger Information zugrunde[130]. Gemäß der Theorie unvollständiger Kontrakte lassen abgeschlossene Verträge Spielraum für Neuverhandlungen frei, weil nicht alle zukünftigen Ereignisse vorhersehbar sind. Die einzelnen

---

[125] Vgl. Richardson, G. B.: The Organization of Industry, in: The Economic Journal, Vol. 82 (1972), S. 883 - 887.

[126] Bei Ouchi steht mit der Verwendung des Begriffes "clan" insbesondere die Anerkennung gemeinsamer Werte, das gegenseitigen Vetrauen und die Langfristigkeit der Beziehung im Vordergrund. Vgl. Ouchi, William G.: Markets, Bureaucracies and Clans, in: Administrative Science Quarterly, Vol. 25 (1980), S. 138; Ouchi, William G.: A Conceptual Framework for the Design of Organizational Control Mechanismus, in: Management Science, Vol. 25 (1979), S. 838; Wilkins, Alan L./Ouchi William G.: Efficient Cultures: Exploring the Relationship between Culture and Organizational Perfomance, in: Administrative Science Quarterly, Vol. 28 (1983), S. 469 - 472.

[127] Commons, John R.: Legal Foundations of Capitalism, New York 1924, S. 68. Siehe zum Begriff der Verfügungsrechte ausführlich Kap. 3.2.1.

[128] Vgl. Commons, J. R., 1931, S. 652. Siehe zum Begriff des Verfügungsrechts auch Kap. 3.2.1.

[129] Vgl. Tietzel, Manfred: Die Ökonomie der Property Rights: Ein Überblick, in: Zeitschrift für Wirtschaftspolitik, Jg. 30 (1981), S. 211.

[130] Vgl. zum folgenden Absatz: Bauer, Antonie/Illing, Gerhard: Transaktionskosten und das Coase-Theorem, in: Wirtschaftswissenschaftliches Studium, Jg. 21 (1992), Nr. 12, S. 933 f.

3.1 Der Erklärungsansatz der Transaktionskostentheorie

Verhandlungen verursachen Transaktionskosten. Die Theorie unvollständiger Information berücksichtigt die Kosten, die durch die asymmetrische Informationsverteilung[131] zwischen den Vertragsparteien entstehen. *Picot* führt aus, daß Transaktionskosten insbesondere durch Kommunikationsprozesse hervorgerufen werden, die der Überwindung oder Einschränkung unvollständiger Information dienen[132]. Er teilt Transaktionskosten in vier Kostenarten ein, die sich an die Phasen der Transaktion anlehnen:

Transaktions- kostenart	Beispiele
(1) Anbahnungskosten	Informationssuche und -beschaffung über potentielle Transaktionspartner und deren Konditionen
(2) Vereinbarungs- kosten	Intensität und zeitliche Ausdehnung von Verhandlungen, Vertragsformulierung und Einigung
(3) Kontrollkosten	Sicherstellung der Einhaltung von Termin-, Qualitäts-, Mengen-, Preis- und evtl. Geheimhaltungsvereinbarungen
(4) Anpassungskosten	Durchsetzung von Termin-, Qualitäts-, Mengen-, Preisänderungen aufgrund veränderter Bedingungen während der Laufzeit der Vereinbarung

Abb. 12: Transaktionskostenarten; Quelle: Vgl. Picot, A., 1982, S. 270.

Abbildung 12 zeigt die verschiedenen Transaktionsphasen in ihrer chronologischen Reihenfolge. Hierbei gilt es zu berücksichtigen, daß Transaktionskosten sowohl vor als auch nach der eigentlichen vertraglichen Vereinbarung anfallen, deren Zeitpunkt am Ende der Phase (2) liegt.

Die Zuordnung von Transaktionskosten zu verschiedenen Phasen beantwortet jedoch noch nicht die Frage, wie sich diese gegenüber anderen Kostenarten abgrenzen lassen. Dies betrifft vor allem die in der Fachliteratur häufig geführte Diskussion um die Abgrenzbarkeit von Transaktions- und Produktionskosten[133].

Produktionskosten stellen im klassischen Sinn den Gegenwert der im Produktionsprozeß eingesetzten Produktionsfaktoren (Arbeit, Betriebsmittel, Werkstoffe) dar. Auch im Handel kommt es zu Produktionsprozessen durch Faktorkombination, z.B. durch das Umpacken der Ware im Großhandel oder die Regalplazierung der Ware im Einzelhandel. Der Verweis auf die klassische Definition der Produktions-

---

[131] Auf der Annahme der asymmetrischer Information basiert auch die Principal-Agent-Theorie. Siehe hierzu Kap. 3.2.1.
[132] Vgl. Picot, A., 1982, S. 270.
[133] Siehe Wegehenkel, Lothar: Transaktionskosten, Wirtschaftssystem und Unternehmertum, Tübingen 1980b, S. 15 - 17; Michaelis, Elke: Organisation unternehmerischer Aufgaben - Transaktionskosten als Beurteilungskriterium, Frankfurt am Main-Bern-New York 1985, S. 82 - 91.

kosten erfüllt jedoch offensichtlich nicht die Anforderungen an eine trennscharfe Abgrenzung gegenüber den Transaktionskosten, was durch die unterschiedlichen Auffassungen zu diesem Problem belegt werden kann.

So beruft sich *Wegehenkel* diesbezüglich auf die Nichtexistenz von Transaktionskosten im Falle vollkommener Konkurrenz[134]. Er schlußfolgert, daß bei vollkommener Konkurrenz ausschließlich Produktionskosten entstehen können und Transaktionskosten daher nur im Marktungleichgewicht auftreten[135]. Letztere werden für die Koordinierung von Märkten aufgewendet, um die Gleichgewichtssituation zumindest tendenziell wieder herzustellen[136]. Dem Ansatz von *Wegehenkel* kann zwar eine erhebliche modelltheoretische Bedeutung zugesprochen werden, ein weiterführender Beitrag zur Operationalisierung oder Quantifizierung von Transaktions- und Produktionskosten scheitert jedoch schon an einem kaum zu ermittelnden Gleichgewichtspreis[137].

Michaelis[138] stellt die Notwendigkeit einer exakten Abgrenzung von Transaktions- und Produktionskosten überhaupt in Frage und schlägt vor, die Zuordnung einzelner Kostenpositionen, im Rahmen von Konventionen, entscheidungsspezifisch vorzunehmen. Sie verweist darauf, daß Transaktions- und Produktionskosten als Gesamtkosten durch die Organisationsform ökonomischer Aktivitäten beeinflußt werden. Zudem sei die Kenntnis der gesamtwirtschaftlichen Transaktionskostenhöhe[139] Anlaß genug, diese bei der Entscheidungsfindung einzubeziehen. Diese Argumentation erscheint aus zwei Gründen plausibel: Zum einen kommt es in der Praxis zu derartig vielfältigen Transaktions- und Produktionsprozessen, daß die einzelnen Kosten nur problemspezifisch bzw. entscheidungsbezogen zugeordnet werden können. Zum anderen lassen sich Interdependenzen zwischen Transaktions- und Produktionskosten aufzeigen[140], die eine allgemeingültige, trennscharfe Abgrenzung der beiden Kostenarten in Frage stellen.

Gümbel führt diesbezüglich aus, daß es zu Substitutionsbeziehungen zwischen Transaktions- und Produktionskosten im Einflußbereich der internen (hierarchischen) Koordination kommen kann. Dies trifft z.B. im Fall von Skalenerträgen (economies of scale)[141] im Produktionsbereich zu, durch die steigende Transakti-

---

[134] Dem Partialmodell der vollkommener Konkurrenz liegen die Prämissen einer atomistischen Marktstruktur, des vollkommenen Marktes und des freien Marktzutritts zugrunde.

[135] Vgl. Wegehenkel, Lothar: Gleichgewicht, Transaktionskosten und Evolution - Eine Analyse der Koordinierungseffizienz unterschiedlicher Wirtschaftssysteme, Tübingen 1981, S. 15 - 19.

[136] Vgl. Wegehenkel, L., 1981, S. 19.

[137] So auch Michaelis, E., 1985, S. 87.

[138] Vgl. zu dem folgenden Absatz Michaelis, E., 1985, S. 90 - 91.

[139] North schätzt den Anteil der Transaktionskosten in den westlichen entwickelten Ländern auf über 50 % des Bruttosozialprodukts. Vgl. North, Douglas C.: Transaction Costs, Institutions, and Economic History, in: Zeitschrift für die gesamte Staatswissenschaft, Vol. 140 (1984), S. 7.

[140] Vgl. zu den folgenden Ausführungen Gümbel, Rudolf: Handel, Markt und Ökonomik, Wiesbaden 1985, S. 171 - 172.

[141] Siehe zur näheren Erläuterung Kap. 3.2.2.

onskosten im internen Bereich der Organisation kompensiert werden können. Wenn die durch Skalenerträge erwirtschaftbaren Vorteile den Nachteil steigender Transaktionskosten überkompensieren, kann es trotz nachteiliger Transaktionskostenentwicklung zur Gründung von Unternehmungen oder auch Kooperationen kommen.

Diese Erkenntnis nimmt für Handelskooperationen eine Bedeutung an, wenn es z.B. um Entscheidungen über die Zentralisierung bzw. Dezentralisierung von Teilfunktionen, wie z.B. Lagerhaltung oder Transport geht. In diesen Fällen könnte es vorkommen, daß die durch Zentralisation bedingten Produktionskostenvorteile (z.B. Größenvorteile in der Lagerung, bessere Auslastung des Fuhrparks) die hierdurch verursachten Transaktionskosten der Systemmitglieder (z.B. durch Kommunikation und Abstimmung mit dem Zentrallager) überwiegen. Es zeigt sich also, daß neben den Transaktionskosten grundsätzlich auch die Produktionskosten berücksichtigt werden sollten, um nicht zu falschen Aussagen über die Kosteneffizienz von Koordinationsformen zu gelangen.

Es ergibt sich die Frage, ob sich die Gesamtkosten des Handels ausschließlich aus Transaktions- und Produktionskosten zusammensetzen und welche Rolle. in diesem Zusammenhang die Warenbezugskosten des Handels spielen. Der Einstandspreis, der die Kosten des Warenbezugs ausdrückt, enthält sämtliche Leistungen für einen Auftrag, eine Bestellung oder eine Periode, die zwischen dem Händler und dem Lieferanten vereinbart werden, abzüglich der Rabatte[142]. Unter der Annahme, daß Hersteller zumindest zu kostendeckenden Preise anbieten, bestimmen die Produktions- und Transaktionskosten der Hersteller in der Summe die minimalen Warenabgabepreise.

Alle weiteren Kosten, die dem Handel betriebsbedingt entstehen, werden als Handlungskosten bezeichnet und beinhalten nach der Kostenartenrechnung z.B. Personal-, Raum-, Werbe-, Zins-, Fuhrpark-, Verwaltungs- und Abschreibungskosten[143]. Diese setzen sich aus den Produktions- und Transaktionskosten zusammen. Beispielsweise begründet sich der Personaleinsatz durch notwendige Produktionsprozesse, aber auch durch notwendige Informationsaufgaben, die Transaktionskosten verursachen. Die folgende Abbildung faßt die Gesamtkosten des Handels nach der hier aufgezeigten Systematik zusammen.

---

[142] Vgl. Katalog E, 1995, S. 80. Hier wird weiter ausgeführt: "Hinsichtlich der Abzugfähigkeit der Skonti gehen die Meinungen auseinander, je nachdem ob eine differenzierte Waren- oder Finanzabrechnung besteht."
[143] Vgl. Katalog E, 1995, S. 89.

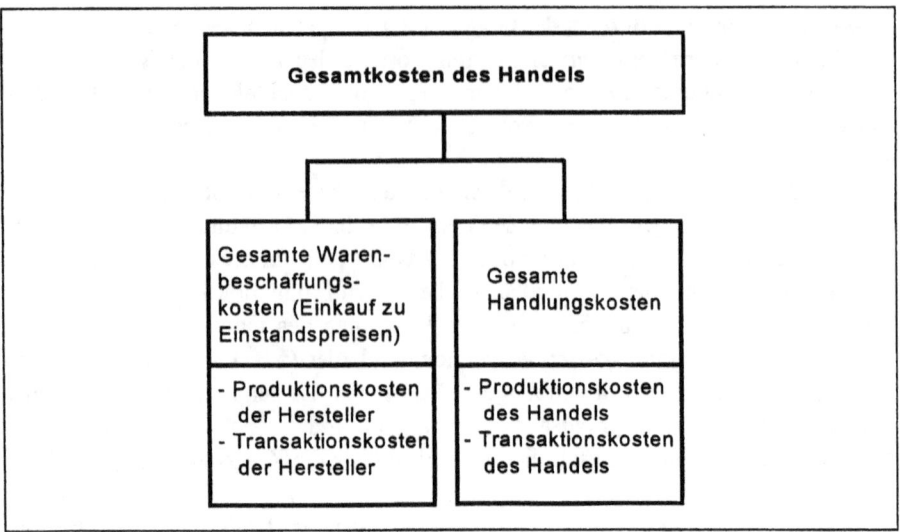

Abb. 13: Die Gesamtkosten des Handels

Über die Abgrenzung gegenüber den Produktionskosten hinaus wird häufig gefragt, ob sich Transaktionskosten entweder den fixen oder den variablen Kosten zuordnen lassen. *Picot* erläutert diesbezüglich, daß Transaktionskosten, je nach Gewicht und Häufigkeit, eher den Charakter von fixen oder variablen Kosten annehmen[144]. Ausschlaggebend seien hier die Anteile marktlicher und hierarchischer Koordination sowie die Bedeutung der einzelnen Transaktionsarten. Nach *Picot* entstehen im Falle der marktlichen Koordination mit festen Transaktionspartnern vorwiegend fixe Such- und Vereinbarungskosten, im Falle wechselnder Transaktionspartner nehmen diese variablen Charakter an. Die hierarchische Koordination verursacht vor allem fixe Kontrollkosten. Die folgende Abbildung verdeutlicht diesen Zusammenhang:

	Marktliche Koordination	*Hierarchische Koordination*
Feste Transaktionspartner	*fixe* Such- und Vereinbarungskosten	*fixe* Kontrollkosten
Wechselnde Transaktionspartner	*variable* Such- und Vereinbarungskosten	(-)

Abb. 14: Fixe und variable Transaktionskosten; Quelle: Vgl. Picot, A., 1982, S. 271.

---

[144] Vgl. Picot, A., 1982, S. 271.

In verschiedenen Beiträgen zur Transaktionskostentheorie werden die Kosten der marktlichen Koordination als **externe Transaktionskosten** und die Kosten der hierarchischen Koordination als **interne Transaktionskosten** bezeichnet. *Gümbel* definiert die beiden Begriffe folgendermaßen:

„Alle Kosten, die der personalen Transformation von Gütern und Dienstleistungen dienen, heißen *externe Transaktionskosten*. Alle Kosten, die innerhalb einer Unternehmung anfallen und der Lenkung bzw. der Kontrolle dienen, heißen *interne Transaktionskosten*." (Hervorhebungen im Orginal)[145]

Demzufolge werden externe Transaktionskosten durch die marktliche Koordination zwischen selbständigen Tauschpartnern verursacht, während interne Transaktionskosten durch hierarchische Anweisung entstehen. An dieser Abgrenzung wird jedoch kritisiert, daß eine Transaktion als Vertrag zwischen Marktpartnern immer einen externen bzw. marktlichen Bezug annimmt und daher die Unterscheidung zwischen externen und internen Transaktionskosten gegenstandslos wird[146]. Diese Kritik erscheint berechtigt, weil die interne Organisation einer Unternehmung letztendlich auf einem Bündel von Verträgen (z.B. Arbeits- oder Kaufverträgen) basiert. So können z.B. die Kosten für die Anweisung und Überwachung von Mitarbeitern als Kontrollkosten gemäß der Transaktionsphase (3) interpretiert werden. Durch den Arbeitsvertrag zwischen den Marktpartnern **Unternehmung** und **Arbeitnehmer** kommt die eigentliche Transaktion als externe Beziehung zustande.

3.1.2 Die Bestimmung der effizienten Koordinationsform

Der Transaktionskostenansatz erklärt die Entstehung von Institutionen durch Substitutionsbeziehungen zwischen internen und externen Transaktionskosten. *Gümbel* führt diesbezüglich aus, daß die Gründung der Institution 'firm' wesentlich davon abhängt, „ob und inwieweit sie erfolgreich den Ressourcenverbrauch für externe Transaktionen (x_{et}) durch Inkaufnahme entsprechenden Verbrauchs für interne Transaktionen (x_{it}) substituieren kann."[147] Auf dieser Überlegung aufbauend formuliert *Gümbel* die zentralen Sätze der *Coase*schen[148] Theorie wie folgt:

„Wenn die Inanspruchnahme des *Marktpreis-Mechanismus* Kosten verursacht, *und* (mindestens begrenztes) *Effizienzstreben* (Sparsamkeit) das Handeln der Akteure bestimmt, und Kooperation durch kontraktbedingte Subordination (. . .) zulässig ist und die Wahrscheinlichkeitsverteilungen

---

[145] Gümbel, R., 1985, S. 151; vgl. auch Wegehenkel, Lothar: Coase-Theorem und Marktsystem, Tübingen 1980a, S. 6 - 11.
[146] Vgl. Michaelis, E., 1985, S. 91 - 93; Brand, Dieter: Der Transaktionskostenansatz in der betriebswirtschaftlichen Organisationstheorie, Frankfurt am Main u.a. 1990, S. 107.
[147] Gümbel, R., 1985, S. 154.
[148] Die Arbeiten von Ronald H. Coase zählen zu den zentralen Beiträgen der Neuen Institutionenökonomik. Hierzu zählen insbesondere: Coase, Ronald H.: The Nature of the Firm, in: Economica, Vol. 4 (1937), S. 386 - 405; Coase, Ronald H.: The Problem of Social Cost, in: Journal of Law and Economics, Vol. 3 (1960), S. 1 - 44. Siehe auch: Picot, Arnold: Ronald H. Coase - Nobelpreisträger 1991, in: Wirtschaftswissenschaftliches Studium, Jg. 21 (1992), S. 79 - 83.

über die Aktionen (Transaktionsmengen bei alternativ eintretenden Umweltkonstellationen) bei den Akteuren des Systems nicht gleich sind, dann ist die „Firm" mit einem „Entrepreneur" eine effiziente (und pareto-optimale) Alternative zum Markt, da

a) bei gleichem Transaktionsvolumen die Grenzrate der Substitution externer durch interne Transaktionsressourcen *nicht* gleich dem Faktorpreisverhältnis der entsprechenden Faktorarten ist und/oder

b) die Niveau-Ergiebigkeit des Transaktions-Ressourceneinsatzes bei steigendem internem Transaktionsniveau zur Einsparung von Ressourcen führt."[149] (Hervorhebungen im Orginal)

Gümbel stellt mit dieser Hypothese den Ressourceneinsatz in den Vordergrund, der einer Quantifizierung in Kosteneinheiten logisch vorausgeht. Er unterstellt zudem das Streben der Entscheidungsträger nach Effizienz. Unter Effizienz wird im allgemeinen das Erfolgsniveau verstanden, gemessen an einem gesetzten Formalziel[150]. In der Transaktionskostentheorie betrifft das Erfolgsniveau das erreichte Transaktionsvolumen bzw. die hierfür eingesetzten Ressourcen. Eine Koordinationsform gilt demnach als effizient, wenn ein gegebenes Transaktionsvolumen bei minimalen Ressourceneinsatz erreicht wird oder die gegebenen Ressourcen das Transaktionsvolumen maximieren. Ähnlich der Ermittlung einer Minimalkostenkombination von Faktormengen steht die Substitution von externen und internen Ressourcen im Mittelpunkt der Betrachtung[151], was durch Abbildung 15 veranschaulicht wird. Abbildung 15 zeigt ein Koordinatensystem mit den externen Transaktionskosten auf der Ordinate und den internen Transaktionskosten auf der Abszisse. Die Iso-Kostengeraden geben das Faktorpreisverhältnis der einzusetzenden Ressourcen wieder und stellen das verfügbare Budget dar. Die Iso-Transaktionskurve beschreibt den geographischen Ort des Grenznutzenverhältnisses zwischen internen und externen Transaktionen. Ihr Verlauf drückt aus, daß es „immer schwerer wird, Einsparungen von Ressourcen im externen Bereich durch vermehrten Aufwand bei internen Transaktionen auszugleichen"[152].

Das Grenznutzenverhältnis zweier Einsatzfaktoren wird durch die Grenzrate der Substitution ausgedrückt, die im Optimum dem Faktorpreisverhältnis entspricht. In Abbildung 15 wird das Optimum durch Punkt B markiert, weil hier die Iso-Transaktionskurve die Iso-Kostengerade tangiert. Bis zu diesem Punkt wird bei Substitution externer durch interne Transaktionskosten ein zunehmender Grenznutzen erreicht, während dieser rechts von Punkt B abnimmt. Im Vergleich hierzu markiert Punkt A eine suboptimale Situation. Bei gegebener Grenzrate der Substitution symbolisiert die gestrichelte Iso-Kostengerade für diesen Fall das höhere Budget, das im Vergleich zur Optimallösung benötigt wird.

---

[149] Gümbel, R., 1985, S. 152. Der Begriff "Entrepreneur" wird als Synonym für den Begriff des Unternehmers verwendet.
[150] Vgl. Grochla, E., 1978, S. 24.
[151] Vgl. Gümbel, R., 1985, S. 152 f.
[152] Gümbel, R., 1985, S. 154.

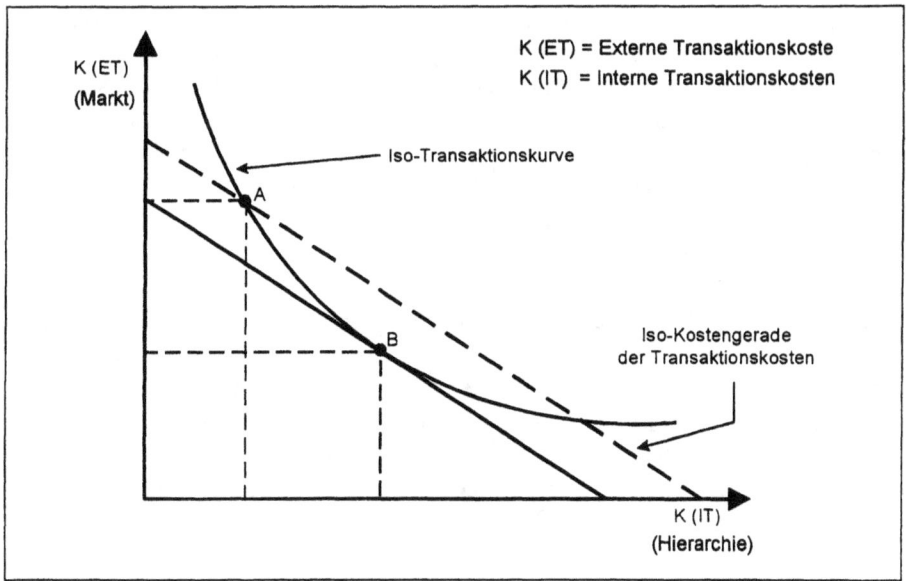

Abb. 15: Iso-Transaktionskurve und Budgetgerade der Transaktionskosten; Quelle: Vgl. Gümbel, R, 1985, S. 154.

Inhaltlich interpretiert handelt es sich bei Punkt A um eine eher marktliche Koordinationsform, weil hohen externen Transaktionskosten nur geringe interne Transaktionskosten gegenüberstehen. Gemäß der formalen Darstellung könnte diese Institution ihre Effizienz erhöhen, indem sie externe durch interne Transaktionskosten substituiert. Unter der Annahme, daß die Bedeutung der hierarchischen Koordination durch den Zusammenschluß bisher selbständiger Unternehmungen in einem Kooperationssystem zunimmt (z.B. durch Ausübung von Kontroll- und Weisungsrechten), könnten Händler, die sich in der Ausgangssituation A befinden, ihre institutionelle Effizienz durch Kooperation erhöhen. Würde die Iso-Transaktionskurve die Iso-Kostengerade weiter rechts unten (von Punkt B aus betrachtet) tangieren, so befände sich das Optimum eher im Bereich der hierarchischen Koordination. In dem Handelsbeispiel ließe sich hieraus die Empfehlung eines hierarchischen Koordinationssystems, z.B. eines Filial- oder Direktvermarktungssystems, ableiten.

Nach dem Modell von *Gümbel* kann demzufolge unter einer Vielzahl möglicher Koordinationsformen *eine* pareto-optimale Lösung bestimmt werden. Die höchstmögliche Effizienz dieser Lösung resultiert aus einem bestimmten Verhältnis von internen und externen Transaktionskosten. Offenbar nehmen interne und externe

Transaktionskosten entscheidungsrelevanten[153] Charakter an, wenn es um die Auswahl oder Gestaltung eines Koordinationssystems geht. Daher wird hier der begrifflichen Unterscheidung von internen und externen Transaktionskosten entsprochen, wobei es zu berücksichtigen gilt, daß Transaktionskosten letztendlich immer externen Ursprungs sind und nur in Abhängigkeit von der jeweiligen Transaktionsphase internen Charakter annehmen können. Die Unterscheidung von Transaktionsphasen im Sinne *Picots* führt nicht zu einer Abgrenzung von internen und externen Transaktionskosten, wenngleich hierdurch ein wichtiger Beitrag zur Operationalisierung des Transaktionskostenbegriffs geleistet wird.

Die Bedeutung der Kooperation als alternative Institution läßt sich anhand zahlreicher Publikationen zur Transaktionskostentheorie aufzeigen. So werden Koordinationsformen zwischen Markt und Hierarchie unter verschiedenen Begriffen wie „co-operation"[154] oder „clan"[155] in die Transaktionskostenanalyse einbezogen. Transaktionskosten stellen bei diesen Untersuchungen das wesentliche Effizienzkriterium für die Auswahl und Gestaltung eines Koordinationssystems dar.

3.2 Der Transaktionskostenansatz im Theorienvergleich

Der sich anschließende Theorienvergleich soll aufzeigen, welchen besonderen Erklärungsbeitrag die Transaktionskostentheorie leistet und ob es eventuell Schnittstellen gibt, die eine Integration verschiedener Theorien ermöglichen. Dieser Vergleich erfolgt zunächst zwischen den Theorien innerhalb der Neuen Institutionenökonomik.

---

[153] Michaelis verwendet den Begriff der entscheidungsrelevanten Kosten nach Riebel und weist darauf hin, daß auch hinsichtlich der Tansaktionskosten nur die Einzelkosten in das Entscheidungskalkül einzubeziehen sind. Einzelkosten entsprechen den Kosten, die nicht anfallen würden, wenn die Entscheidung nicht getroffen würde. Vgl. Michaelis, E., 1985, S. 96 f.; Riebel, Paul: Einzelkosten- und Deckungsbeitragsrechnung: Grundfragen einer markt- und entscheidungsorientierten Unternehmensrechnung, 7. Aufl., Wiesbaden 1994, S. 372.

[154] Vgl. Richardson, G. B.: The Organization of Industry, in: The Economic Journal, Vol. 82 (1972), S. 883 - 887.

[155] Bei Ouchi steht mit der Verwendung des Begriffes "clan" insbesondere die Anerkennung gemeinsamer Werte, das gegenseitigen Vetrauen und die Langfristigkeit der Beziehung im Vordergrund. Vgl. Ouchi, William G.: Markets, Bureaucracies and Clans, in: Administrative Science Quarterly, Vol. 25 (1980), S. 138; Ouchi, William G.: A Conceptual Framework for the Design of Organizational Control Mechanismus, in: Management Science, Vol. 25 (1979), S. 838; Wilkins, Alan L./Ouchi William G.: Efficient Cultures: Exploring the Relationship between Culture and Organizational Perfomance, in: Administrative Science Quarterly, Vol. 28 (1983), S. 469 - 472.

Es wird sich zeigen, daß die Neue Institutionenökonomik die Existenz von Institutionen vorwiegend kostenorientiert erklärt. Nachfolgend wird daher geprüft, ob die Transaktionskostentheorie für sich allein den Ansprüchen an eine Theorie der Handelskooperation gerecht werden kann oder ob sich diesbezüglich auch andere Theorien anbieten.

3.2.1 Institutionenökonomische Theorien im Vergleich

In den letzten drei Jahrzehnten stieg das Interesse an der ökonomischen Analyse der Institutionen[156]. Die sich herausbildende Forschungsrichtung der Neuen Institutionenökonomik ging teils aus einer Erweiterung der Neoklassik, teils aus fundamentaler Gegenposition zur Neoklassik hervor[157]. Die Kritik an dem Neoklassischen Ansatz richtet sich insbesondere auf folgende Punkte:

- Dem Unternehmer kommt die Rolle des **passiven Ökonomisierers** zu, da seine Entscheidungssituation durch die Ermittlung der gewinnmaximalen Preis/Mengen-Kombination gekennzeichnet ist[158].
- Die Mengen- und Preisgleichgewichtslösungen auf homogenen Märkten erklären nicht die im Wettbewerb notwendige Heterogenität jeweils einzelner Unternehmen[159].
- Kosten der Koordination (z.B. Nutzung des Marktes oder hierarchische Anweisungen) existieren nicht[160].
- Es werden vollständige Verträge angenommen[161].
- Eigentumsrechte, z.B. an Unternehmen, werden nicht begründet[162]. Markt und Unternehmung werden demzufolge scharf getrennt.

Im Gegensatz zur Neoklassik, die das Unternehmen vorwiegend als prozeß-technische Einheit sieht, stehen folgende Fragen im Mittelpunkt der Neuen Institutionenökonomik:

- „Warum gibt es überhaupt Unternehmungen im Sinne von Mehrpersonengebilden und nicht vielmehr nur marktliche Tauschbeziehungen zwischen individuellen Akteuren?

---

[156] Vgl. Richter, Rudolf: Institutionen ökonomisch analysiert, Tübingen 1994, S. 2.
[157] Vgl. Picot, A. 1991, S. 144.
[158] Vgl. Strohm, Andreas: Ökonomische Theorie der Unternehmensentstehung, Freiburg i. Br. 1988, S. 11.
[159] Vgl. Krüsselberg, Utz: Theorie der Unternehmung und Institutionenökonomik, Heidelberg 1992, S. 2.
[160] Vgl. Richter, R., 1991, S. 399.
[161] Der Annahme vollständiger Verträge steht in der Neuen Institutionenökonmik das Konzept des unvollständigen Vertrages gegenüber. Dieses Konzept sieht vor, "daß mit voller Absicht Lücken in den Vereinbarungen gelassen werden, weil es zu kostspielig wäre bzw. angesichts der Ungewißheit der Zukunft überhaupt unmöglich wäre, sich über alle künftigen Eventualitäten ex ante zu einigen". Richter, R., 1991, S. 407.
[162] Vgl. Richter, R., 1991, S. 400.

– Warum gibt es überhaupt marktliche Tauschbeziehungen zwischen wirtschaftlichen Akteuren und nicht vielmehr nur eine große, z.B. hierarchische Organisation (Unternehmung), in der sich Produktion und Distribution der Güter vollziehen?"[163]

Innerhalb der Neuen Institutionenökonomik lassen sich einzelne Theorien abgrenzen, die sich u.a. in ihrer Untersuchungsperspektive, ihren Annahmen und in der Berücksichtigung dynamischer Aspekte unterscheiden. Zu den bedeutendsten Ansätzen[164] zählen die Property-Rights-, die Transaktionskosten- und die Principal-Agent-Theorie. Nachdem der Transaktionskostenansatz in seinen Grundzügen bereits vorgestellt wurde, folgen Ausführungen über die Property-Rights- und die Principal-Agent-Theorie, um im Vergleich der einzelnen institutionenökonomischen Ansätze Gemeinsamkeiten und Unterschiede aufzuzeigen und gegebenenfalls auf ergänzende Erklärungsbeiträge hinzuweisen.

Picot hebt hervor, daß die Property-Rights-Theorie auf der einen Seite und die Transaktionskosten- bzw. Principal-Agent-Theorie auf der anderen sich größtenteils ergänzen[165]. Bei der Transaktionskosten- und der Property-Rights- Theorie handle es sich hingegen um konkurrierende Ansätze[166]. Abbildung 16 gibt einen Überblick über die drei Theorien.

a) Die Property-Rights-Theorie

Gemäß der Property-Rights-Theorie determinieren Property-Rights - auch Verfügungsrechte genannt - die individuellen Handlungen der Wirtschaftssubekte[167]. Unter dem Begriff der Verfügungsrechte werden „die mit materiellen und immateriellen Gütern verbundenen, institutionell legitimierten Handlungsrechte eines oder mehrerer Wirtschaftssubjekte"[168] zusammengefaßt. Der Begriff der Verfügungsrechte kann nicht auf klassische Rechtsansprüche, wie z.B. das Eigentums- oder das Nutzungsrecht eingegrenzt werden, sondern es steht das Recht zur Entscheidung über die Verwendung von verfügbaren Ressourcen[169] im Vordergrund[170]. Abbildung 17

---

[163] Picot, A., 1982, S. 267; vgl. auch Hauser, Heinz: Zur ökonomischen Theorie von Institutionen, in: Timmermann, Mannfred, (Hrsg.): Nationalökonomie morgen: Ansätze zur Weiterentwicklung wirtschaftswissenschaftlicher Forschung, Stuttgart u.a. 1981, S. 60 f.

[164] Die Auswahl der bedeutendsten Ansätze erfolgt in Anlehnung an: Picot, A., 1991, S. 144.

[165] Vgl. Picot, A., 1991, S. 156.

[166] Vgl. Picot, A., 1991, S. 154.

[167] Vgl. Picot, A., 1991, S. 145.

[168] Picot, Arnold/Dietl, Helmut: Transaktionskostentheorie, in: Wirtschaftswissenschaftliches Studium, Jg. 19 (1990), Nr. 4, S. 178; Vgl. auch Furubotn, Eirik/Pejovich, Svetozar: Property rights and economic theory: A survey of recent literature, in: Journal of Economic Literature, Vol. 10 (1972), S. 1139.

[169] Es handelt sich hierbei sowohl um physische Ressourcen als auch um Humankapital.

[170] Vgl. Eschenburg, Rolf: Mikroökonomische Aspekte von Property Rights, in: Schenk, Karl-Ernst, (Hrsg.): Ökonomische Verfügungsrechte und Allokationsmechanismen in Wirtschaftssystemen, Berlin 1978, S. 9 f.

zeigt, daß ein Property-Right ein Nutzungs-, Tausch- oder Selbstorganisationsrecht sein kann, oder auch eine beliebige Kombination dieser Rechte[171].

	Property-Rights-Theorie	*Transaktionskostentheorie*	*Principal-Agent Theorie*
Untersuchungsgegenstand	institutionelle Rahmenbedingungen	*Transaktionsbeziehungen*	Beziehungen zwischen Prinzipal und Agent
Untersuchungseinheit	Individuum	*Transaktion*	Individuum
Verhaltensannahmen	individuelle Nutzenmaximierung	*Opportunismus, beschränkte Rationalität, Risikoneutralität*	moral hazard, adverse selection, beschränkte Rationalität
Einflußgrößen	(-)	*Spezifität, Unsicherheit/ Komplexität, Häufigkeit, Atmosphäre*	asymmetrische Informationsverteilung, Risikoneigung v. Prinzipal und Agent
Untersuchungsperspektive	ex ante	*ex post*	ex ante
Gestaltungsvariable	Handlungs- bzw. Verfügungsrechtsstrukturen	*Koordinationsmechanismus*	Vertrag
Effizienzkriterium	Summe aus Transaktionskosten u. Wohlfahrtsverlusten aufgrund externer Effekte	*Transaktionskosten*	Agency-Kosten
dynamische Aspekte	Herausbildung u. Zuordnung von Verfügungsrechten	*z.B. Fundamentale Transformation, Vertikale Integration, M-Form-Hypothese/ Unternehmensübernahmen*	(-)

Abb. 16: Property-Rights-, Transaktionskosten- und Principal-Agent-Theorie im Vergleich; Quelle: Vgl. Picot, A., 1991, S. 153.

---

[171] Vgl. Eschenburg, R., 1978, S. 11.

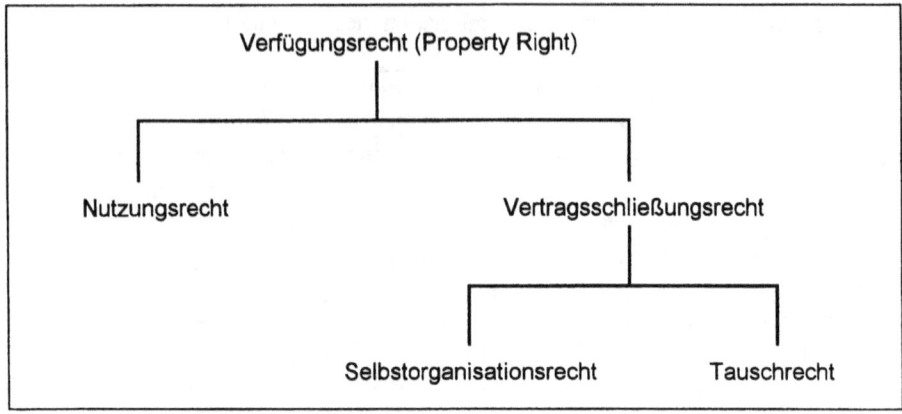

Abb. 17: Die Verfügungsrechte; Quelle: Eschenburg, R., 1978, S. 12.

Insbesondere die Vertragsschließungsrechte, die auch als „Verfügungsrechte über Verfügungsrechte" bezeichnet werden können, stehen im Mittelpunkt ökonomischer Analysen. Im Gegensatz zum Tausch (oder auch Kauf), in dessen Zuge Verfügungsrechte einfach ausgetauscht werden, beinhaltet das Selbstorganisationsrecht Vereinbarungen über die Ausübung der Rechte. *Alchian* und *Demsetz* konkretisieren dies am Beispiel der gemeinsamen Faktorkombination (Team-Produktion)[172], die durch eine zentrale Koordination von Verfügungsrechten zustande kommt. In diesem Fall regeln die Beteiligten, in Ausübung ihrer Selbstorganisationsrechte, die Aufhebung bestehender Verfügungsrechte oder die Installation zusätzlicher Property-Rights durch vertragliche Vereinbarungen[173]. Beispielsweise tritt der Arbeitnehmer seine Rechte am Residualerlös der Team-Produktion ab und erhält statt dessen auf seine Input-Leistung bezogene, feste Beträge[174].

Ein bedeutender Beitrag zur Property-Rights-Theorie stammt von *Ronald H. Coase*, welcher in seinem Beitrag „The Problem of Social Cost"[175] die Frage nach der effizienten Allokation von Verfügungsrechten, auch im Hinblick auf die Herausbildung rechtlicher Institutionen, in den Vordergrund rückt. *Coase* berücksichtigt bei seiner Analyse sogenannte **externe Effekte**. Diese entstehen durch die Verwen-

---

[172] Mit dem Begriff der "Team-Produktion" wird die Mehr-Personsen-Produktion oder auch die Kooperation bezeichnet. Vgl. Alchian, Armen A./Demsetz, Harold: Production, information costs, and economic orgnization, in: American Economic Review, Vol. 62 (1972), S. 779; vgl. auch Eschenburg, R., 1978, S. 10 (siehe hier insbesondere Fußnote Nr. 6).
[173] Vgl. Eschenburg, R., 1978, S. 10 f.
[174] Vgl. Richter, R., 1991, S. 402.
[175] Siehe Coase, R. H., 1960, S. 1 - 44.

dung von Ressourcen und beeinflussen andere Individuen positiv oder negativ[176], ohne daß diesem Verhältnis eine vertragliche Vereinbarung zugrunde liegt[177]. Nach *Coase* wird trotz des Auftretens externer Effekte eine durch den maximalen Produktionswert gekennzeichnete und daher effiziente Situation erreicht, die unabhängig von der jeweiligen Zuordnung der Verfügungsrechte zustande kommt. Als Voraussetzungen hierfür nennt er veräußerbare und wohldefinierte Verfügungsrechte sowie ein Markt-Preis-System, dessen Nutzung keine Transaktionskosten verursacht[178].

Coase selbst hält jedoch die Nichtexistenz von Transaktionskosten für unrealistisch und argumentiert, daß Reallokationen nur dann stattfinden, wenn der zusätzlich erreichbare Produktionswert die Transaktionskosten übersteigt[179]. *Picot* formuliert unter Einbeziehung des Transaktionskostenansatzes folgende Effizienzbedingung:

„Aus property-rights-theoretischer Sicht ist nun jeweils diejenige Verteilung von Handlungs- und Verfügungsrechten am effizientesten, welche die Summe aus Transaktionskosten und den durch externe Effekte hervorgerufenen Wohlfahrtsverlusten minimiert. Dies bedeutet auch, daß hohe Transaktionskosten und hohe externe Effekte jeweils ein Indiz für den Bedarf neuer institutioneller Lösungen sind."[180]

Neben dem Problem der Bewertung von externen Effekten, auf das hier nicht näher eingegangen wird, ergibt sich damit auch das Problem, die Entstehung und die Höhe von Transaktionskosten zu erklären.

b) Die Principal-Agent-Theorie

Bei Prinzipal-Agent-Verhältnissen handelt es sich um arbeitsteilige Auftraggeber-Auftragnehmer-Beziehungen, beispielsweise um Beziehungen zwischen Arbeitgeber und Arbeitnehmer, Käufer und Verkäufer oder Aufsichtsrat und Vorstand. Hierbei kann jeweils nur situationsspezifisch beurteilt werden, wer jeweils als Prinzipal bzw. Agent fungiert[181]. Grundsätzlich entsteht eine Prinzipal-Agent-Situation dann, wenn die Handlungen eines Individuums von denen eines anderen Individuums abhängen[182].

---

[176] Vgl. Demsetz, Harold: Towards a theory of property rights, in: The American Economic Review, Vol. 57 (1967), S. 347.

[177] Coase wählt in seinem Beitrag das Beispiel eines Viehzüchters, dessen Herde das Land eines Getreidebauern zertrampelt und dadurch dessen Erlös schmälert.

[178] ".. the ultimate result (which maximizes the value of production) is independent of the legal position if the pricing system is assumed to work without cost." Coase, R. H., 1960, S. 8.

[179] Vgl. Bauer, A./Illing, G., 1992, S. 933.

[180] Picot, A., 1991, S. 145 f.

[181] Vgl. Picot, A., 1991, S. 150.

[182] Pratt, John W./Zeckhauser, Richard J.: Principals and Agents: An Overview, in: Pratt, John W./Zeckhauser, Richard J., (Hrsg.): Principals and Agents: The Structure of Business, Boston 1991, S. 2.

In der Principal-Agent-Situation, die durch Informationsasymmetrie[183], Unsicherheit[184] und Opportunismus gekennzeichnet ist,[185] trifft der Agent Entscheidungen, die nicht nur sein eigenes Wohlergehen beeinflussen, sondern auch das Nutzenniveau des Prinzipals[186]. Durch die asymmetrische Verteilung von Informationen, z.B. aufgrund unterschiedlicher Marktkenntnisse, treten sogenannte Agency-Kosten auf, die sich aus Überwachungs- und Kontrollkosten des Prinzipals, Garantiekosten des Agents sowie einem verbleibenden Wohlfahrtsverlust (Residualverlust) zusammensetzen[187].

Die Annahme opportuner Handlungsweisen bezieht sich auf die „unvollständige oder verzerrte Weitergabe von Informationen, insbesondere auf vorsätzliche Versuche irrezuführen, zu verzerren, verbergen, verschleiern oder sonstwie zu verwirren"[188]. Demzufolge können Informationsasymmetrien von einer oder allen Vertragsparteien bewußt und im Eigeninteresse herbeigeführt werden, um einen Vorteil aus der vertraglichen Beziehung zu erlangen. Dieser Zustand begründet vorvertragliche Unsicherheiten über das Verhalten der Vertragspartner. Auf der Basis dieser Annahmen versucht die Principal-Agent-Theorie, Empfehlungen zur institutionellen Gestaltung von vertraglichen Vereinbarungen zu geben, die - aus der Sicht des Prinzipals - eine zielkonforme Verhaltenssteuerung des Agent, bei möglichst geringen Agency-Kosten, ermöglichen.

c) Die einzelnen Ansätze in der Gegenüberstellung

In Anlehnung an Abbildung 16 und die vorangegangen Ausführungen können die Beziehungen des Transaktionskostenansatzes zur Property-Rights- und zur Principal-Agent-Theorie aufgezeigt werden. So finden Transaktionskosten als Effizienzkriterium in der Property-Rights-Theorie Anwendung und stellen auch einen Bestandteil der Agency-Kosten dar (z.B. in Form von Überwachungs- und Kontrollkosten). Parallelen bezüglich der Verhaltensannahmen und Einflußgrößen (beschränkte Rationalität, Opportunismus, Unsicherheit, asymmetrische Informationsverteilung) sind zwischen dem Transaktionskostenansatz und der Principal-Agent-Theorie erkennbar. Die Property-Rights-Theorie rückt die wirtschaftliche Bedeutung vertraglicher Beziehungen in den Mittelpunkt und stellt damit einen allgemeinen Bezugsrahmen der Neuen Institutionenökonomik dar.

---

[183] Siehe zur asymmetrischen Verteilung von Informationen Kap. 3.2.1.

[184] Die Unsicherheit der Beziehung leitet sich aus der Annahme unvollständiger Verträge ab. Vgl. hierzu Kap. 3.1.

[185] Vgl. Picot, A., 1991, S. 150.

[186] Vgl. Wenger, Ekkehard/Terberger, Eva: Die Beziehung zwischen Agent und Pinzipal als Baustein einer ökonomischen Theorie der Organisation, in: Wirtschaftswissenschaftliches Studium, Jg. 17 (1988), S. 506.

[187] Vgl. Jensen, Michael C./Meckling William H.: Theory of the Firm: Managerial Behavior, Agency Costs and Ownership Structure, in: Journal of Financial Economics, Vol. 3 (1976), S. 308.

[188] Williamson, Oliver E.: Die ökonomischen Institutionen des Kapitalismus - Unternehmen, Märke, Kooperationen, Tübingen 1990, S. 54.

Im direkten Vergleich der Theorien lassen sich auch die Besonderheiten der Transaktionskostentheorie herausstellen. Wie bereits erwähnt, handelt es sich bei der Transaktionskosten- und der Property-Rights-Theorie um komplementäre Ansätze. Die Property-Rights-Theorie untersucht die gesamtwirtschaftliche Verteilung von Verfügungsrechten, die von der Transaktionskostentheorie als gegeben angenommen werden. Beispielsweise stellen die rechtliche Behandlung und staatliche Förderung der Unternehmenskooperation vorwiegend Property-Rights-Probleme dar, während die Effizienzbeurteilung verschiedener Koordinationsformen in den Bereich der Transaktionskostentheorie fällt.

Auch die Principal-Agent-Theorie und der Transaktionskostenansatz unterscheiden sich in ihrem Untersuchungsgegenstand. Während die Principal-Agent-Theorie das Verhalten der beteiligten Wirtschaftssubjekte untersucht, stellt der Transaktionskostenansatz den Leistungsaustausch selbst in den Vordergrund[189]. Demnach bestimmen die Eigenschaften des Leistungsaustauschs[190] die Höhe der Transaktionskosten und stellen somit die wesentliche Einflußgröße dar. *Picot* sieht durch diese indirekte Beurteilung der Transaktionskostenhöhe einen Operationalisierungsvorteil gegenüber den schwer quantifizierbaren Agency-Kosten begründet[191]. Die Einbeziehung relevanter Einflußgrößen erlaubt zudem, dynamische Aspekte innerhalb des Transaktionskostenansatzes zu berücksichtigen. Dies geschieht durch die Ableitung von Gestaltungsempfehlungen in Abhängigkeit von sich ändernden Einflußgrößen[192]. Die Principal-Agent-Theorie berücksichtigt hingegen keine dynamischen Aspekte.

Ein weiterer Unterschied zwischen Transaktionskostenansatz und Principal-Agent-Theorie besteht in der Untersuchungsperspektive. Die Principal-Agent-Theorie versucht die Agency-Kosten vor Vertragsschluß (ex ante) zu antizipieren und durch entsprechende institutionelle Ausgestaltung zu vermeiden. Der Transaktionskostenansatz betrachtet die entstandenen Transaktionskosten nach Vertragsschluß (ex post) und nimmt damit eine realistischere Position gegenüber der Erfaßbarkeit vertraglicher Situationen ein[193].

Im Hinblick auf das Untersuchungsziel liegt der entscheidende Vorteil der Transaktionskostentheorie in der ausdrücklichen Einbeziehung der Koordinationsform als Gestaltungsvariable. Die Principal-Agent-Theorie bezieht sich hier auf den Vertrag als Mittel zur Ausgestaltung von Anreizsystemen zwischen Prinzipal und Agent. Gemessen an der Einbeziehung institutioneller Alternativen stellt die Transaktions-

---

[189] Vgl. Williamson, Oliver E.: Corporate Finance and Corporate Governance, in: Journal of Finance, Vol. 43 (1988), S. 571.
[190] Zu diesen Eigenschaften zählen in der Transaktionskostentheorie die Einflußgrößen "Spezifität", "Unsicherheit" und "Häufigkeit". Siehe hierzu Kap. 4.1.2.
[191] Picot schätzt die Operationalisierbarkeit der Einflußgrößen auf die Transaktionskosten höher ein als die Operationalisierbarkeit von Einflußgrößen (hidden action, hidden information, hidden characteristics) und individuellen Risikoneigungen in Principal-Agent-Situationen. Vgl. Picot, A., 1991, S. 154 f.
[192] Vgl. Picot, A., 1991, S. 158.
[193] Vgl. Picot, A., 1991, S. 155.

kostentheorie somit den umfassenderen Ansatz dar. Die Principal-Agent-Theorie stellt dann einen wichtigen Bezugsrahmen zur Transaktionskostentheorie dar, wenn auftretende Kosten insbesondere auf Informationsasymmetrien und unterschiedliche Risikoneigungen der Vertragspartner zurückzuführen sind[194].

Zusammenfassend läßt sich festhalten, daß sich innerhalb der Neuen Institutionenökonomik vor allem die Transaktionskostentheorie anbietet, die zwischenbetriebliche Kooperation als institutionelle Alternative zu erklären. Dies schließt jedoch ergänzende Betrachtungen durch die Property-Rights- oder Principal-Agent-Theorie nicht aus[195].

3.2.2 Theorien der Unternehmung im Vergleich

Auf die Tatsache, daß bislang kein geschlossenes und vollständiges Konzept zur Erklärung von Handelskooperationen existiert, wurde bereits hingewiesen[196]. Allerdings erscheint die Frage berechtigt, welche Teilaspekte durch nicht-institutionenökonomische Theorien erklärt werden und in welchem Verhältnis diese Ansätze zur Transaktionskostentheorie stehen. Hierbei handelt es sich um Theorien der Unternehmung, was folgendermaßen begründet werden kann: Wenn der Kooperation eine Bedeutung als institutionelle Alternative zur Unternehmung zukommt, dann sollte eine Theorie der Kooperation in Analogie gleiches leisten wie eine Theorie der Unternehmung. Letztere „müßte Unternehmungen in ihrer Entstehung, ihrer Entwicklung, ihrem Vergehen und ihrer Wirkungsweise erklären und Hinweise zur Gestaltung liefern können"[197].

Allerdings existiert bislang nicht **eine** Theorie der Unternehmung; statt dessen beleuchten vielzählige Erklärungsansätze jeweils **einzelne Teilaspekte**[198]. Die folgende Abbildung faßt die wichtigsten Theorien zusammen, die potentiell einen Beitrag zur Erklärung von Handelskooperationen leisten.

---

[194] Vgl. Picot, A., 1991, S. 156.
[195] Siehe zur Allokation von Eigentumsrechten in Handelskooperationen Kap. 4.2.3.2 und zur Einbeziehung von externen Effekten als Principal-Agent-Problem Kap. 5.1.2.1.
[196] Vgl. Einleitung zu Kap. 3.
[197] Michaelis, E., 1985, S. 298.
[198] Vgl. Michaelis, E., 1985, S. 298.

Theoretischer Ansatz (Autorenverweis)	Erklärungsziel
Preistheorie (Neoklassik) *Chamberlin, E.H.; Cournot, A.; Robinson, J.; Stackelberg, H.v.*	Unternehmung als technische Einheit zur Umsetzung von Produktionsfunktionen
Institutionenökonomische Ansätze	Vertragliche Aspekte der Unternehmung
- Property-Rights-Theorie *Alchian, A.A./Demsetz, H.; Coase, R.H., Commons, J.R., Furubotn, E.G./Pejovich, S.*	Unternehmung als vertragliches Netzwerk zur Regelung von Property-Rights
- Transaktionskostentheorie *Coase, R.H.; Williamson, O.E.; Picot, A.*	Transaktionskosten als Effizienzkriterium von Institutionen
- Principal-Agent-Theorie *Arrow, K.J.; Pratt, J.W./ Zeckhauser, R.J.*	Institutionelle Ausgestaltung von Principal-Agent-Beziehungen
Evolutionstheorie *Kirzner, I.; Nelson, R.R./Winter, S.G.; Schumpeter, J.A.*	Dynamik der Entstehung, Entwicklung und des Vergehens von Unternehmungen
Systemtheorie *Bertalanffy, L.v.; Shannon, C.E./Weaver, W.; Wiener, N.*	Ganzheitliche Erfassung der Unternehmung als komplexes System
Risikotheorie *Knight, F.H.*	Der Unternehmergewinn als Ausgleich für das Risiko wirtschaftlicher Aktivitäten
Kontingenztheorie *Burns, T./Stalker G.M.; Child, J.; Lawrance, P.R. /Lorsch, J.W.; Kieser, A. /Kubicek, H.; Pugh, D.S.*	Unternehmung als Struktur in Abhängigkeit von situativen Rahmenbedingungen
Verhaltenstheoretische Ansätze	Unternehmung als komplexes Mehrpersonengebilde
- Anreiz-Beitrags-Theorie *Bernard, C.I.; Cyert, R.M./ March, J.; March, J.G./Simon H.A.; Simon, H.A.;*	Unternehmung als Koalition zum Ausgleich von Anreizen und Beiträgen
- X-Effizienz-Theorie *Leibenstein, H.*	Erklärung der Abweichungen von technischer Effizienz

Abb. 18: Theorien der Unternehmung

3 Der Transaktionskostenansatz als Theorie der Handelskooperation

Einige der in Abbildung 18 aufgezeigten Theorien wurden in dieser Arbeit bereits vorgestellt und teilweise auch zur Erklärung von Teilaspekten der Handelskooperation herangezogen. So existiert mit dem Kooperationsphasen-Schema ein *evolutionstheoretischer Ansatz*, dessen Allgemeingültigkeit und Beitrag zur Erklärung von innovativen Kooperationsformen jedoch zweifelhaft erscheint[199].

Auch die *Systemtheorie* wurde bereits herangezogen, um die Subsysteme und Teilmärkte der Handelskooperation vollständig zu erfassen[200]. Die Vorgehensweise der Systemtheorie trägt zwar erheblich zur Veranschaulichung komplexer Strukturen bei, darüber hinaus wird jedoch ein erklärender Beitrag vermißt. Dies betrifft insbesondere die ökonomische Dimension der in dieser Arbeit behandelten Themenstellung.

Auf die Kritik an *preistheoretischen (neoklassischen) Ansätzen*, die letztendlich mit ausschlaggebend für die Entwicklung der Neuen Institutionenökonomie war, wurde bereits eingegangen[201]. Die Unternehmung wird preistheoretisch als technische Einheit zur Umsetzung von Produktionsfunktionen erklärt. Bezüglich der Kooperation von Handelsbetrieben interessieren insbesondere Produktionskostenstenvorteile, die durch den Zusammenschluß verschiedener Betriebe erzielt werden. Hierzu zählen **economies of scale**, die als Größenvorteile erzielt werden, „wenn eine Aufgabe in unterschiedlichem Umfang erfüllt werden kann und mit zunehmenden Aufgabenumfang der durchschnittliche Aufwand je Einheit des Aufgabenumfangs abnimmt"[202]. Als Ursachen für die Aufwandsreduzierung bei steigendem Aufgabenumfang können die Degression von Fixkosten[203], erzielte Lerneffekte und die Einbringung von Nachfrage- und Angebotsmacht in den Verhandlungsprozeß genannt werden[204]. Im Kooperationsbereich betrifft dies z.B. die Verteilung der Fixkosten eines gemeinsamen Rechenzentrums auf sämtliche Kooperationspartner oder Lerneffekte bei der Mitgliederbetreuung im Rahmen zentraler Servicedienstleistungen.

Grundsätzlich stellt sich allerdings die Frage, ob sich Economies of scale nur bei den Produktionskosten oder auch bei den Transaktionskosten realisieren lassen und ob es zwischen den beiden Kostenarten zu Kompensationseffekten kommen kann. Denkbar wäre z.B., daß ein möglicher Transaktionskostennachteil durch einen möglichen Produktionskostenvorteil überkompensiert wird und daher eine ausschließliche Betrachtung der Transaktionskosten zur Fehlentscheidung führen würde. Wegen der Nichtbeachtung der Transaktionskosten und der strengen Trennung von Märkten und Unternehmungen, vermag jedoch die Preistheorie allein zu

---

[199] Siehe Kap. 2.2.2.
[200] Siehe Kap. 2.3.1.
[201] Siehe Kap. 3.2.1.
[202] Zelewski, Stephan: Grundlagen, in: Corsten, Hans/Reiß, Michael, (Hrsg.): Betriebswirtschaftslehre, München-Wien 1994, S. 129.
[203] Es kommt zur Fixkostendegression, wenn die durchschnittliche Verrechnung von Fixkosten auf jede einzelne Einheit des Aufgabenumfangs mit steigendem Aufgabenumfang niedriger ausfällt.
[204] Vgl. Zelewski, St., 1994, S. 129 f.

derartigen Fragestellungen keinen Beitrag zu leisten. Trotzdem erscheint es sinnvoll, preistheoretische Erkenntnisse bei bestimmten Entscheidungssituationen mit einzubeziehen. Zu diesem Zweck wird an späterer Stelle das Problem der eindeutigen Trennung von Transaktions- und Produktionskosten vertiefend behandelt[205].

Die Vertreter der *Risikotheorie* stellen die individuelle Risikoneigung in den Vordergrund und erklären den Unternehmergewinn als Prämie für unsichere wirtschaftliche Aktivitäten. Ein Risiko liegt vor, wenn Umwelt- oder Ergebnisgrößen mehrwertig - und daher als Unsicherheit - in die Planung des Entscheidenden eingehen[206]. Hinsichtlich der Erklärung von Handelskooperationen stellt sich risikotheoretisch die Frage, ob die Verschiedenartigkeit von Distributionssystemen mit dem unterschiedlichen Interesse an der Beseitigung von Unsicherheit begründet werden kann, die ursächlich in dem ungewissen Verhalten der Geschäftspartner entsteht[207]. Wie an späterer Stelle aufgezeigt wird, stellt die Unsicherheit auch einen wesentlichen Einfluß auf die Entstehung und Höhe von Transaktionskosten dar[208].

Ein weites Forschungsfeld stellen die *kontingenztheoretischen Ansätze* dar, die insbesondere in der Organisationstheorie einen erheblichen Stellenwert einnehmen. Im Mittelpunkt dieser Forschungsarbeiten steht meistens die Effizienz von internen Organisationsstrukturen in Abhängigkeit von situativen Kontextfaktoren. Die Auswahl der Kontextfaktoren richtet sich nach dem jeweiligen Untersuchungsgegenstand. Kooperationen werden nach dem kontingenztheoretischen Ansatz als Organisationsstrukturen interpretiert, deren Effizienz z.B. in Abhängigkeit von der Branchenstruktur oder des Konzentrationsgrades untersucht wird[209].

Dem kontingenztheoretischen Ansatz wird kritisch entgegengehalten, daß die Auswahl der Kontextfaktoren mit einem erheblichen Maß an Subjektivität erfolgt und jeweils nur einzelne situative Faktoren im Vordergrund stehen. Dies führe zu einem strukturellen bzw. situativen Determinismus[210]. Außerdem sei - bezugnehmend auf das hier verfolgte Untersuchungsziel - angemerkt, daß die Auswahl eines Kooperationssystems als institutionelle Alternative nicht nur ein Problem der internen Organisationsstruktur, sondern vor allem auch ein Problem der vertraglichen Koordination darstellt. Beispielsweise setzen Entscheidungen über die Aufbau- und Ablauforganisation einer Kooperationszentrale, eine vorgelagerte Vereinbarung aller Kooperationspartner über die vertraglich geregelte Ausgliederung von betrieblichen

---

[205] Siehe Kap. 3.3.2.
[206] Vgl. Müller-Hagedorn, Lothar: Zur Erklärung der Vielfalt und Dynamik der Vertriebsformen, in: Zeitschrift für betriebswirtschaftliche Forschung, Jg. 42 (1990), S. 465.
[207] Vgl. Müller-Hagedorn, L., 1990, S. 464.
[208] Siehe Kap. 4.1.1.1 und 4.1.2.2.
[209] Vgl. Rotering, Joachim: Zwischenbetriebliche Kooperation als alternative Organisationsform. Ein transaktionskostentheoretischer Erklärungsansatz, Stuttgart 1993, S. 83 f.; Zu den einzelnen Forschungsarbeiten siehe: Harrigan, Kathryn R.: Strategic Alliances and Partner Asymmetries, in: Management International Review, Special Issue, 1988, S. 53 - 72; Kogut, Bruce: The Stability of Joint Ventures: Reciprocity and Competetive Rivalry, in: Journal of Industrial Economies, Vol. 38 (1989), S. 183 - 198.
[210] Vgl. Rotering, J., 1993, S. 84 f. sowie die dort unter Fußnote Nr. 280 aufgeführte Literatur.

Teilfunktionen voraus. Allgemein formuliert: Die hierarchische Subordination von Ressourcen durch vertragliche Vereinbarung erfolgt zeitlich und logisch *vor* der Regelung des Einsatzes und der Verwendung dieser Ressourcen durch interne Organisation. Die Frage nach Interdependenzen zwischen organisationstheoretischer und transaktionskostentheoretischer Effizienz erscheint in diesem Zusammenhang sinnvoll und soll daher bei der Untersuchung der kooperationsinternen Transaktionskosten an späterer Stelle[211] beantwortet werden.

Die *verhaltenstheoretischen Ansätze*, die in enger Verbindung zur Organisationstheorie stehen, betrachten die Rolle des Individuums in der Unternehmung, die den institutionellen Rahmen für einen komplexen Mehrpersonenkontext darstellt. Im Mittelpunkt steht vor allem die Frage, in welchem Ausmaß sich die Ziele der Unternehmung und des Individuums entsprechen. Die Verhaltenstheorie liefert sicherlich einen wichtigen Beitrag zur Lösung von Kooperationsproblemen, z.B. im Hinblick auf die Motivation[212] von Kooperationsteilnehmern oder im Fall von Kooperationskonflikten. Es fehlt jedoch auch hier der ökonomische Erklärungsansatz, so daß bei der ausschließlichen Anwendung dieser Theorie die Frage nach einer effizienten Faktorallokation offenbliebe. Die gleiche Anmerkung gilt auch für die *Spieltheorie*, die den strategischen Aspekt bei interpersonellen Entscheidungssituationen hervorhebt.

Gegenüber den bis hierhin vorgestellten Ansätzen, besitzt die Transaktionskostentheorie bezüglich der hier behandelten Themenstellung folgende Vorzüge:

- Die Transaktionskostentheorie bezieht als Institutionenlehre ausdrücklich sämtliche Koordinationsformen des Kontinuums zwischen Markt und Hierarchie in den Erklärungsansatz ein. Im Mittelpunkt der Untersuchungen stehen die unterschiedlichen Formen der vertraglichen Bindung, durch die eine Unterscheidung zwischen den alternativen Koordinationsformen getroffen wird.
- Die Transaktionskostenhöhe stellt ein Effizienzkriterium dar, das der ökonomischen Beurteilung einer vertraglichen Alternative dient und somit die Wettbewerbsfähigkeit einer Koordinationsform mitbestimmt.
- Der Transaktionskostenansatz stellt eine allgemeine Theorie dar. Er übernimmt eine Integrationsfunktion gegenüber vielen bisher unverbundenen Einzeltheorien[213].

Bezüglich des zuletzt genannten Punktes führt *Michaelis* aus, daß der Transaktionskostenansatz insbesondere in Verbindung mit der Verhaltenswissenschaft, der Organisationstheorie, der Evolutionstheorie und der Produktionstheorie das Potential für eine allgemeine Theorie der Unternehmung besitzt[214].

Die integrative Verbindung verschiedener theoretischer Ansätze befürwortet auch *Müller-Hagedorn*, welcher die Vielfalt der distributiven Systeme unter Anwendung

---

[211] Siehe hierzu ausführlich Kap. 5.2.
[212] Siehe zur Beurteilung der Motivationseffizienz Kap. 5.2.2.2.
[213] Vgl. Michaelis, E., 1985, S. 303.
[214] Vgl. Michaelis, E., 1985, S. 303 f.

des Transaktionskostenansatzes erklärt. Er bezweifelt, daß ausschließlich Kosteneffekte für die Vielfalt distributiver Systeme verantwortlich sind und spricht sich für die Einbeziehung von erlöswirtschaftlichen Aspekten sowie unterschiedlichen Risikosituationen aus[215].

Abschließend kann hier nicht geklärt werden, welcher Stellenwert der Transaktionskostentheorie als Ansatz zur Erklärung der Handelskooperation zukommt. Letztendlich hängt dies auch von einigen noch offenen Fragen ab, die sich insbesondere auf die Beurteilung der Transaktionskosteneffizienz beziehen.

3.3 Die Beurteilung der Transaktionskosteneffizienz von Handelskooperationen

Bisher wurde nur modelltheoretisch aufgezeigt, welchen Beitrag die Transaktionskostentheorie zur Effizienzbestimmung der Handelskooperation zu leisten vermag. Wenn jedoch das Ziel verfolgt wird, auch in der Praxis die Vorteilhaftigkeit von Kooperationssystemen gegenüber alternativen Formen zu bestimmen, bleiben Zweifel bestehen, ob die Transaktionskosteneffizienz mit der allgemeinen Effizienz der Handelskooperation gleichgesetzt werden kann. Neben der Auseinandersetzung über die Bedeutung der Transaktionskosteneffizienz für die Handelskooperation bedarf es zudem einer weitergehenden Operationalisierung des Transaktionskostenbegriffs, um auf dieser Basis zu konkreteren Bewertungen zu gelangen. Die folgenden Fragen stellen einen Leitfaden für die sich anschließenden Unterkapitel dar:

- Stellen Transaktionskosten das alleinige Effizienzkriterium für Handelskooperationen dar ? (Kap. 3.3.1)
- Was bedeutet Transaktionskosteneffizienz in der Distribution ? (Kap. 3.3.2)
- Wie können die Transaktionskosten des Handels gegenüber den Produktionskosten abgegrenzt werden und welche Bedeutung kommt ihnen zu ? (Kap. 3.3.2)
- Wie können interne und externe Transaktionskosten des Koopertionssystems abgegrenzt werden ? (Kap. 3.3.3)
- An welchen Stellen im Kooperationssystem des Handels treten Transaktionskosten auf ? (Kap. 3.3.4)
- Wie können die Transaktionskosten der Handelskooperation gemessen bzw. beurteilt werden ? (Kap. 3.3.4)

---

[215] Vgl. Müller-Hagedorn, L., 1990, S. 454 - 466; Müller-Hagedorn, L., 1995, S. 191.

3.3.1 Zur Effizienzbeurteilung der Handelskooperation

Die bisherigen Ausführungen haben gezeigt, daß sich die Transaktionskostentheorie - auch im Vergleich mit alternativen Erklärungsansätzen - grundsätzlich dazu eignet, die Auswahl einer effizienten Koordinationsform zu treffen. Die Koordination beschränkt sich hierbei auf die Gestaltung eines **Bündels von Verträgen**, das auf dem Kontinuum zwischen Markt und Hierarchie unterschiedliche Formen annehmen kann. Die Effizienz dieser Koordination wird durch den Transaktionskostenansatz als Problem der Kostenminimierung beschrieben. Der durchgeführte Theorienvergleich hat jedoch aufgezeigt, daß für die Wahl einer Koordinationsform auch andere Motive sprechen können.

So gibt z.B. *Müller-Hagedorn* zu bedenken, daß auch die Fähigkeit, unterschiedlich hohe Erlöse zu erzeugen, zum Entstehen einzelner Vertriebssysteme beträgt[216]. Als Beispiel hierfür dient die Kooperation zwischen Industrie und Handel, die nicht primär der Reduzierung von Kosten, sondern der Entwicklung und Ausschöpfung von Marktpotentialen dient. So könnten z.B. Kostennachteile, die durch einen Kooperationsvertrag entstehen, durch Erlösvorteile überkompensiert werden, die aus gesteigerten Marktanteilen und einem damit verbunden Zuwachs an Marktmacht resultieren. Eine ausschließlich an den Kosten orientierte Effizienzbeurteilung könnte in diesem Fall zu einem falschen Ergebnis führen[217]. Im umgekehrten Fall würde diese Gefahr auch bei einer reinen Erlösbetrachtung bestehen. Neben rein monetären Zielsetzungen können zudem auch nicht-monetäre Motive für oder gegen den Zusammenschluß in Gruppen sprechen. Hierzu gehören z.B. Sicherheits-, Macht- und Autonomiebedürfnisse.

Bei dieser Betrachtung zeigt sich, daß die Motive für die Auswahl einer bestimmten institutionellen Alternative direkt aus dem Zielsystem der Handelskooperation abgeleitet werden können. Wenn jedoch der Grad der Zielerreichung den Maßstab für den Erfolg einer Institution setzt, dann reicht es offenbar nicht aus, deren Effizienz als ein bestimmtes Input-Output-Verhältnis zu beschreiben. Statt dessen sollte sich jede Effizienzbeurteilung an dem Zielsystem orientieren, um eine Ausrichtung auf das Oberziel sicherzustellen. *Frese*, der die Prinzipien für die Ableitung von Effizienzkriterien beschreibt, erläutert hierzu:

„Ziele bilden die Kernelemente eines jeden organisatorischen Gestaltungskonzepts, da ohne Beurteilungsmaßstäbe keine rationale Auswahl zwischen verschiedenen Organisationsalternativen möglich ist."[218]

Einschränkend führt *Frese* jedoch an, daß sich Unternehmungsziele, wie der Gewinn, für Bewertungszwecke meist als zu global erweisen, so daß an ihrer Stelle

---

[216] Vgl. Müller-Hagedorn, L., 1990, S. 458.
[217] Zwar lassen sich Erlöse auch in Form von entgangenen Gewinnen (Oppotunitätskosten) in einem kostenorientierten Ansatz unterbringen, an der umfassenden Erklärung von Erlöseffekten bleiben jedoch Zweifel bestehen. Vgl. Müller-Hagedorn, L., 1990, S. 458.
[218] Frese, Erich: Grundlagen der Organisation. Konzept - Prinzipien - Strukturen, 5. Aufl., Wiesbaden 1993, S. 269.

3.3 Die Beurteilung der Transaktionskosteneffizienz von Handelskooperationen

Subziele heranzuziehen sind[219]. So sei der Gewinn, etwa formuliert als Differenz zwischen Leistungen und Kosten einer Periode, ohne Zweifel eine operationale Größe; dennoch wird die Ableitung der Gewinnkonsequenzen einer isolierten Organisationsmaßnahme schon aus praktischen Gründen scheitern[220]. *Frese* verdeutlicht diese Erkenntnis mit der folgenden Abbildung.

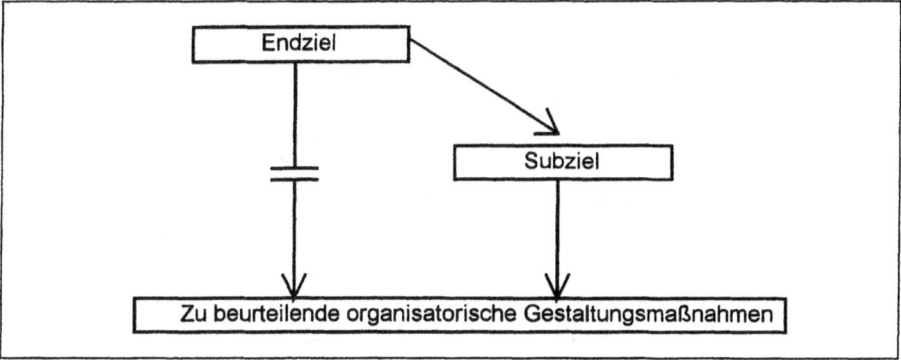

Abb. 19: Einführung von Subzielen bei der Bewertung von Organisationsstrukturen; Quelle: Frese, E., 1993, S. 263.

Hierzu sei bemerkt, daß sich die Ausführungen von *Frese* auf die Effizienzbestimmung von organisatorischen Strukturen[221] beziehen und nicht auf die Beurteilung institutioneller Alternativen. Es stellt sich daher die Frage, ob die Überlegungen von *Frese* auch auf die hier behandelte Problemstellung zutreffen. Diese Problemstellung besteht in der Effizienzbeurteilung vertraglicher Koordinationsmaßnahmen auf den Kooperationserfolg. Unter der Annahme, daß die Gewinnsteigerung für alle Subsysteme der Kooperation das Oberziel sei und die vertraglichen Alternativen in der unterschiedlichen Ausgestaltung des Kooperationsvertrages bestehen, lauten die Fragen nach der Effizienz der Maßnahmen beispielsweise wie folgt:

– Läßt sich der Gewinn bisher selbständiger Händler überhaupt durch vertragliche geregelte Zusammenarbeit steigern ?
– Läßt sich der Gewinn der Kooperationsmitglieder durch eine vertraglich geregelte Intensivierung der Zusammenarbeit steigern ?
– Läßt sich der Gewinn der Kooperationsmitglieder durch den Abschluß von Franchise-Verträgen steigern ?

---

[219] Vgl. Frese, E., 1993, S. 269.
[220] Vgl. Frese, E., 1993, S. 262.
[221] "Organisationsstrukturen als Ergebnis organisatorischer Gestaltung sind .. Systeme von Regelungen (Infrastrukturen), die das Verhalten der Mitglieder auf ein übergeordnetes Gesamtziel ausrichten sollen". Frese, E., 1993, S. 6.

Bei genauer Betrachtung dieser Fragestellungen zeigt sich, daß - ähnlich der Beurteilung von organisatorischen Maßnahmen - erhebliche Bewertungsprobleme entstehen würden. Diese Bewertungsschwierigkeiten entstehen durch die mangelnde Zuordbarkeit von monetären und nicht-monetären Auswirkungen zu den Maßnahmen vertraglicher Koordination. Zwar könnten die Gewinne vor und nach Vertragsschluß gemessen werden, die Zuschreibung der Gewinnveränderung würde jedoch aus folgenden Gründen erheblich erschwert werden:

– Der Kooperationserfolg stellt sich häufig nur mittel- oder langfristig ein. Gerade für kleinere Unternehmen verbinden sich mit dem Kooperationsbeitritt erhebliche Investitionen und Veränderungen der innerbetrieblichen Abläufe. Teilweise werden die Unternehmen in dieser Phase von der Kooperationszentrale subventioniert. Insgesamt können sich hierdurch kurzfristige Gewinneinbußen ergeben, die sich nur mittel- oder langfristig kompensieren lassen.
– Der Neuabschluß oder die Modifizierung des Kooperationsvertrages verursachen unter Umständen erhebliche Änderungen in der Funktionserfüllung der einzelnen Unternehmen. Die Gründe liegen z.B. in der Zentralisierung bestimmter Aktivitäten. Hierdurch ergibt sich für die angeschlossenen Handelsbetriebe und die Systemzentrale eine neue Ausgangssituation, die sich auch auf deren Ressourcenausstattung auswirkt.
– Vertragliche Veränderungen können zur Mitgliederfluktuation oder zu einer veränderten Mitgliederstruktur innerhalb der Kooperation führen, so daß sich vor und nach Vertragsschluß unterschiedliche Ausgangssituationen ergeben.
– Aus der Einbindung eines Unternehmens in eine Gruppe ergeben sich erfolgsbeeinflussende Effekte, die kaum quantifiziert und nur schwer nach Erlös- und Kostenwirkungen getrennt werden können. Hierzu zählen z.B. Motivation, Eigeninitiative und Innovationsfreudigkeit des Unternehmers.
– Der Gesamtgewinn der Kooperation wird auch durch die Marktentwicklung und andere externe Einflüsse bestimmt.

Die aufgeführten Gründe zeigen, daß eine Gewinnmessung unmittelbar vor- und nach Vertragsschluß nur sehr bedingt Aufschluß über den Gewinnbeitrag der vertraglichen Maßnahme geben kann. Aufgrund der strategischen Bedeutung von Kooperationsverträgen, müßte die Messung von Gewinnbeiträgen über einen längerfristigen Zeitraum erfolgen, wodurch der Nutzen dieses Verfahrens zum Zeitpunkt der Entscheidungsfindung in Frage gestellt wird.

Die Ausführungen haben gezeigt, daß ein direkter Zusammenhang zwischen der Entscheidung über den Kooperationsvertrag und dem Erfolg dieser institutionellen Alternative kaum hergestellt werden kann. Letztendlich handelt es sich bei der Erfolgsbeurteilung von Kooperationsverträgen auch um ein Komplexitätsproblem. Die Komplexität ergibt sich aus der vielfältigen Gestalt von Kooperationssystemen, der Vielzahl erfolgsbeeinflussender Größen und der dynamischen Umweltentwicklung. Zur Komplexitätsreduzierung dient die Ausrichtung an operationalisierbaren Subzielen, von denen angenommen werden kann, daß sie grundsätzlich der Realisierung

3.3 Die Beurteilung der Transaktionskosteneffizienz von Handelskooperationen 61

des Endziels dienen[222]. Im Rahmen der hier behandelten Themenstellung kann das Subziel mit der Formulierung „Minimierung bzw. Reduzierung von Transaktionskosten" beschrieben werden, was die folgenden Abbildung - in Anlehnung an die Ableitung von Subzielen für die organisatorische Gestaltung - verdeutlicht.

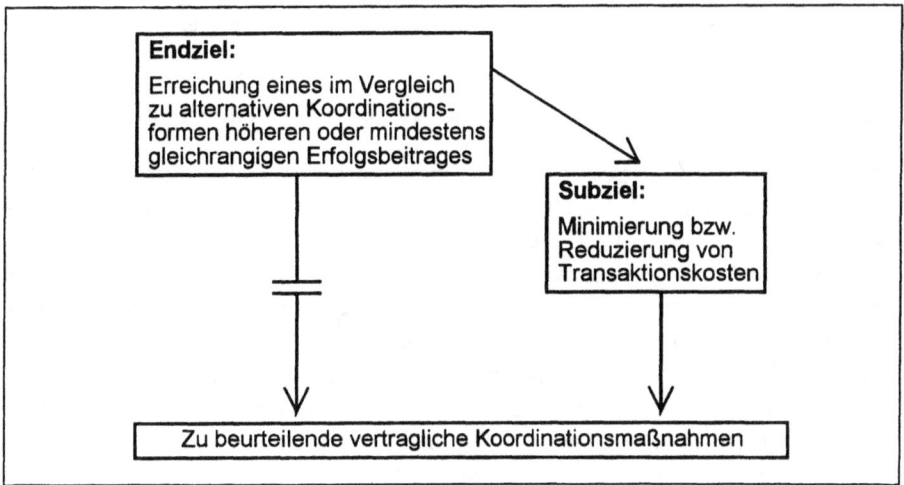

Abb. 20: Transaktionskosten als Subzielgröße der vertraglichen Koordination

Von dem Subziel der Transaktionskostensenkung kann grundsätzlich angenommen werden, daß es dem Oberziel der Gewinnsteigerung dient, weil sich - bei konstanten Erlösen, Produktions- und Warenbezugskosten - mit jeder Transaktionskostensenkung der Gewinn erhöht. Dies schließt nicht aus, daß die Transaktionskostenreduzierung eines Subsystems der Kooperation zu Lasten eines anderen Subsystems gehen kann. Derartige Interdependenzen sollen jedoch an späterer Stelle berücksichtigt werden[223] und als maßgeblich hier zunächst der Erfolg des Gesamtsystems gelten.

Als Zwischenergebnis kann festgehalten werden, daß Transaktionskosten, die durch eine bestimmte vertragliche Koordinationsform verursacht werden, ein Effizienzkriterium für die Handelskooperation darstellen. Für die Effizienzbeurteilung der Handelskooperation spielen auch andere Subziele eine Rolle, deren Untersuchung sollte jedoch gesondert erfolgen. Erst auf einer übergeordneten Ebene könnten dann

---

[222] Frese weist darauf hin, daß ein Subziel nicht logisch zwingend aus einem gegebenen Ziel abgeleitet werden kann. Frese weiter: "Anderenfalls könnte das Endziel gleich angewendet werden und es erübrigte sich der Rückgriff auf Subziele. Die Begründung eines Subziels ist vielmehr prinzipiell ein empirisches Problem.". Frese, E., 1993, S. 262.

[223] Solche Interdependenzen können in Form von externen Effekten innerhalb eines Kooperationssystems auftreten. Siehe hierzu Kap. 5.1.2.1.

Effizienzaussagen zu verschiedenen Subzielen, z.B. in einem Bewertungstableau, zusammengefaßt und gewichtet werden[224]. Die Ausrichtung des Subziels auf das Oberziel reicht jedoch allein nicht für eine Effizienzbeurteilung aus. Eine weitere Anforderung betrifft die Operationalisierbarkeit des Subziels, die dann gegeben ist, wenn eine eindeutige Meßvorschrift zur Abbildung der Zielgröße existiert[225]. Daher wird mit den nachfolgenden Ausführungen schrittweise die Abgrenzbarkeit und Meßbarkeit von Transaktionskosten der Handelskooperation erörtert.

3.3.2 Transaktionskosten als Effizienzkriterium in der Distribution

Die höchstmögliche Effizienz einer Institution wurde bisher als pareto-optimale Situation gemäß dem Modell nach *Gümbel* beschrieben[226]. Wenn dieses Modell auch einen erheblichen Beitrag zur Veranschaulichung des Transaktionskostenansatzes leistet, so wird die Bestimmung des Optimums in der Praxis wohl schon an der Ermittlung des exakten Grenznutzenverhältnisses von internen und externen Transaktionskosten scheitern. Darüber hinaus stellt sich die Frage nach der Bedeutung von Transaktions- und Produktionskosten in der Distribution. *Picot* verdeutlicht mit der folgenden Abbildung, wie sich die Gesamtkosten des Handels aus Transaktions- und Produktionskosten zusammensetzen, und leitet hieraus wichtige Erkenntnisse über die Transaktionskosteneffizienz von Distributionsbetrieben ab:

Abbildung 21 zeigt, daß die Summe aus Transaktions- und Produktionskosten des Anbieters (Herstellers) den Wareneinstandspreis des Händlers bildet. Der Händler verursacht wiederum eigene Transaktions- und Produktionskosten, die in der Summe die Handelsspanne (c) ergeben. Der Verkaufspreis, den der Nachfrager (Konsument) zahlt, setzt sich somit aus den Transaktions- und Produktionskosten des Anbieters und denen des Händlers zusammen[227]. Abbildung 21 zeigt darüber hinaus auf, daß die Einschaltung einer Handelsstufe zur Transaktionskostenersparnis im Distributionsprozeß führt. Es handelt sich hierbei um die Transaktionskostenersparnis des Anbieters (a) und des Nachfragers (b). In der Summe sind diese Ersparnisse höher als die Handelsspanne (a + b > c), so daß es ohne die Einschaltung des Handels zu einem Wohlfahrtsverlust kommen würde.

---

[224] Denkbar wäre z.B. die Anwendung der Nutzwertanalyse, mit deren Unterstützung die Ableitung einer optimalen Handlungsalternative bei einem multidimensionalen Zielsystem und konfliktären Zielbeziehungen durchgeführt werden kann. Siehe hierzu weiterführend Braun, Günther E.: Der Beitrag der Nutzwertanalyse zur Handhabung eines multidimensionalen Zielsystems, in: Wirtschaftswissenschaftliches Studium, Nr. 2, Jg. 11 (1982), S. 49 - 54.
[225] Vgl. Frese, E., 1993, S. 261.
[226] Vgl. Kap. 3.1.
[227] Der Gewinn als Entgelt für unternehmerisches Risiko findet bei dieser Rechnung keine Berücksichtigung.

3.3 Die Beurteilung der Transaktionskosteneffizienz von Handelskooperationen 63

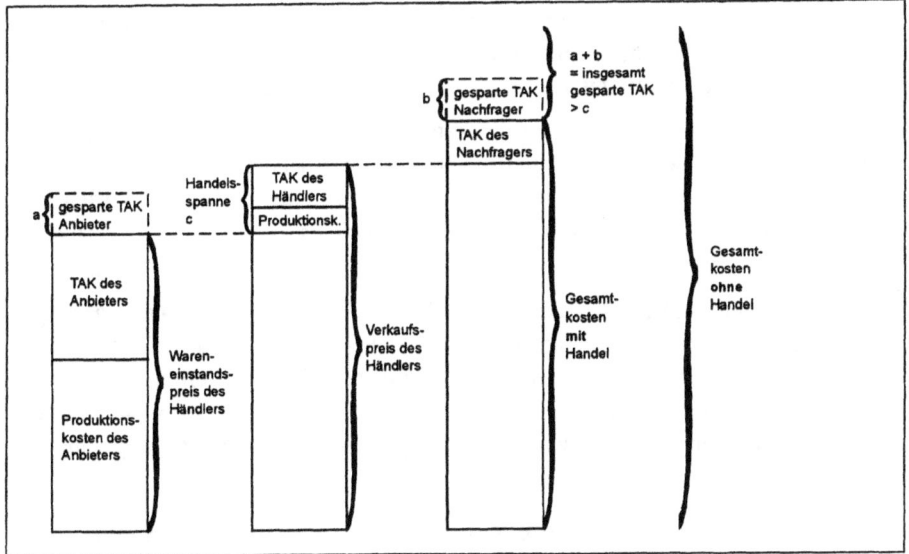

Abb. 21: Transaktions- und Produktionskosten im Handel; Quelle: Picot, Arnold: Transaktionskosten im Handel, in: Betriebs-Berater, Beilage 13 zu Heft 27/1986, S. 4.

Aus dieser Erkenntnis leitet *Picot* wesentliche Aussagen über die Existenzberechtigung des Handels ab:

„Die Einschaltung des Handels ist nur dann sinnvoll bzw. wird nur honoriert, wenn die Transaktionskosten von Anbieter, Handel und Nachfrager sowie die Produktionskosten (...) des Handels zusammengenommen kleiner sind als die Transaktionskosten von Anbieter und Nachfrager vor Einschaltung des Handels. Hier zeigt sich deutlich: Unternehmertum in der Distribution kann nichts anderes sein als Rationalisierung der Transaktionskosten."[228]

Als effiziente Lösung bezeichnet *Picot* „diejenige Regelungsform arbeitsteiliger Leistungserstellung .., die zu den niedrigsten Kosten eine abgestimmte, zielgerichtete Aufgabenstellung ermöglicht."[229]

Mit der letzten Aussage wird verdeutlicht, daß sich eine Effizienzaussage grundsätzlich auf ein Input-Output-Verhältnis bezieht und - gemäß dem ökonomischen Prinzip - entweder die Input- oder die Output-Leistung als ceteris paribus angenommen wird. Bei gegebenen Output einer Handelskooperation kann die folgende Effizienzbedingung formuliert werden:

Die vertragliche Regelung einer Handelskooperation kann dann als effiziente Koordinationsform bezeichnet werden, wenn bei gegebener Distributionsaufgabe die Transaktionskosten der Kooperation und deren Marktpartner sowie die Produktionskosten der Kooperation in der

---

[228] Picot, A., 1986, S. 4; Gümbel spricht auch von der 'Handelsunternehmung als Transaktionskostenspezialist'; vgl. Gümbel, R., 1985, S. 168 - 170.
[229] Picot, A. 1986, S. 2.

Summe ein, im Vergleich zu den entsprechenden Kosten alternativer Koordinationsformen, niedrigeres oder zumindest gleiches Niveau annehmen.

Diese Effizienzbedingung wirft allerdings zwei grundlegende Fragen auf:

1. An welchen Stellen im Kooperationssystem können interne und externe Transaktionskosten auftreten, und wie lassen sich diese unterscheiden?
2. Wie kann die Höhe der auftretenden Transaktionskosten bestimmt werden, und läßt ein solches Meßverfahren den Kostenvergleich zwischen verschiedenen Systemen zu?

Hierbei spielt die Reihenfolge der Fragestellungen eine Rolle, weil sich die Kenntnisse über das Auftreten von Transaktionskosten als bedeutsam für die Einschätzung von Meßmöglichkeiten erweisen könnten. Um bezüglich der ersten Frage weitergehende und vollständige Aussagen treffen zu können, bedarf es einer systematischen Betrachtung interner und externer Transaktionskosten von Handelskooperationen.

3.3.3 Interne und externe Transaktionskosten des Kooperationssystems

Die Abgrenzung von internen und externen Transaktionskosten im Fall eines einzelnen Unternehmens wurde bereits behandelt[230]. In Anbetracht der Komplexität eines Kooperationssystems bedarf es allerdings diesbezüglich einiger Ergänzungen. Als Ausgangspunkt hierfür bietet sich das Modell eines Kooperationssystems im Handel[231] an. In diesem Modell werden drei Ebenen unterschieden:

– Die Ebene der externen Märkte,
– das gesamte Kooperationssystem
– die einzelnen Subsysteme (Zentrale, Mitglieder).

Um Aussagen über interne und externe Transaktionskosten treffen zu können, bedarf es einer Analyse der Transaktionen, die innerhalb und zwischen diesen drei Ebenen stattfinden. Die folgende Aufzählung umfaßt die wichtigsten Transaktionsarten der Handelskooperation:

a) Transaktionen der Zentrale mit externen Marktpartnern

Bei den externen Märkten handelt es sich um den Beschaffungs-, Kapital-, Absatz- und Arbeitsmarkt. Als typische Transaktionsbeispiele - insbesondere für Einkaufskooperationen und freiwillige Ketten - wären die zentrale Warenbeschaffung und die Abwicklung der parallelen Zahlungsströme zu nennen. Kooperationszentralen höherer Entwicklungsstufe engagieren sich auch auf den Absatzmärkten, z.B. mittels selbst geführter Regiebetriebe.

---

[230] Siehe hierzu Kap. 3.1.
[231] Siehe hierzu Kap. 2.3.2.

b) Transaktionen der Mitgliedsbetriebe mit externen Marktpartnern

Grundsätzlich könnten durch Mitgliedsbetriebe die gleichen Transaktionsbeziehungen zu externen Marktpartnern hergestellt werden wie durch die Zentrale. De facto existieren jedoch Restriktionen, z.B. durch Verpflichtungen zur zentralen Warenbeschaffung in Form von Mindestbestellvereinbarungen oder Bezugszwang (letzteres nur bei Franchise-Systemen). Wenn der Kooperationsvertrag derartige Restriktionen nicht enthält, obliegt die Entscheidung dem einzelnen Mitgliedsbetrieb, in welchem Umfang Transaktionen mit externen Marktpartnern durchgeführt werden.

c) Transaktionen zwischen Zentrale und Mitgliedsbetrieben

Diese Transaktionen betreffen die Leistungsabnahme der Mitgliedsbetriebe von der Kooperationszentrale sowie den gegenseitigen Informationsaustausch. Die Voraussetzungen hierfür werden durch den Kooperationsvertrag geschaffen, der gewissermaßen eine **Basistransaktion** darstellt, durch die das Kooperationsmitglied Zugang zu dem Kooperationssystem erhält. Der Kooperationsvertrag enthält auch Vereinbarungen, die sich auf die reguläre Geschäftstätigkeit des Mitgliedsbetriebes auswirken (z.B. Zahlungsbedingungen, Bürgschaften etc.). Durch die vereinbarten Rahmenbedingungen unterscheiden sich Transaktionen mit der Zentrale von Transaktionen mit externen Marktpartnern in der Art ihrer Abwicklung.

Theoretisch kann es auch zu Transaktionen zwischen verschiedenen Mitgliedsbetrieben in einem Kooperationssystem kommen. Diesem Fall kann jedoch eine relativ geringe Bedeutung beigemessen werden, so daß er nachfolgend keine weitere Berücksichtigung findet. Als wesentlich erscheint es hingegen, daß es - z.B. durch die Entscheidungsfreiheit über die Warenbeschaffung in Verbundgruppen - aus der Sicht der Mitgliedsbetriebe zu Substitutionsbeziehungen zwischen Transaktionen mit externen Marktpartnern und kooperationsinternen Transaktionen mit der Systemzentrale kommen kann. Damit zeigt sich die Bedeutung der Frage nach der Unterscheidung von internen und externen Transaktionskosten in Kooperationssystemen. Besonders interessiert hier, ob die Transaktionskosten zwischen der Zentrale und den Mitgliedern internen oder externen Charakter annehmen.

Diesbezüglich zeigt die Abbildung 22, daß im internen Bereich der Kooperation Transaktionskosten zwischen der Zentrale und den Mitgliedsbetrieben sowie interne Transaktionskosten innerhalb dieser Subsysteme vorkommen. Externe Transaktionsbeziehungen, mit Marktpartnern außerhalb der Kooperation, können sowohl von der Systemzentrale als auch von den Mitgliedsbetrieben aufgenommen werden. Die Transaktionskosten der Marktpartner, die in den Bereich der externen Transaktionsbeziehungen fallen, finden in der folgenden Abbildung keine Berücksichtigung. Diese können nicht direkt den Transaktionskosten des Kooperationssystems zugerechnet werden, sondern wirken indirekt, z.B. durch die Höhe der Warenbezugskosten, auf das Kooperationssystem ein[232].

---

[232] Siehe hierzu Kap. 3.3.2.

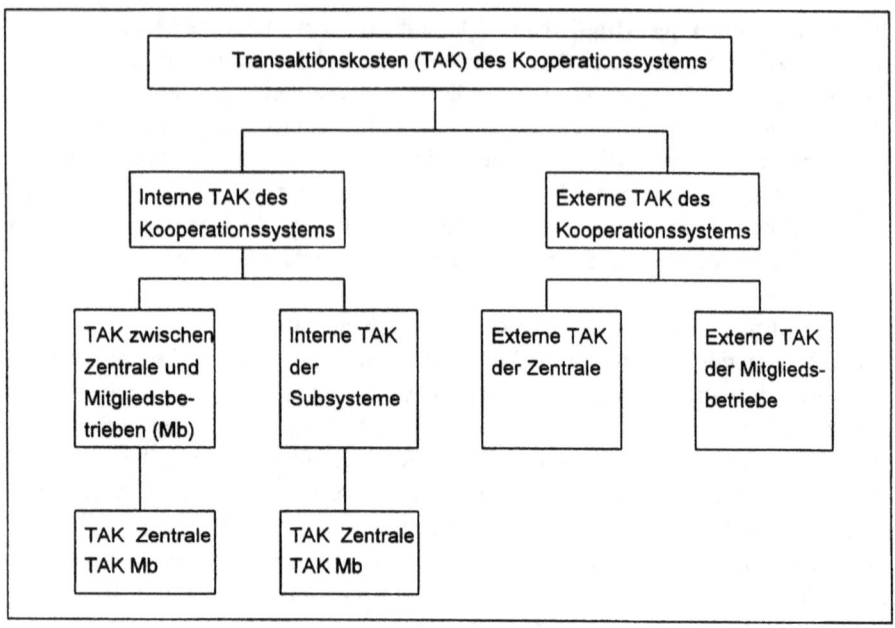

Abb. 22: Transaktionskosten des Kooperationssystems

Zur deutlicheren Unterscheidung der Transaktionskosten von Kooperationssystemen soll folgendes Beispiel dienen. Wenn die Zentrale den angeschlossenen Händlern die Durchführung des Rechnungswesens anbietet, könnte dieser Bereich durch die Mitgliedsbetriebe ausgegliedert werden. Die Händler reduzieren in diesem Fall nicht nur ihre Produktionskosten (Lohn- und Gehaltszahlungen), sondern auch ihre internen Transaktionskosten, die z.B. für die Einstellung und Kontrolle des entsprechenden Personals anfallen würden. Statt dessen entstehen jedoch Transaktionskosten zwischen der Zentrale und den Händlern, die durch Kommunikations- und Informationsprozesse (z.B. Vereinheitlichung des Kontenrahmens, Datentransfer, Rückfragen) verursacht werden. Insgesamt betrachtet kann der Händler seine Transaktionskosten reduzieren, wenn die Transaktionskostenersparnisse im internen Bereich höher ausfallen als die zusätzlichen Transaktionskosten, die durch Abstimmungsprozesse mit der Zentrale entstehen. Entscheidet sich der Händler für die Ausgliederung des Rechnungswesens, findet eine Substitution von internen Transaktionskosten des Subsystems durch Transaktionskosten mit der Zentrale statt.

Ein weiteres Substitutionsverhältnis würde sich ergeben, wenn der Händler die Leistungen eines externen Rechenzentrums in Anspruch nehmen könnte, das nicht dem Kooperationssystem zugehört. In diesem Fall würden die internen Transaktionskosten des Subsystems durch Transaktionskosten mit einem externen Marktpartner substituiert werden.

Die gewählten Beispiele verdeutlichen, daß sich in Abhängigkeit von dem jeweiligen Entscheidungsproblem unterschiedliche Substitutionsverhältnisse zwischen internen und externen Transaktionskosten des Kooperationssystems ergeben können. Diese Enscheidungsprobleme können in vielfältiger Art und Weise in Kooperationssystemen vorkommen und nahezu sämtliche Funktionsbereiche betreffen. Über die Aggregation ihrer Einzellösungen lassen sich letztendlich auch Aussagen über die Effizienz der Koordinationsform treffen, denn wenn zahlreiche Entscheidungen für eine Abwicklung durch das interne Subsystem der Händler oder einen externen Marktpartner sprechen, dann spricht dies allenfalls für eine lose Kooperationsform.

Zur Lösung derartiger Entscheidungsprobleme trägt der Vergleich der zu erwartenden Transaktionskosten bei. Dies setzt jedoch die Meßbarkeit der Transaktionskosten voraus, oder zumindest ein komparatives Verfahren, das eine ordinale Bewertung der verschiedenen Systemalternativen ermöglicht.

3.3.4 Die Beurteilung der Transaktionskostenhöhe

Ein wesentlicher Kritikpunkt, der Vertretern der Transaktionskostentheorie entgegengehalten wird, bezieht sich auf die mangelnde Operationalisierbarkeit und Quantifizierbarkeit von Transaktionskosten. Für diesen Kritikpunkt spricht die relativ geringe Anzahl wissenschaftlicher Beiträge zur Messung von Transaktionskosten[233]. Grundsätzlich bieten sich zwei Verfahren für die Beurteilung der Transaktionskostenhöhe an, die nachfolgend vorgestellt werden[234]:

- Die direkte Messung der Transaktionskosten durch deren Einbeziehung in das betriebliche Rechnungswesen und
- die indirekte Beurteilung von Transaktionskosten auf der Grundlage relevanter Einflußfaktoren.

a) Zur direkten Messung von Transaktionskosten

Die oben angeführte Kritik betrifft insbesondere die direkte Messung von Transaktionskosten, weil Konzepte zur exakten Quantifizierung weitgehend fehlen[235]. Ein grundlegendes Problem besteht darin, daß die Gesamtkosten einer Unternehmung nicht nach Produktions- und Transaktionskosten getrennt erfaßt werden, sondern in der Regel eine Zuordnung zu Kostenarten, -stellen, oder -trägern erfolgt. *Albach* kritisiert diesbezüglich:

---

[233] Vgl. Richter, R., 1991, S. 421.
[234] Zusätzlich zu den hier vorgestellten Untersuchungsrichtungen wurden Versuche zur Berechnung von Transaktionskosten auf den Finanzmärkten (Demsetz, 1968) und in Volkswirtschaften (Wallis/North, 1986) vorgenommen, die hier keine weitere Berücksichtigung finden. Vgl. Hammes, Michael/Poser, Günter: Die Messung von Transaktionskosten, in: Das Wirtschaftsstudium, Jg. 21 (1992), S. 885 - 889.
[235] Vgl. Hammes, M./Poser, G, 1992, S. 889.

„Kein Lehrbuch der Kostenrechnung differenziert nach Marktformen, nach Abnehmerbeziehungen oder nach Wettbewerbsstrategien. Das wäre aber notwendig"[236].

In *Albachs* Kritik kommt die Forderung nach einer Ausrichtung des betrieblichen Rechnungswesens auf die strategischen Wettbewerbsvorteile von Unternehmungen bzw. Institutionen zum Ausdruck. Die folgende Abbildung gibt einen Überblick über die verschiedenen Entwicklungsmöglichkeiten.

Strategischer Wettbewerbsvorteil	*Transaktion*		*System des Rechnungswesens*
	Referenzperiode	*Bezeichnung*	
Produktion	kurzfristig	klassisch	Produktionskostenrechnung
Markt	langfristig	neoklassisch	Transaktionskostenrechnung
Sicherheit	auf Dauer	relational	Koordinationskostenrechnung

Abb. 23: Entwicklungstendenzen im betrieblichen Rechnungswesen; Quelle: Albach, H., 1988, S. 1156.

Abbildung 23 zeigt den Zusammenhang zwischen strategischem Wettbewerbsvorteil, Transaktionstyp und Rechnungswesensystem auf. Die Unterscheidung zwischen klassischen, neoklassischen und relationalen Transaktionen berücksichtigt die rechtlichen Beziehungen zwischen den Transaktionspartnern[237]. Der klassische Vertrag umfaßt kurzfristige Liefervereinbarungen über Faktormengen zu Marktpreisen. Demnach stehen die Produktionskosten im Mittelpunkt des Rechnungswesens.

Die neoklassische Transaktion bezeichnet hingegen langfristige Kundenbeziehungen, deren Pflege im Wettbewerb um den strategischen Wettbewerbsvorteil „Markt" an Bedeutung gewinnt. Hierbei geht es nicht nur um die reine Belieferung mit Gütern, sondern zusätzlich werden Dienstleistungen angeboten, wie z.B. regelmäßige Wartung oder die Bereitstellung von Know-how. Allerdings gestaltet sich in diesem Fall nicht nur die Leistungsbereitstellung komplexer, sondern auch die Vorbereitung langfristiger Transaktionen erfordert bereits erhebliche Aufwendungen, die im Fall von Unsicherheit über den Transaktionserfolg zu sogenannten **sunk**

---

[236] Albach, Horst: Kosten, Transaktionen und externe Effekte im betrieblichen Rechnungswesen, in: Zeitschrift für Betriebswirtschaftslehre, Jg. 58 (1988), S. 1159.
[237] Vgl. zu den folgenden Ausführungen Williamson, Oliver E.: Transaction-Cost Economics: The Governance of Contractual Relations, in: Journal of Law and Economics, Vol. 22 (1979), S. 236 - 238; Albach, H., 1988, S. 1156 - 1163.

3.3 Die Beurteilung der Transaktionskosteneffizienz von Handelskooperationen

costs[238] führen können. *Albach* schlägt daher vor, bei der Berechnung des Periodenerfolgs Methoden der Investitionsrechnung in die Transaktionskostenrechnung einfließen zu lassen:

„Die Summe der Nettokapitalwerte[239] der Transaktionserlöse und -kosten abzüglich der nicht transaktionsbezogenen unternehmensfixen Kosten ist in der Transaktionskostenrechnung der Periodenerfolg."[240]

Bezüglich der Produktionskosten führt *Albach* aus, daß diese zwar auch in der neoklassischen Transaktion verrechnet werden, aber aufgrund ihrer Vorherbestimmbarkeit keine Entscheidungsrelevanz besitzen.

Der Begriff der relationalen Transaktion bezeichnet die vertraglich geregelte Beherrschung potentieller Transaktionspartner, z.B. durch die vertikale Integration eines Abnehmers oder die Einstellung eines Arbeitnehmers. Hierdurch werden innerhalb des Systems Koordinationskosten verursacht, die bisher unter dem Begriff der internen Transaktionskosten behandelt wurden. Der strategische Wettbewerbsvorteil **Sicherheit** wird hierbei durch die vertraglich geregelte Kontrolle über Marktpartner ausgebaut. *Albach* fordert, diese Kosten in einer Koordinationskostenrechnung zu berücksichtigen. Als Methode der direkten Messung von Koordinationskosten führt er die qualitative Erfassung durch Interviews an.

Die von *Albach* vorgeschlagenen Entwicklungsrichtungen des betrieblichen Rechnungswesens zeigen Wege auf, denen für die Quantifizierung von Transaktionskosten eine hohe Bedeutung beigemessen werden kann. Allerdings läßt sein Beitrag offen, wie eine direkte, quantitative Erfassung von Transaktionskosten im betrieblichen Rechnungswesen aussehen kann.

Hierzu leistet *Gümbel* einen weiterführenden Beitrag, indem er die transformationsstellenbezogene Erfassung von Input-, Output- und Handelsleistungen vorschlägt[241]. Die folgende Abbildung veranschaulicht die formale Umsetzung dieses Vorschlags, die sich an die Grundstrukturen des Betriebsabrechnungsbogens (BAB) anlehnt und von *Gümbel* als Faktor-Verwendungsnachweis bezeichnet wird.

---

[238] Sunk costs (versunkene Kosten) entstehen im Zuge der Realisierung (teilweise) irreversibler Entscheidungen. Bezogen auf Investitions- oder Marktzutrittsentscheidungen bedeutet dies, daß nach der jeweiligen Entscheidung Folgen eintreten, die auch bei deren Rückgängigmachung nicht wegfallen. Vgl. Knauth, Peter: Sunk Costs, in: Wirtschaftswissenschaftliches Studium, Jg. 21 (1992), Nr. 2, S. 76.

[239] Der Kapitalwert entspricht der Summe aller nach dem Zeitpunkt t anfallenden, auf t abdiskontierten Einzahlungsüberschüsse (Nettoeinzahlungen).

[240] Albach, H., 1988, S. 1161.

[241] Vgl. zu den folgenden Ausführungen Gümbel, R., 1985, S. 156 - 159.

Transformationsstellen Güterfluß	Produktionsstellen			Transaktionsstellen					
	P_1	P_i	P_i*	IT_1	IT_j	IT_j*	ET_1	ET_r	ET_r*
Input: f_1	f_{11}	f_{1i}	f_{1i*}	f_{11}	f_{1j}	f_{1j*}	f_{11}	f_{1r}	f_{1r*}
Set up & f_s	f_{s1}	f_{si}	f_{si*}	f_{s1}	f_{sj}	f_{sj*}	f_{s1}	f_{sr}	f_{sr*}
Variabel f_{s*}	f_{s*1}	f_{s*i}	f_{s*i*}	f_{s*1}	f_{s*j}	f_{s*j*}	f_{s*1}	f_{s*r}	f_{s*r*}
Output: Y_1	Y_{11}	Y_{1i}	Y_{1i*}	Y_{11}	Y_{1j}	Y_{1j*}	Y_{11}	Y_{1r}	Y_{1r*}
Markt & Y_u	Y_{u1}	Y_{ui}	Y_{ui*}	Y_{u1}	Y_{uj}	Y_{uj*}	Y_{u1}	Y_{ur}	Y_{ur*}
Folgein- Y_u	Y_{u*1}	Y_{u*i}	Y_{u*i*}	Y_{u*1}	Y_{u*j}	Y_{u*j*}	Y_{u*1}	Y_{u*r}	Y_{u*r}
Handels- h_1	h_{11}	h_{1i}	h_{1i*}	h_{11}	h_{1j}	h_{1j*}	h_{11}	h_{1r}	h_{1r*}
funktio- h_e	h_{e1}	h_{ei}	h_{ei*}	h_{e1}	h_{ej}	h_{ej*}	h_{e1}	h_{er}	h_{er*}
nen h_{e*}	h_{e*1}	h_{e*i}	h_{e*i*}	h_{e*1}	h_{e*j}	h_{e*j*}	h_{e*1}	h_{e*r}	h_{e*r*}

Abb. 24: Faktor-Verwendungsnachweis; Quelle: Gümbel, R., 1985, S. 157.

Unter dem Begriff der Transformationsstellen faßt *Gümbel* sowohl Produktions- als auch Transaktionsstellen zusammen, wobei er bei letzteren zwischen dem internen (IT) und dem externen Bereich (ET) trennt. Zu den externen Transaktionsstellen zählen solche, die vertragliche Beziehungen zu externen Marktpartnern herstellen (z.B. Einkauf, Vertrieb), während interne Transaktionsstellen Koordinationsaufgaben übernehmen, die nicht auf die Anbahnung, den Abschluß und die Kontrolle von Verträgen gerichtet sind (z.B. Planung, Organisation, Buchhaltung, Datenverarbeitung).

Die Matrix in Abbildung 24 kommt durch Kombination der verschiedenen Transformationsstellen mit den einzelnen Stufen des Güterflusses zustande. Bezüglich des Güterflusses unterscheidet Gümbel zwischen Input, Output und Beiträgen zur Erfüllung von Handelsfunktionen. Der Faktor-Input umfaßt den mengenmäßigen Ressourcen-Verbrauch einer Transformationsstelle, der zu fixen (set up) und variablen Kosten führt. Bei dem Output wird zwischen Markt- und Folgeleistungen unterschieden, weil Outputleistungen sowohl an externe Märkte als auch zur eigenen Weiterverarbeitung abgegeben werden können. Zudem erfaßt der Faktor-Verwendungsnachweis mit den Handelsfunktionen auch die Beiträge zur Überbrückung des Spannungsverhältnisses zwischen Produktion und Konsumtion[242]. Da zu diesem Zweck Input- und Outputleistungen erbracht werden, kann angenommen werden, daß es sich bei den Handelsfunktionen um eine Teilmenge des gesamten In- und

---

[242] Gümbel führt als Beispiel die Destillation von Erdöl an. Hierbei wird das Rohöl in verschiedene Komponenten zerlegt, wodurch sich ein Beitrag zur Sortimentsfunktion ergibt. Vgl. Gümbel, R., 1985, S. 158.

3.3 Die Beurteilung der Transaktionskosteneffizienz von Handelskooperationen

Output handelt. Der Güterfluß soll am Beispiel der Warenbeschaffung durch Mitgliedsbetriebe in Handelskooperationen verdeutlicht werden[243].

Güterfluß		*Warenbeschaffung des Kooperationsmitgliedes*
Input	Set up	Einmalige Gebühr zur Aufnahme in die Kooperation, beschaffungspartnerspezifische Investitionen
	Variabel	Personaleinsatz, Büromaterial, Kommunikationsgebühren, Fahrtkosten
Output	Markt	Kauf-, Liefer-[244], Werk-[245], Dienstleistungsverträge
	Folgeinput	Warenbeschaffung, logistische Leistungen, Marktinformationen
Handelsfunktionen		Distribution der Ware in den Kategorien, Raum, Zeit, Sortiment und Menge

Abb. 25: Der Güterfluß am Beispiel einer Vertriebsstelle

Mit der Auswahl der Warenbeschaffung als Beispiel wird hier bewußt eine Transaktionsstelle gewählt, um den Beitrag des Faktor-Verwendungsnachweises zur Ermittlung der Transaktionskosten aufzuzeigen. Es stellt sich hierbei die Frage, ob sowohl der variable Faktor-Input als auch der set up-Input entscheidungsrelevante Transaktionskosten verursachen. So könnte es sich in der ex post-Betrachtung bei dem set up-Input vorwiegend um sunk costs handeln, die nach Abschluß des Kooperationsvertrages keine Entscheidungsrelevanz mehr besitzen. Hingegen würd dem set up-Input in der ex ante-Betrachtung - also vor dem Abschluß des Kooperationsvertrages - eine Bedeutung zukommen, weil die Kosten der Vertragsschließung zu diesem Zeitpunkt noch abgewendet werden können.

Zur Klärung dieser Frage erscheint es notwendig, die Entscheidungssituation „Warenbeschaffung des Kooperationsmitglieds" eindeutig abzugrenzen. In dem gewählten Beispiel weist die Markt-Output-Zeile darauf hin, daß es um die vertragliche Regelung der Warenbeschaffung eines kooperierenden Betriebes geht. Als Alternativen ergeben sich z.B. hier die Warenbeschaffung über die Zentrale oder über externe Marktpartner, wobei sich unterschiedliche vertragliche Konstellationen er-

---

[243] Dieses Beispiel stellt nur einen Ausschnitt aus der Faktor-Verwendungsnachweis-Matrix dar. Auf die Darstellung von auftretenden Interdependenzen wird hier aus Komplexitätsgründen verzichtet.

[244] Bei dem Liefervertrag handelt es sich meist um eine besondere Form des Kaufvertrages, bei dem die Lieferung nicht bei Vertragsschluß, sondern zu einem späteren Zeitpunkt erfolgt.

[245] Durch den Werkvertrag (§§ 631 ff. BGB) verpflichtet sich der Verkäufer zur Herstellung eines Werks, z.B. im Fall der Auftragsfertigung.

geben können. Der set up-Input besitzt demnach keine Entscheidungsrelevanz, weil er in der Vergangenheit (ex post), unabhängig von der Lösung des hier betrachteten Entscheidungsproblems, entstand.

Die vorangegangen Ausführungen zeigen, daß der Faktor-Verwendungsnachweis zwar keine detaillierte Aufgliederung von Transaktionskostenarten vorsieht, aber mit der Unterscheidung von set up- und variablen Input hierfür einen Ansatz schafft. Bezüglich des Detaillierungsproblems wäre eine Erweiterung der Matrix um zusätzliche Zeilen denkbar.

Zusammenfassend können zur Messung von Transaktionskosten folgende Punkte festgehalten werden:

1. Transaktionskosten werden von Transaktionsstellen verursacht. Diese Stellen werden von Entscheidungsträgern besetzt, die für den transaktionsbezogenen Ressourceneinsatz verantwortlich sind.
2. Bewertet werden nur die entscheidungsrelevanten Transaktionskosten, wobei grundsätzlich zwischen versunkenen (set up) und laufenden (variablen) Kosten zu unterscheiden ist. Hierbei muß berücksichtigt werden, ob es sich um ein ex ante- oder eine ex post-Betrachtung handelt.
3. Die Messung von Transaktionskosten erfolgt über den wertmäßigen Ressourcenverbrauch der Transaktionsstellen.
4. Zwischen Transaktions- und Produktionsstellen existieren Interdependenzen in Form innerbetrieblicher Leistungsverflechtung.
5. Transaktionskosten (Input) stehen Transaktionsleistungen (Output) gegenüber; das Verhältnis von Input zu Output läßt Effizienzaussagen zu.

Bezugnehmend auf das Ziel, Aussagen über die Transaktionskosteneffizienz von Handelskooperationen zu treffen, bleiben jedoch Zweifel an dem Wert dieser Erkenntnisse bestehen. Zwar ließen sich die Kosten einzelner Transaktionen durchaus nachvollziehen und messen; Aussagen über die Effizienz eines gesamten Systems erfordern jedoch die Beurteilung der Transaktionskosten auf einer höheren Aggregationsstufe. Angesichts komplexer Leistungsverflechtungen, die zwischen und innerhalb der Subsysteme einer Kooperation sowie deren externen Marktpartnern bestehen, würde schon die direkte Transaktionskostenmessung einer einzigen Kooperation erheblichen Aufwand verursachen, weil zur Zeit davon ausgegangen werden kann, daß in der Praxis Transaktionskosten keine Berücksichtigung im Rechnungswesen finden. Zudem stellt sich die Frage nach dem Beitrag zur Erklärung von Koordinationsformen durch Transaktionskostenmessungen in einem Einzelfall.

Bedenken sind jedoch nicht nur bei der Messung der Transaktionskosten als Faktor-Input angebracht. *Gümbel* weist darauf hin, daß die Bewertung des Output und der Handelsfunktionen größere Schwierigkeiten bereitet. Zwar können z.B. die Inhalte von Kaufverträgen mengen- und wertmäßig abgebildet werden; die Beurteilung des Nutzens von Informationen, z.B. übermittelt durch Werbung oder persönliche Kontakte, stellt den Entscheider jedoch vor Bewertungsprobleme[246]. Im Hinblick auf zu treffende Effizienzaussagen, muß daher mit Problemen bei der Bewertung sowohl des Faktor-Input als auch des Faktor-Output gerechnet werden.

Angesichts der methodischen und praktischen Schwierigkeiten, die eine direkte Transaktionskostenmessung mit sich bringt, soll im weiteren Verlauf der Arbeit der Frage nachgegangen werden, welcher Beitrag zu der hier bearbeiteten Themenstellung von der indirekten Beurteilung der Transaktionskosten erwartet werden kann. Hierdurch sollen jedoch nicht die Bemühungen um eine transparent gestaltete und entscheidungsbezogene Transaktionskostenrechnung in Frage gestellt werden, weil hierdurch ein wesentlicher Beitrag zur Operationalisierung des Transaktionskostenbegriffs geleistet wird.

b) Zur indirekten Beurteilung von Transaktionskosten

Der Ansatz der indirekten Transaktionskostenmessung besteht darin, für eine Branche oder auch für einzelne Unternehmen eine konkrete Analyse der Einflüsse von Faktoren durchzuführen, von denen angenommen wird, daß sie Transaktionskosten verursachen bzw. beeinflussen[247]. Abbildung 26 zeigt, in welcher Art und Weise die Bestandteile von Transaktionskosten durch verschiedene Faktoren beeinflußt werden und verbindet dabei Ansätze der direkten und indirekten Transaktionskostenmessung.

In den ersten beiden Stufen findet die Zerlegung der Transaktionskosten in ihre einzelnen Bestandteile statt. Auf der dritten Stufe wird die definitorische Zerlegung der Transaktionskosten um relevante Einflußfaktoren ergänzt. Insgesamt wird hiermit das Ziel verfolgt, die einzelnen Kostenelemente systematisch zu erkennen und gegebenenfalls zu senken.

Die praktische Anwendung zeigt *Müller-Hagedorn* an einem kurzen Beispiel über die Preis- und Konditionenverhandlungen zwischen Industrie und Handel auf[248]. Das steigende Geschäftsvolumen und eine zunehmende Konzentration in Handel und Industrie beeinflussen die Vereinbarungen über Bezugskonditionen. Anstatt die Konditionenverhandlungen von Reisenden und Einkäufern führen zu lassen, werden diese Aufgaben auf höhere hierarchische Ebenen verlagert. Dies führt zwar tendenziell zu einer Verringerung der Zahl der Verhandlungspartner und der Häufigkeit der Kontakte; der Kostensatz pro Zeiteinheit erhöht sich jedoch, weil z.B. die Personalkosten und die Anforderungen an den „Tagungskomfort" steigen. Das Beispiel zeigt, daß die Zerlegung der Transaktionskosten und die Berücksichtigung relevanter Einflußfaktoren dazu beitragen, mögliche Kompensationseffekte zwischen den einzelnen Kostenbestandteilen aufzudecken. *Müller-Hagedorn* weist allerdings darauf hin, daß sich in Abhängigkeit von der jeweiligen Problemstellung auch andere Zerlegungen als sinnvoll erweisen können.

---

[246] Ähnlich Gümbel, der für den Transaktionsbereich eine grundsätzliche Meßbarkeit auf Intervallskalenniveau in Frage stellt.
[247] Vgl. Hammes, M./Poser, G., 1992, S. 887.
[248] Vgl. zu den folgenden Ausführungen Müller-Hagedorn, L., 1990, S. 456 f.

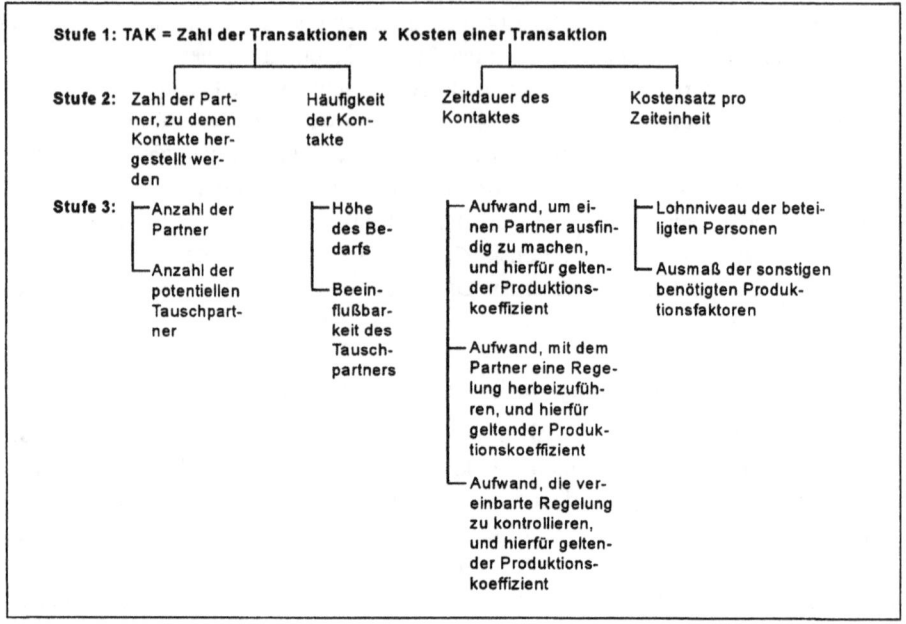

Abb. 26: Definitorische Zerlegung der Transaktionskosten und mögliche Einflußgrößen; Quelle: Müller-Hagedorn, L., 1990, S. 456.

Bei der Berücksichtigung von Einflußfaktoren auf die Transaktionskosten gilt es prinzipiell zwei Schwierigkeiten zu überwinden:

1. Die vollständige Erfassung relevanter Einflußfaktoren.
2. Die Prognose der Wirkung von Einflußfaktoren auf das quantitative Ausmaß der Transaktionskosten.

Diese logische Unterscheidung kann leicht mit dem Hinweis verdeutlicht werden, daß es für eine Transaktionskostenbewertung nicht nur auf die generelle Kenntnis eines relevanten Einflußfaktors ankommt, sondern auch auf dessen situativ geprägte Auswirkung. Beispielsweise können das Lohnniveau oder die Qualität der Kommunikationssysteme erheblich variieren, so daß situationsspezifisch mit unterschiedlichen Transaktionskosten gerechnet werden kann.

Es stellt sich die Frage, ob durch die indirekte Messung von Transaktionskosten das Bewertungsproblem nicht einfach von der zu beurteilenden Institution auf die äußeren Rahmenbedingungen verlagert wird. So gibt *Müller-Hagedorn* zu bedenken, daß es kaum möglich sein wird, bei der Bestimmung des Bedingungsrahmens Vollständigkeit zu erreichen[249]. Die indirekte Transaktionskostenmessung würde sich daher nur dann als Problemlösung erweisen, wenn auf der Basis eines allgemei-

---

[249] Vgl. Müller-Hagedorn, L., 1990, S. 456 f.

nen Bedingungsrahmens Tendenzaussagen über die Transaktionskostenwirkung verschiedener Einflußfaktoren getroffen werden könnten. Dieser Bedingungsrahmen sollte zwar die wichtigsten Einflußkategorien vorgeben, aber auch einen ausreichenden Spielraum für die situative Anpassung zulassen.

In der Fachliteratur findet diese Vorgehensweise weit häufiger Berücksichtigung als das Verfahren der direkten Transaktionskostenmessung. Als richtungsweisend wären Veröffentlichungen von *Williamson* und *Picot* zu nennen. Das nachfolgende Kapitel wird daher aufzeigen, welche Erkenntnisse über die Effizienz von Handelskooperationen aus diesen Beiträgen abgeleitet werden können und welche Ergänzungen diesbezüglich notwendig sind.

4 Einflußfaktoren auf die Transaktionskosten der Handelskooperation

Mit den nachfolgenden Ausführungen verbindet sich das Ziel, die relevanten Einflußfaktoren auf die Entstehung und Höhe der Transaktionskosten von Handelskooperationen zu ermitteln. Hierauf aufbauend werden Hypothesen über die Wirkung dieser Einflußfaktoren, auf die Transaktionskosteneffizienz der Handelskooperation, gebildet. Diese Hypothesen werden Aussagen darüber treffen, unter welchen Bedingungen eine eher marktliche oder eine eher hierarchische Koordinationsform die Transaktionskosten der Handelskooperation reduziert. Zu diesem Zweck soll zunächst das Grundkonzept allgemeiner Einflußfaktoren auf die Transaktionskostenhöhe vorgestellt werden, das in zahlreichen Publikationen zur Transaktionskostentheorie Berücksichtigung findet. In einem weiteren Schritt wird dann der Frage nachgegangen, welche speziellen Einflußfaktoren auf die Transaktionskosten von distributiven Systemen einwirken. Es wird somit dem **Top-down-Prinzip**[250] gefolgt, um allgemeine Effizienzaussagen der Transaktionskostentheorie auf den konkreten Anwendungsfall der Handelskooperation zu übertragen.

4.1 Allgemeine Einflußfaktoren auf die Transaktionskostenhöhe

Das Konzept, das hier als „Allgemeine Einflußfaktoren auf die Transaktionskostenhöhe" bezeichnet wird, geht im amerikanischen Sprachraum vor allem auf die Veröffentlichungen von *Oliver E. Williamson* zurück und dient als Grundkonzept zahlreicher transaktionskostentheoretischer Betrachtungen. Im deutschsprachigen Raum

---

[250] Der Top-down-Ansatz stellt eine Vorgehensweise zur Problemlösung dar, durch die, von einem hohen Abstraktionsgrad ausgehend, die Betrachtung von 'oben' nach 'unten' zunehmend konkretisiert bzw. ein Gesamtproblem immer weiter in Teilprobleme zerlegt wird.

war es u.a. *Arnold Picot*, der dieses Konzept aufgriff und zur Anwendung auf Handelsbetriebe weiter entwickelte. Als wichtigste Ansätze zur Systematisierung von Einflußfaktoren auf die Transaktionskosten wären

- der **organizational failures framework** als Grundstruktur für die Bedingungen der Transaktionskostenentstehung,
- die **Transaktionsdimensionen** als Einflußfaktoren auf die Transaktionskostenhöhe und
- die **Infrastruktur** für Transaktionen

zu nennen. Durch die Voraussetzungen des organizational failures framework werden grundsätzliche institutionenökonomische Annahmen getroffen, die überhaupt erst die Entstehung von Transaktionskosten rechtfertigen (z.B. unvollständige Verträge, unvollständiger Wettbewerb, Informationsasymmetrien). Mit der Beschreibung von Transaktionsdimensionen wird, darauf aufbauend, gefragt, ob in Abhängigkeit von bestimmten Transaktionseigenschaften mehr oder weniger hohe Transaktionskosten zu erwarten sind. Durch die auf *Picot* zurückgehende Ergänzung um infrastrukturelle Einflußgrößen finden die näheren Rahmenbedingungen für Transaktionen eine Berücksichtigung, zu denen technische und rechtliche Voraussetzungen zählen. Die Systematik der weiteren Ausführungen orientiert sich demnach an folgenden Fragestellungen:

- Welches sind die theoretischen Voraussetzungen dafür, daß Transaktionskosten überhaupt auftreten, und welche Relevanz besitzen diese Annahmen für Handelskooperationen (z.B. Marktversagen, unvollständige Verträge) ? (Kap. 4.1.1)
- Welche Eigenschaften von Transaktionen (Dimensionen) bestimmen die Transaktionskostenhöhe ? (Kap. 4.1.2)
- Welche Rahmenbedingungen müssen bei der Beurteilung von Transaktionskosten berücksichtigt werden (z.B. Rechtsprechung, technischer Entwicklungsstand) ? (Kap. 4.1.3)

Die Sytstematik dieser Fragestellungen richtet sich nach den transaktionstheoretischen Grundkonzepten, die auf eine Vielzahl ökonomischer Fragestellungen angewendet werden. Da sämtliche Einflußfaktoren generell für die Erklärung von Institutionen entwickelt wurden, soll vor allem der Frage nachgegangen werden, welche Relevanz die verschiedenen Faktoren für die Handelskooperation besitzen und wie sie konkret auf die Transaktionskosten der Handelskooperation einwirken.

4.1.1 Der Einfluß des organizational failures framework

Williamson verknüpft in seinem organizational failures framework[251] vier Einflußfaktoren auf die Transaktionskostenentstehung miteinander. Hierbei handelt es sich jeweils um zwei Umwelt- und zwei Humanfaktoren, die in Abbildung 27 zusammengefaßt werden (die Begriffe in Klammern entsprechen der Terminologie von *Williamson*).

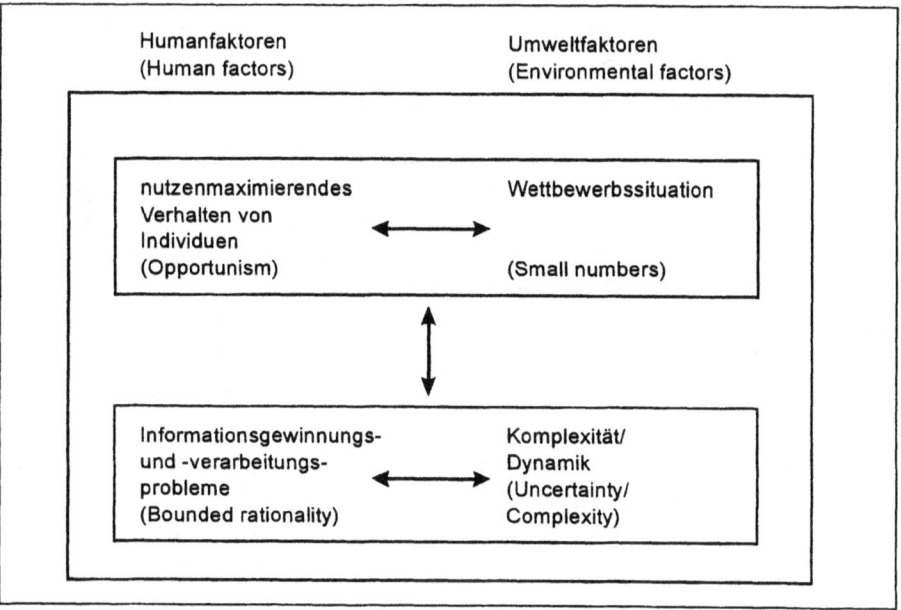

Abb. 27: Einflußgrößen im Beziehungsrahmen des organizational failures framework; Quelle: Michaelis, E., 1985, S. 103.

---

[251] Williamson betont ausdrücklich, daß der 'organizational failures framework' nicht nur Unternehmungen (bzw. Organisationen) als institutionelle Abwicklungsalternativen erfaßt, sondern auch Märkte. Demnach bezieht sein Ansatz des Versagens von Märkten und Unternehmungen im gleichen Maß ein: "In fact, however, oranizational failure is a symmetrical term meant to apply to market and nonmarket organizations alike." Williamson, Oliver E.: Markets and Hierarchies: Analysis and Antitrust Implications, New York 1975, S. 20.
Ouchi, welcher von dem 'market failures framework' spricht, stellt den Markt als Koordinationsform an den Anfang seiner Betrachtungen: "The technique is to contend that all transactions can be mediated by market relations, and then ask what conditions will cause some of these market mechanisms to fail and be replaced by bureaucratic mechanisms. In this sense, every bureaucratic organization constitutes an example of market failure." Ouchi, W. G., 1980, S. 133.

80   4 Einflußfaktoren auf die Transaktionskosten der Handelskooperation

In dem Konzept des organizational failures framework kommt die Kritik an dem Neoklassischen Ansatz zum Ausdruck, der u.a. von vollkommener Konkurrenz, Markttransparenz und vollständigen Verträgen ausgeht[252]. Der Verweis, daß sich diese Annahmen empirisch als irrelevant erweisen, führt letztendlich zu der Begründung von Transaktionskosten.

Die einzelnen Einflußgrößen, ihre Beziehungen und ihre Bedeutung für die Abwicklung distributiver Aufgaben werden mit den nachfolgenden Ausführungen erläutert. Aufgrund von Interdependenzen werden zu diesem Zweck die Einflußfaktoren „begrenzte Rationalität" und „Umweltkomplexität/-dynamik" sowie „begrenzte Rationalität" und „Wettbewerbssituation" paarweise zusammengefaßt.

4.1.1.1 Begrenzte Rationalität und Umweltunsicherheit

Informationen[253] dienen als Mittel zur Beherrschung von Umweltkomplexität und -dynamik bei der Entscheidungsfindung[254]. *Williamson* verweist diesbezüglich auf die Schwierigkeit, sämtliche Handlungsalternativen unter Berücksichtigung der Umweltzustände in der Gegenwart und Zukunft zu erfassen[255]. Zwar läßt sich theoretisch für jedes gegebene Entscheidungsproblem die optimale Informationsmenge[256] aufgabenbezogen und wirtschaftlich objektiv bestimmen[257], in der Praxis gilt es jedoch, zwei wesentliche Restriktionen zu beachten[258]:

1. Der objektiv begründbare Informationsbedarf stimmt häufig nicht mit dem tatsächlichen Informationsangebot überein.
2. Der objektiv begründbare Informationsbedarf stimmt häufig nicht mit dem subjektiv- individuellen Informationsbedürfnis überein.

Die erste Restriktion resultiert in vielen Fällen aus bewußt geschaffenen Informationsbarrieren, die sich z.B. in der Zurückhaltung von Informationen oder durch gezielte Fehlinformation äußern. So beklagen Kooperationszentralen die mangelnde

---

[252] Vgl. Kap. 3.2.1.
[253] Der Terminus 'Information' wird hier als 'zweckorientiertes Wissen' verstanden. Vgl. Wittmann, Waldemar: Information, in: Grochla, Erwin, (Hrsg.): Handwörterbuch der Organisation, 2. Aufl., Stuttgart 1980, Sp. 896.
[254] Vgl. Michaelis, E., 1985, S. 157.
[255] Vgl. Williamson, O. E., 1975, S. 23.
[256] Die praktisch normative Entscheidungstheorie berücksichtigt zwei Kategorien von Informationen, die zur Ableitung einer Enscheidung notwendig sind:
1. Informationen über die angestrebten Sachverhalte (Ziele, Zielsystem, Enscheidungsregeln) und die Intensität mit der diese Sachverhalte angestrebt werden.
2. Informationen über die offenstehenden Handlungsmöglichkeiten (Aktionen), die Beeinflussungen durch Umweltzustände und die Ergebnisfunktion, die den auftretenden Kombinationen von Aktionen und Umweltzuständen Werte zuordnet wird; vgl. Sieben, G./Schildbach, Th., 1990, S. 15 - 21
[257] Zur Vorgehensweise vgl. Michaelis, E., 1985, S. 158 - 161.
[258] Vgl. Szyperski, Norbert: Informationsbedarf, in: Grochla, Erwin, (Hrsg.): Handwörterbuch der Organisation, 2. Aufl., Stuttgart 1980, Sp. 905 f.

Bereitschaft der angeschlossenen Handelsbetriebe, Daten für ein zentrales Controlling oder eine gemeinsame Marktforschung zur Verfügung zu stellen. Auch fällt es jeder Institution schwer, objektive Informationen über das zukünftige Vorhaben von Wettbewerbern zu erheben, weil diese zumindest kurzfristige Wettbewerbsvorteile anstreben und daher relevante Informationen zurückhalten.

Wird das Informationsangebot als gegeben vorausgesetzt, gibt letztendlich das subjektiv-individuelle Informationsbedürfnis den Ausschlag, welcher Teil der objektiv bestimmbaren Informationsmenge zur Lösung des Entscheidungsproblems genutzt wird. Als wesentlicher Einflußfaktor kommt hierbei die limitierte menschliche Fähigkeit zur Informationssuche und -verarbeitung zutrage, die ihre Ursachen in neurophysiologischen und sprachlichen Grenzen findet[259]. *Williamson* führt diesbezüglich aus, daß die physiologischen Grenzen aus den Fähigkeiten des Menschen resultieren, Informationen fehlerfrei zu empfangen, speichern, abzurufen und zu verarbeiten[260].

Sprachliche Barrieren entstehen bei der Codierung von Informationen in Form von Zeichen und Signalen[261]. Bestehen zwischen dem Zeichenvorrat von Informationssender und -empfänger Diskrepanzen oder kommt es bei der Signalübertragung zu physikalischen Störungen, so werden in Folge auch die vermittelten Informationsinhalte beeinträchtigt. Abgesehen von externen physikalischen Störgrößen stellen auch die sprachlichen Schwierigkeiten ein menschliches Kapazitätsproblem dar.

Innerhalb des organizational failures framework stellt das Maß an Umweltkomplexität und -dynamik einen wichtigen Einflußfaktor auf die menschlichen Fähigkeiten zur Infomationssuche, -aufnahme und -verarbeitung dar. Den Zusammenhang formuliert *Michaelis* wie folgt:

„Je ausgeprägter Komplexität und Dynamik der aufgabenrelevanten Umwelt sind, desto gravierender werden diese menschlichen eingeschränkten Fähigkeiten."[262]

Zur Erklärung dieses Zusammenhangs sollen zunächst die Begriffe **Komplexität** und **Dynamik** abgegrenzt werden. Um eine komplexe Entscheidungssituation handelt es sich dann, wenn es eine Vielzahl verschiedenartiger Faktoren gibt, die auf verschiedene Umweltsegmente verteilt sind und die es bei der Entscheidungsfindung zu berücksichtigen gilt[263]. Durch den Begriff der Dynamik fließt die zeitliche Dimension in die Betrachtung einer Entscheidungssituation ein. Die Dynamik einer Entscheidungssituation wird durch die Häufigkeit, Stärke und Irregularität geprägt, mit der Änderungen relevanter Umweltfaktoren stattfinden[264].

---

[259] Vgl. Williamson, O. E., 1975, S. 21.
[260] Vgl. Williamson, O. E., 1975, S. 21.
[261] Zeichen vermitteln einen bestimmten Sinn, z.B. in Form von Wörtern, Sätzen oder Gesten. Signale sind als physikalisch wahrnehmbare Tatbestände die Träger von Zeichen. Vgl. Michaelis, E., 1985, S. 167 f.
[262] Michaelis, E., 1985, S. 169.
[263] Vgl. Kieser, Alfred/Kubicek, Herbert: Organisation, 2. Aufl., Berlin-New York 1983, S. 318.
[264] Vgl. Kieser, A./Kubicek, H., 1983, S. 319.

Die Komplexität und Dynamik einer Entscheidungssituation bestimmen zusammen[265] die Unsicherheit, die der Entscheidungsträger zu bewältigen hat. Bei Entscheidungssituationen, die durch hohe Komplexität und Dynamik gekennzeichnet sind, spielt die begrenzte Rationalität eine bedeutendere Rolle, weil die gesteigerte Unsicherheit über Handlungsalternativen, Umweltfaktoren und Ergebnisfunktionen die Wahrscheinlichkeit einer Fehlentscheidung erhöht. Es stellt sich die Frage, welche Konsequenzen von der begrenzten Rationalität des Menschen und der Umweltunsicherheit auf die Entstehung von Transaktionskosten ausgehen.

Der Zusammenhang wird offensichtlich, wenn die begrenzte Rationalität als Ursache für das Zustandekommen unvollständiger Verträge Berücksichtigung findet. Angesichts der unvollständigen Vorhersehbarkeit der Auswirkungen vertraglicher Vereinbarungen bedarf es der Planung, Anpassung und Überwachung von Transaktionen. Einsparungen über die hiermit verbundenen Kosten können durch die differenzierte Zuordnung von Transaktionen zu Beherrschungs- und Überwachungssystemen bewirkt werden[266]. *Simon* faßt dies mit der Erkenntnis zusammen, daß die Begrenzung humaner Rationalität den wesentlichen Grund für den Einsatz von Institutionen für die Erreichung menschlicher Zielsetzungen darstellt[267].

Die Begrenzung der menschlichen Rationalität erlangt bei der Verteilung von Management-Kapazitäten zwischen den verschiedenen, am Distributionsprozeß beteiligten Wirtschaftsstufen, Bedeutung[268]. Der Begriff der Management-Kapazität beinhaltet sowohl quantitative als auch qualitative Aspekte. Der quantitative Aspekt betrifft die Menge der Informationen, die aufgenommen, gespeichert und abgerufen werden kann, während sich die qualitative Kapazität auf die Zweckbezogenheit der gesammelten Informationen bezieht sowie auf die Fähigkeit des Entscheidungsträgers diese zu verarbeiten. Im Lauf der Zeit können sich die Kapazitätsgrenzen individuell verschieben. Es stellt sich die Frage, über welche Informationsausstattung und Verarbeitungskapazitäten Handelsbetriebe verfügen[269].

Neben den bereits aufgezeigten Einflußgrößen (Umweltunsicherheit, sprachliche Barrieren) spielen in der Praxis u.a. wohl der Ausbildungs- und Erfahrungsstand der Entscheidungsträger eine Rolle sowie verfügbare Sachmittel, die zur Informationsaufnahme, -speicherung, -verarbeitung und -abrufbarkeit beitragen (z.B. Kommunikations- und Informationstechnologie). Desweiteren beeinflußt auch die betriebliche Organisation das Maß der menschlichen Rationalität, indem durch die Schaffung arbeitsteiliger Systeme der Informationsfluß strukturiert und die Menge der zu verarbeitender Informationen für den einzelnen Entscheidungsträger begrenzt wird. So schaffen größere Organisationen spezialisierte Stellen, die ausschließlich oder zu einem überwiegenden Anteil die Informationsversorgung bestimmter Entscheidungs-

---

[265] Vgl. Kieser, A./Kubicek, H., 1983, S. 319. Anders hierzu Masten, der Ungewißheit nur in bezug auf den Zeitfaktor berücksichtigt; vgl. Masten Scott E.: Transaction Costs, Institutional Choice and the Theory of the Firm, Diss. Pennsylvania 1982.
[266] Vgl. Williamson, O. E., 1990, S. 52.
[267] Vgl. Simon, Herbert A.: Models of Man, New York 1957, S. 199.
[268] Vgl. zu den folgenden Ausführungen Müller-Hagedorn, L., 1995, S. 196 f.
[269] Vgl. Müller-Hagedorn, L., 1995, S. 200.

träger übernehmen. Zu diesen Stellen zählen z.B. die Marktforschung und das Controlling[270]. Die folgende Abbildung gibt einen Überblick über die Einflußgrößen auf verfügbare Managementkapazitäten.

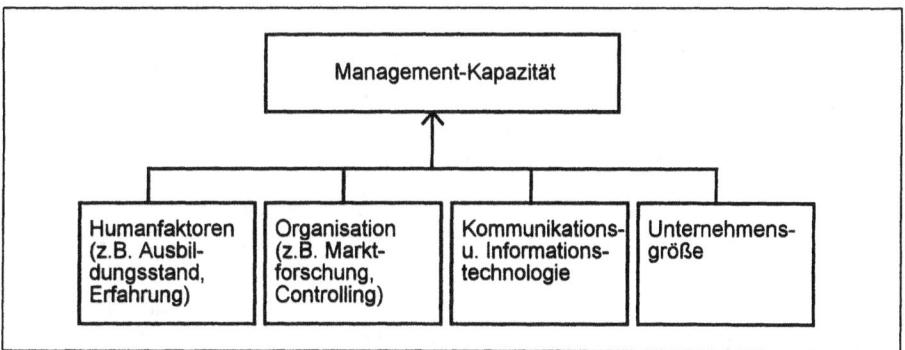

Abb. 28: Einflußfaktoren auf die Management-Kapazität

Zur ungleichen Verteilung von Management-Kapazitäten kann es im Handel durch strukturelle Unterschiede zwischen den am Distributionsprozeß beteiligten Wirtschaftsstufen kommen. Diese Strukturunterschiede bestehen z.B. im Konzentrationsgrad und den hiermit verbundenen Unterschieden in der Unternehmensgröße und -organisation. Die Kooperation zwischen verschiedenen Wirtschaftsstufen bietet eine Möglichkeit zur Überwindung strukturbedingter Nachteile, zu denen auch die begrenzte Rationalität der Entscheidungsträger zählt.

Wenn z.B. der Großhandel gegenüber dem Einzelhandel über bessere Management-Kapazitäten verfügt, dann steigt die Wahrscheinlichkeit der Einflußnahme des Großhandels auf den Einzelhandel und Einzelhandelsbetriebe müssen eventuell Nachteile in Kauf nehmen, wenn sie sich nicht in die Politik des Großhandels einbinden lassen[271].

Als empirisches Beispiel hierfür dient das Franchising, das eine relativ enge Bindung der Franchisenehmer an die vorgelagerte Wirtschaftsstufe vorsieht. Franchise-Systeme existieren vornehmlich in Branchen, die auf der Einzelhandelsstufe kein besonders ausgeprägtes Management-Potential erkennen lassen, wie z.B. Restau-

---

[270] Der Begriff des Controlling bezeichnet im weitesten Sinne die Koordination der Betriebsführung und bezieht hierbei die Abstimmung zwischen Informationsbedarf, -erzeugung und -bereitstellung mit ein. Vgl. Küpper, Hans-Ulrich: Controlling, in: Wittmann, Waldemar, (Hrsg.): Handwörterbuch der Betriebswirtschaft, Bd. 1, 5. Aufl., Stuttgart 1993, Sp. 649 f.; Müller, Wolfgang: Die Koordination von Informationsbedarf und Informationsbeschaffung als zentrale Aufgabe des Controlling, in: Zeitschrift für betriebswirtschaftliche Forschung, Jg. 26 (1974), S. 683 f.

[271] Vgl. Müller-Hagedorn, L., 1995, S. 196. Eine ähnliche Annahme ließe sich auch für das Spannungsverhältnis zwischen Handel und Industrie formulieren.

rants, Wäschereien und Fotolabore[272]. Dieser Zusammenhang läßt sich mit dem Hinweis verdeutlichen, daß der Know-how-Transfer auf den Franchisenehmer einen Bestandteil des Franchise-Vertrages darstellt. Franchise-Systeme würden bei der Marktdurchdringung auf größere Hindernisse stoßen, wenn auf der Einzelhandelsstufe bereits ausreichendes Management-Potential vorhanden wäre, weil sich hierdurch der Nutzen des Franchising für die potentiellen Franchisenehmer verringern würde.

Allgemeiner betrachtet können sich - im Hinblick auf die Reduzierung des Problems der begrenzten Rationalität - folgende Vorteile für einen Handelsbetrieb ergeben, der sich für eine Systembindung entscheidet.

- Entscheidungen werden teilweise von der Systemzentrale getroffen, so daß in diesen Fällen für den angeschlossenen Handelsbetrieb das Problem begrenzter Rationalität überhaupt nicht auftritt.
- Die Zentrale verfügt über bessere Management-Kapazitäten, so daß die von der Zentrale vorbereiteten bzw. geschlossenen Verträge einen höheren Vollkommenheitsgrad aufweisen, wodurch geringere Transaktionskosten verursacht werden.
- Ein Teil der dezentral benötigten Informationen, wird von der Systemzentrale beschafft, verarbeitet, problemgerecht aufbereitet und den angeschlossenen Handelsbetrieben zur Verfügung gestellt.
- Bei bestimmten Informationsproblemen werden den angeschlossenen Handelsbetrieben Servicedienstleistungen von der Systemzentrale angeboten (z.B. Unternehmensberatung).

Sämtliche Vorteile bewirken, daß ein Teil der dezentralen Transaktionskosten aufgrund der verminderten Bedeutung von begrenzter Rationalität erst gar nicht entsteht. Diese Vorteile werden um so deutlicher, je weiter Informationsprobleme standardisiert und durch die zentrale Bereitstellung von Management-Kapazitäten gelöst werden können. Hingegen würde ein sich ständig wandelnder und individueller Informationsbedarf nur eine Verlagerung der Transaktionskosten in die Systemzentrale und damit keine Transaktionskostenersparnis bedeuten. Weniger hierarchische Koordinationsformen wären somit vorzuziehen, wenn die angeschlossenen Handelsbetriebe über einen relativ hohen Kenntnisstand verfügen und es hierdurch zu höheren Transaktionskosten zwischen den Händlern und der Zentrale käme.

Weiterhin können die oben angeführten Vorteile kooperierender Handelsbetriebe nicht greifen, wenn es zu Störungen des Informationsflusses zwischen der Zentrale und den Mitgliedern kommt. Hierzu gehört z.B. ein kognitives Ungleichgewicht zwischen den Subsystemen, das durch abweichende Werte, Einstellungen und Überzeugungen entsteht und einen erheblichen Einfluß auf die Interessenlagen innerhalb der Kooperation nehmen kann[273]. Auch ein gravierendes Informationsgefälle zwischen der Zentrale und den Mitgliedern sollte verhindert werden, weil auch hierdurch kognitive Dissonanzen entstehen können, Aufgaben falsch ausgeführt und in

---

[272] Vgl. Müller-Hagedorn, L., 1995, S. 196.
[273] Vgl. Kuhn, G., 1977, S. 289.

4.1 Allgemeine Einflußfaktoren auf die Transaktionskostenhöhe

der letzten Konsequenz nur noch individuelle Zielsetzungen verfolgt werden[274]. *Kuhn* warnt diesbezüglich:

„Das Informationsgefälle zwischen dem Kooperationsmanagement und den Mitgliedern wird damit zu einer bedeutenden Konfliktdeterminante im Kommunikationssystem der kooperativen Gruppe."[275]

Kuhn schlägt daher vor, den generellen Informationsstand der angeschlossenen Betriebe zu erhöhen, eine Informationsüberladung aber zu vermeiden. Situationsspezifisch handelt es sich somit um ein Problem der optimalen Verteilung von Management-Kapazitäten in Kooperationssystemen. Bei der Auswahl zwischen vertraglichen Koordinationsformen sollte die gegebene Verteilung von Managementkapazitäten, die Standardisierbarkeit des Informationsbedarfs sowie das Konfliktpotential berücksichtigt werden, das sich aus einer Umverteilung von Informationen ergibt. Es läßt sich die folgende Hypothese formulieren:

Hierarchische Elemente in Kooperationsverträgen führen zu einer Vermeidung von Transaktionskosten aufgrund begrenzter Rationalität,

– je eingeschränkter Management-Kapazitäten bei den angeschlossenen Handelsbetrieben vorhanden sind,
– je eher sich Management-Kapazitäten zentralisieren lassen und
– je eher Konflikte aufgrund von zentralisierten Management-Kapazitäten ausgeschlossen werden können.

Eine hohes Ausmaß an Umweltdynamik und -komplexität (Umweltunsicherheit) fördert - in Zusammenhang mit der Annahme begrenzter Rationalität - die Transaktionskostenentstehung und sollte daher bei der Auswahl vertraglicher Koordinationsformen antizipiert werden.

4.1.1.2 Opportunismus und Wettbewerb

Die Opportunismus-Annahme basiert auf dem utilitaristischen Verhaltensmodell, das die Vorstellung von Individuen beinhaltet, die immer und in allen Lebenslagen versuchen, ihre subjektive Zielfunktion zu maximieren[276]. Von dieser Annahme wird auch der Abschluß und die Durchführung von Verträgen betroffen, denn Menschen werden „versuchen, nicht nur für sie möglichst vorteilhafte Vertragsbedingungen auszuhandeln, sondern auch bestehende Freiräume bei der zeitlich oft versetzten Vertragsdurchführung zu ihrem Vorteil auszuschöpfen und sich damit faktisch fremde property rights anzueignen, wenn sie hiermit ihren Nutzen vermehren kön-

---

[274] Vgl. Kuhn, G., 1977, S. 304 - 306.
[275] Kuhn, G., 1977, S. 306.
[276] Vgl. Michaelis, E., 1985, S. 106.

nen"[277]. Im Zuge der Nutzenvermehrung verhalten sich Individuen opportunistisch. Dieses Verhalten wird von *Williamson* folgendermaßen beschrieben:

„Unter Opportunismus verstehe ich die Verfolgung des Eigeninteresses unter Zuhilfenahme von List. Das schließt krassere Formen ein, wie Lügen, Stehlen und Betrügen, beschränkt sich aber keineswegs auf diese. Häufiger bedient sich der Opportunismus raffinierterer Formen der Täuschung."[278]

Die Formen der Täuschung beziehen sich nach *Williamson* auf die „unvollständige oder verzerrte Weitergabe von Informationen, insbesondere auf vorsätzliche Versuche irrezuführen, zu verzerren, verbergen, verschleiern oder sonstwie zu verwirren"[279].

Transaktionskosten, die durch opportunistische Verhaltensweisen verursacht werden, entstehen sowohl vor (ex ante) als auch nach Vertragsschluß (ex post). Bei den ex ante-Transaktionskosten handelt es sich vor allem um den Mitteleinsatz, der für die frühzeitige Erkennung von opportunistischen Verhaltensweisen der potentiellen Vertragspartner notwendig wird[280]. Als typisches Beispiel kann, im Rahmen der Personalpolitik, das Bewerbungsgespräch genannt werden, das darauf abzielt, möglichst frühzeitig die Präferenzen des Bewerbers zu erkennen. Dennoch kann der Einsatz derartiger Instrumente eine opportunistische Verhaltensweise nach Vertragsschluß nicht sicher ausschließen. Daher bedarf es zusätzlicher Kontrollinstrumente, um die Schadensentstehung durch eigennützig handelnde Vertragspartner zu begrenzen. Der Einsatz dieser Kontrollinstrumente verursacht wiederum Transaktionskosten.

Es stellt sich die Frage, in welchem Ausmaß opportunistische Verhaltensweisen die Transaktionskosten der Handelskooperation beeinflussen. Die Annahme, daß auch die einzelnen Kooperationsteilnehmer ihren individuellen Nutzen maximieren wollen, kann sowohl für die angeschlossenen Handelsbetriebe als auch für die Systemzentrale als realistisch angesehen werden. Zusätzliche Relevanz erlangen opportunistische Verhaltensweisen durch potentielle Zielkonflikte, die innerhalb der Kooperation aufgrund von Zieldivergenzen auftreten können[281]. So ergibt sich bereits ex ante das Problem, die Anpassungsfähigkeit eines potentiellen Kooperationsmitgliedes an die allgemeinen Systembedingungen zu erkennen.

Dieses Problem gewinnt in dem Maße an Bedeutung, je geringer die Durchsetzung zentraler Maßnahmen durch den Kooperationsvertrag abgesichert und dem

---

[277] Michaelis, E., 1985, S. 106. Die Durchführung einer Handlung hängt nutzentheoretisch von zwei Faktoren ab:
1. von dem jeweiligen Nutzen der Handlungskonsequenzen für das Individuum,
2. von den Eintrittswahrscheinlichkeiten bestimmter Konsequenzen, die evt. objektiv gegeben, oft jedoch subjektiv einzuschätzen sind.
Vgl. Weede, Erich: Kosten-Nutzen-Kalküle als Grundlage einer allgemeinen Konfliktsoziologie, in: Zeitschrift für Soziologie, Jg. 13 (1984), Nr. 1, S. 3.
[278] Williamson, O.-E., 1990, S. 54.
[279] Williamson, O.-E., 1990, S. 54.
[280] Vgl. zu den folgenden Ausführungen Michaelis, E. 1985, S. 120.
[281] Vgl. Kap. 2.3.3.

einzelnen Betrieb Mitspracherechte eingeräumt werden. In diesen Fällen wird der angeschlossene Handelsbetrieb versuchen, seinen Eigennutz vor das Interesse der Kooperation zu stellen. Hierdurch werden Transaktionskosten verursacht, die auf ex post-Opportunismus zurückführbar sind. Würden Maßnahmen, wie z.B. zentraler Einkauf oder die Durchsetzung eines Marketing-konzepts, von der Systemzentrale beschlossen, die sich negativ auf das kurzfristige Nutzenniveau einzelner Mitgliedsbetriebe auswirken, ließen sich die Maßnahmen wohl nur bei Inkaufnahme erheblicher Kontrollkosten einheitlich durchsetzen. Das Nutzenniveau der Mitglieder bestimmt sich hierbei nicht nur durch den monetären Erfolg einer Maßnahme, sondern auch durch nicht-monetäre Größen, wie z.B. Prestige, Autonomie und Gewohnheit.

Die Auswirkungen von Opportunismus erlangen für Handelskooperationen auch deshalb eine besondere Bedeutung, weil es sich um dezentrale und großteils auch um überregionale Systeme handelt. Hierdurch werden die Kontrollmöglichkeiten der Zentrale begrenzt, so daß dem einzelnen Kooperationsmitglied zahlreiche Möglichkeiten der bewußten Zurückhaltung, Verschleierung und Verzerrung von wichtigen Informationen offenstehen.

Um die Auswirkungen von Opportunismus auf die Transaktionskosten der Handelskooperation abschätzen zu können, bedarf es einiger Überlegungen, von welchen Faktoren das Ausmaß opportunistischer Verhaltensweisen abhängt. Hierbei kommen zwei Faktoren in Betracht, die nachfolgend näher untersucht werden sollen.

1. Altruismus als Gegenpol zum Opportunismus
2. Der Wettbewerb als Einflußfaktor im organizational failures framework.

a) Altruismus als Gegenpol zum Opportunismus

Opportunismus kann durch Motive des Individuums abgeschwächt oder im Extremfall vollständig aufgehoben werden, wenn diese der Zielverfolgung des Eigennutzes entgegenstehen. Dabei handelt es sich um altruistische Verhaltensweisen, die auf die Begünstigung anderer Personen abzielen[282]. Der Nutzen für die handelnde Person ergibt sich in diesem Fall dadurch, daß eine andere Person Nutzen erlangt[283].

Für eine Institution bestehen mehrere Möglichkeiten das altruistische Verhalten der Mitglieder zu fördern, um hierdurch den negativen Auswirkungen des Opportunismus entgegenzuwirken[284]. Hierzu gehört z.B. die Erhöhung des Partizipationsgrades, also die verstärkte Einbindung von Mitarbeitern in die Entscheidungsfindung. Auf die Kooperation übertragen bedeutet dies, die einzelnen Kooperationsmitglieder frühzeitig über geplante Maßnahmen der Zentrale zu informieren und kritische Einwände ernsthaft zu erörtern. Auch wenn hierdurch nur eine „Schein-Parti-

---

[282] Vgl. Michaelis, E. 1985, S. 122.
[283] Vgl. Wintrobe, Ronald: It pays to do good, but not to do more good than it pays - A note on the survival of altruism, in: Journal of Economic Behavior and Organization, Vol. 2 (1981), S. 202.
[284] Vgl. zu den nachfolgenden Ausführungen Michaelis, E., 1985 S. 123 - 132.

zipation"[285] aufgebaut wird, so vermeidet diese Vorgehensweise, die angeschlossenen Betriebe vor vollendete Tatsachen zu stellen. Ob eine echte Partizipation, z.B. durch Einräumung des Mitgliederstimmrechts gemäß der genossenschaftlichen Satzung[286], zur Reduzierung von Transaktionskosten führt, scheint fragwürdig. Die hieraus resultierenden Abstimmungskosten könnten die positiven Effekte der Partizipation[287] überkompensieren.

Eine weitere Möglichkeit zur Förderung des Altruismus besteht in dem Einsatz von Verhaltensanreizen. Hierzu gehören sowohl monetäre als auch nicht-monetäre Anreize, die jeweils positiven oder negativen Sanktionscharakter annehmen können. So wird in der Kooperationspraxis häufig der zentrale Einkauf durch eine Rabattstaffelung gesteuert, die den Einkäufer gemäß seines Einkaufsvolumens in unterschiedlicher Höhe belohnt. Ein weiteres Instrument stellt die Bezuschussung von Werbekosten dar, wodurch das Ziel verfolgt wird, zentrale Marketingkonzepte zu unterstützen. In diesen Fällen sollte aus Sicht der Zentrale jedoch sichergestellt sein, daß die Kosten der positiven Sanktionierung nicht die Transaktionskosten übersteigen, die beim Wegfall dieser Sanktionen durch Opportunismus entstehen würden. Ein Beispiel für nicht-monetäre Anreize wäre z.B. die offizielle Würdigung kooperationskonformen Verhaltens einzelner Mitglieder auf Versammlungen oder in Rundschreiben. Es kann jedoch angenommen werden, daß solchen Ansätzen, im Vergleich mit monetären Anreizen, eine weitaus geringere Bedeutung zukommt.

Ein dritte Möglichkeit zur Förderung altruistischer Verhaltensweisen besteht in der Übertragung von Werten auf die einzelnen Subsysteme, um möglichst die Gleichschaltung der Interessen auf ein gemeinsames Ziel zu erreichen. Ein derartiger Ziel- und Wertkonsens würde zur Berücksichtigung und Förderung der satzungsgemäßen Oberziele führen, deren Erreichung für das einzelne Kooperationsmitglied schon den Nutzen an sich darstellt. In diesem Fall wären auch Partizipations- oder Sanktionsinstrumente überflüssig, weil opportunistisches Verhalten schon im Ansatz ausgeschaltet wird. Allerdings stellt die vollkommene Wertübertragung auf die Systemmitglieder gewissermaßen eine Idealsituation dar, die in der Realität wohl kaum vorkommen wird. Trotzdem gibt es Möglichkeiten für Institutionen, gemeinsame Wertvorstellungen zumindest ansatzweise zu vermitteln. Hierzu gehört z.B. die **Clan-Organisation**, die folgendermaßen beschrieben wird:

„Clan-Mitglieder teilen generelle Orientierungen, nicht Ziele. Mitglieder des Clans sind langfristig orientiert. Sie glauben daran, auf lange Frist gerecht behandelt zu werden (. . .) und verzichten deshalb durchaus auf kurzfristige Bedürfnisbefriedigung."[288]

Ein derartiges System baut vor allem darauf, daß schon die Zugehörigkeit zu dem Clan als Belohnung angesehen wird und ein Ausschluß aus dem Clan erhebliche

---

[285] Echte Partizipation liegt dann vor, wenn dem Kooperationsmitglied Mitbestimmungsrechte vertraglich zugesichert werden.
[286] Siehe zum Stimmrecht in Genossenschaften auch Kap. 5.2.4.2.
[287] Siehe zur Auswirkung von Partizipation auch Kap. 5.2.2.2.
[288] Michaelis, E., 1985, S. 128. Michaelis lehnt sich mit dieser Beschreibung an Ouchi und Wilkins/Ouchi an. Vgl. Ouchi, W. G., 1979, S. 838; Wilkins, A. L./Ouchi, W. G., 1983, S. 471.

Nachteile mit sich bringen würde, z.B. dadurch, daß kein anderer Clan sich zu einer Neuaufnahme des Ausgestoßenen bereit erklärt. Ob die Clan-Organisation funktioniert, hängt letztendlich auch von dem sozio-kulturellen Umfeld einer Institution ab. So dient die japanische Wirtschaft als typisches Beispiel für das Vorkommen von Clan-Organisationen, was mit traditionellen Werten wie Loyalität und Kollektivismus in Verbindung gebracht wird[289].

Es stellt sich die Frage, ob ein derartiges Konzept auch zur Effizienzsteigerung der Handelskooperation herangezogen werden kann. So entstehen Zweifel, ob angesichts der Konkurrenz zwischen Handelskooperationen bei der Akquisition von neuen Mitgliedern, ein Kooperationsausschluß tatsächlich erhebliche Nachteile mit sich bringt. Zudem stellt der finanzielle Erfolg des Kooperationsbeitritts eine wichtige Voraussetzung für die langfristige Zusammenarbeit dar.

Ansatzpunkte für die Vermittlung gemeinsamer Werte, die ein gewisses **Wir-Gefühl** hervorrufen, finden sich auch in Corporate Identity-Strategien. Diese verfolgen das Ziel, durch Gestaltung und Abstimmung von Gruppenerscheinung, -kommunikation und -verhalten, nach innen und außen ein identisches Kooperationsbild zu vermitteln und hiermit zur Mitgliederbindung beizutragen[290].

b) Der Wettbewerb als Einflußfaktor im organizational failures framework

Als zweiter Einflußfaktor auf das Ausmaß opportunistischer Verhaltensweisen wird hier der Wettbewerb vorgestellt, der auch in dem organizational failures framework Berücksichtigung findet. *Michaelis* beschreibt den Zusammenhang folgendermaßen:

„Intensiver Wettbewerb zwingt Individuen, auf der Skala möglicher Verhaltensweisen, die von Altruismus auf der einen Seite bis zu Opportunismus auf der anderen Seite reicht, sich weniger opportunistisch zu verhalten."[291]

Der Zusammenhang gewinnt an Deutlichkeit, wenn berücksichtigt wird, daß mit der Intensivierung des Wettbewerbs die Zahl möglicher Vertragspartner steigt. Damit wächst auch die Wahrscheinlichkeit, daß opportunistisches Verhalten zu negativen Sanktionen führt, weil nach Abbruch der vertraglichen Beziehungen grundsätzlich alternative Marktpartner zur Verfügung stehen. In diesem Fall können Kontrollkosten vermindert werden, weil negative Sanktionen glaubhaft angedroht werden können[292]. So wirkt die Drohung, einen Betrieb aus der Kooperation auszu-

---

[289] Die Analyse vertraglicher Beziehungen in Japan zeigt allerdings, daß die Ausgestaltung entsprechender Verträge erst die Voraussetzung für das Entstehen derartiger Werte schaffen. In diesem Sinne wurden traditionelle Werte durch Vertragsgestaltung verursacht. Vgl hierzu vertiefend: Krug, Barbara: Die Entzauberung der Samurai, in: Frankfurter Allgemeine Zeitung, Nr. 84 v. 10.4.1993, S. 13.
[290] Vgl. Glaser, Jörg: Mitgliederbindung in Verbundgruppen - Möglichkeiten und Grenzen des Einsatzes von Corporate Identity-Strategien, in: Trommsdorff, Volker, (Hrsg.): Handelsforschung 1994/95 - Kooperationen im Handel und mit dem Handel, Wiesbaden 1994, S. 157 - 159; siehe auch Häusel, Georg: Unternehmen brauchen ein ikonisches Leitbild, in: Der Verbund, Jg. 5 (1992), Nr. 2, S. 4 - 10.
[291] Michaelis, E., 1985, S. 150.
[292] Vgl. Michaelis, E., 1985, S. 151.

schließen glaubhafter, wenn der Kooperation Alternativen zur Verfügung stehen, um die Marktanteile bzw. das Verkaufsgebiet des auszuschließenden Mitglieds zu halten. Die Austrittsdrohung eines angeschlossenen Betriebes wirkt stärker, wenn alternative Kooperationssysteme zur Verfügung stehen oder auch für selbständige Händler Marktchancen bestehen.

Ein weiterer Grund für die glaubhafte Androhung einer Vertragsbeendigung könnte vorliegen, wenn die Kosten für den Abschluß neuer Verträge relativ gering ausfallen. Hoher Wettbewerbsdruck führt eher zur Verringerung dieser Kosten, weil tendenziell homogene Transaktionsbedingungen und eine qualitative Verbesserung des Leistungsangebotes erwartet werden können[293]. Typische Beispiele hierfür sind Standardverträge oder Qualitätsstandards, die zur Vermeidung kostenintensiver Verhandlungen beitragen und somit den Kontakt zu neuen Transaktionspartnern erleichtern. Allerdings kann vermutet werden, daß die Anbahnungs- und Verhandlungskosten, die durch den Abschluß eines Kooperationsvertrages entstehen, nicht im Vordergrund des Kalküls stehen, weil die Wahl des Distributionssystems eine strategische Entscheidung für den Handelsbetrieb darstellt und hierbei die Wettbewerbsfähigkeit im Vordergrund steht, die nachvertraglich erreicht wird.

Trotz des geringeren Transaktionskostenniveaus bei intensivem Wettbewerb kommt es jedoch vor, daß Unternehmungen nach einer Begrenzung des Wettbewerbs streben, um den Markt unter wenigen Konkurrenten aufzuteilen. Diese Vorgehensweise ergibt dann einen Sinn, wenn die zusätzlich erwirtschafteten Erlöse die Transaktionskostennachteile überkompensieren. Wenn wettbewerbsbedingt nur wenige oder im Extremfall nur ein Vertragspartner zur Verfügung stehen, spricht *Williamson* von einer **small numbers-Situation**. Diese Situation kann bereits vor Vertragsschluß (ex ante) bestehen oder auch nach Vertragsschluß (ex post) bewußt von den Vertragspartnern geschaffen werden[294]. Die **ex post-small numbers-Situation** entsteht durch die opportunistische Ausnutzung von Erstvertragsvorteilen (first-mover advantages), die durch die Gewinnung spezifischer Kenntnisse und Fähigkeiten entstehen[295]. Dies hat zur Folge, daß trotz intensiven Wettbewerbs eine Monopolsituation hervorgerufen wird, die so lange andauert, bis die Mitbewerber den Vorsprung aufgeholt haben. Die folgende Abbildung faßt die bisherigen Ausführungen über den Zusammenhang zwischen Opportunismus und Wettbewerb noch einmal zusammen.

---

[293] Vgl. Cheung, Steven N. S.: The Structure of a Contract and the Theory of Non-Exclusive Resource, in: The Journal of Law and Economics, Vol. 13 (1970), S. 70.
[294] Vgl. Williamson, O. E., 1975, S. 28 f.
[295] Vgl. Williamson, O. E., 1975, S. 34 f.; Michaelis, E., 1985, S. 146.

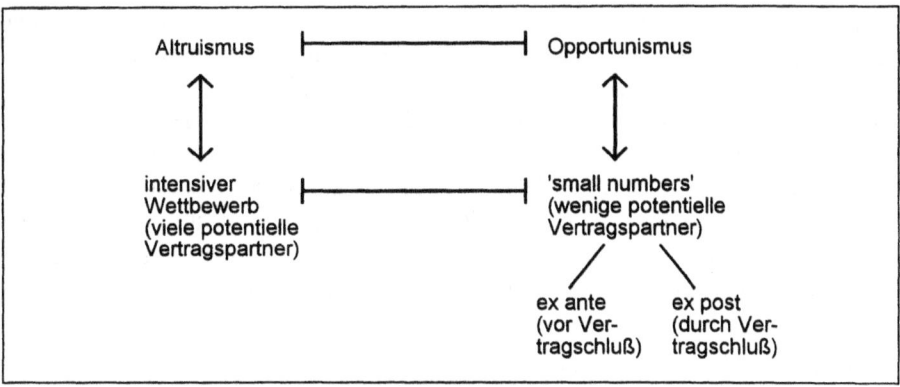

Abb. 29: Der Zusammenhang zwischen Opportunismus und Wettbewerb

Es stellt sich auch hier wieder die Frage, welche Relevanz der small numbers-Situation für die Effizienzbeurteilung von Handelskooperationen beigemessen werden kann. Zu diesem Zweck sei darauf verwiesen, daß die Entstehung von Kooperationen immer wieder mit Konzentrationsprozessen in den verschiedenen Distributionsstufen erklärt wird[296]. Dies betrifft den Einzel- und Großhandel gleichermaßen. *Müller-Hagedorn* weist auf die Bedeutung einer asymmetrischen Verteilung von Monopolvorteilen in der Distribution hin:

„The more retailers have monopolistic advantages at their disposal and the less this applies to wholesalers, the less is the interest of retailers to be bound by wholesalers."[297]

Für die Systemzentrale einer Kooperation erweist sich demnach die Bindung von Händlern als problematisch, die über Monopolvorteile verfügen. Hierzu zählen z.B.

- attraktive Standorte,
- ausgeprägte Kundenbeziehungen und
- besondere Verkaufsfähigkeiten[298].

Dieses Problem gewinnt an Bedeutung, wenn außerhalb der Kooperation zahlreiche Vertragspartner (z.B. Lieferanten, Distributionshilfsbetriebe) mit attraktiven Leistungsangeboten zur Verfügung stehen. Durch die glaubhafte Androhung seines Systemaustritts könnte der einzelne Händler seine Monopolstellung opportunistisch ausnutzen. In diesem Fall entstehen für die Systemzentrale Transaktionskosten durch mangelnde Kooperationsbereitschaft. Sofern sich diese Kosten nicht durch Förderung altruistischer Verhaltensweisen reduzieren lassen, sollten - aus Sicht der Zentrale - hierarchische Steuerungssysteme in Erwägung gezogen werden, um den Handlungsspielraum der Kooperationspartner zu begrenzen. Im Extremfall würde dies zur Entscheidung gegen ein Kooperationssystem und für ein Filialsystem füh-

---

[296] Siehe Kap. 2.2.2.
[297] Müller-Hagedorn, L., 1995, S. 198.
[298] Vgl. Müller-Hagedorn, L., 1995, S. 198.

ren. Aus der Sicht der Händler würde sich allerdings ein loses Kooperationssystem anbieten, in dem die Monopolvorteile nicht aufgegeben werden müssen.

Im Gegensatz hierzu verringert sich die Gefahr des Effizienzverlusts aufgrund opportunistischer Verhaltensweisen, wenn die Kooperationspartner durch eine gewisse **Austauschbarkeit** gekennzeichnet sind und der Markt eine hohe Anzahl potentieller Partner aufweist. In diesem Fall kann die Systemzentrale Sanktionen glaubhaft androhen. Zudem wird dem Kollektivinteresse eher entsprochen, wenn den angeschlossenen Händlern erst durch die Mitgliedschaft in der Kooperation Monopolvorteile im lokalen Wettbewerb entstehen, im Sinne einer ex post-small numbers-Situation. Beispiele hierfür wären

- günstige Konditionen bei der Warenbeschaffung,
- Exklusivrechte an einer bestimmten Handelsmarke,
- Möglichkeiten der Kostenreduzierung durch Auslagerung von Funktionsbereichen sowie die
- Bereitstellung von spezifischem Know-how durch die Zentrale (z.B. betriebswirtschaftliches oder technisches Know-how).

An dem Beispiel des Know-how als Monopolvorteil im Wettbewerb kann auch eine Querverbindung zu den Einflußfaktoren „begrenzte Rationalität" und „Umweltunsicherheit" im organizational failures framework hergestellt werden, da das Vorhandensein von Know-how auch eine Folge der Verteilung von Management-Kapazitäten[299] in der Distribution darstellt.

Um die Bedeutung der Einflußfaktoren im organizational failures framework auf die Transaktionskosteneffizienz von Handelskooperationen im Zusammenhang aufzuzeigen, werden nachfolgend die abgeleiteten Hypothesen noch einmal zusammengefaßt. Ein Kooperationsvertrag wirkt der Transaktionskostenentstehung bei der Zusammenarbeit zwischen den Vertragspartnern entgegen,

- wenn er dazu beiträgt, die durch Umweltkomplexität und -dynamik verursachte Unsicherheit für die angeschlossenen Händler zu mindern,
- wenn rationale Entscheidungen durch die zentrale Bereitstellung von Management-Kapazitäten unterstützt werden,
- wenn Konzepte zur Förderung altruistischer Verhaltensweisen wirksam angewendet werden können und
- wenn sich die Monopolvorteile einzelner Subsysteme nicht gegen die Interessen der Kooperation richten.

Wenn der Nutzen dieser Aussagen für die Effizienzbeurteilung der Handelskooperation geschätzt werden soll, gilt es zu berücksichtigen, daß der organizational failures framework kein Meßkonzept darstellt, sondern die Ursachen für die Transaktionskostenentstehung erklärt. Damit werden die grundsätzlichen Bedingungen dargestellt, die das Vorhandensein von Transaktionskosten und damit auch die Existenz unterschiedlicher Institutionen erklären. Auf der Basis dieser Bedingungen lassen

---

[299] Siehe hierzu Kap. 4.1.1.1.

sich Gestaltungsmöglichkeiten aufzeigen, wie z.B. organisatorische Gestaltung[300], Unterstützung durch Informations- und Kommunikationstechnologie[301] oder der Einsatz von Anreizsystemen zur Förderung altruistischer Verhaltensweisen.

4.1.2 Der Einfluß der Transaktionsdimensionen

Im Gegensatz zu den Ausführungen über den organizational failures framework steht in diesem Kapitel nicht die Frage nach den Ursachen von Transaktionskosten im Mittelpunkt, sondern die Eigenschaften von Transaktionen und deren Auswirkungen auf die Transaktionskostenhöhe. *Williamson* führt die Unterschiede zwischen Transaktionen als den Hauptgrund für die Auswahl institutioneller Alternativen an[302]. Diese Unterschiede werden in der Transaktionskostentheorie in drei Dimensionen zusammengefaßt, die je nach Ausprägung über das tatsächliche Transaktionskostenniveau entscheiden. Es handelt sich hierbei um die Dimensionen

– Spezifität,
– Unsicherheit und
– Häufigkeit[303].

Die drei Dimensionen werden mit den weiteren Ausführungen näher erläutert und ihre Bedeutung für die Bestimmung des Transaktionskostenniveaus von Handelskooperationen aufgezeigt.

4.1.2.1 Spezifität

In der Erwartung des Zustandekommens bestimmter Transaktionen werden von einem oder beiden Vertragspartnern Investitionen[304] getätigt. Hierbei kann es sich z.B. um die Beschaffung langlebiger Sachgüter (Sachkapital) handeln oder um die Bereitstellung des dispositiven Faktors (Humankapital). Derartige Investitionen unterscheiden sich in ihrem jeweiligen Spezifitätsgrad.

Williamson unterscheidet bezüglich des Spezifitätsgrades zwischen Einzweck- und Mehrzweckinvestitionen[305]. Der Wert der Einzweckinvestition, die einen besonders hohen Spezifitätsgrad aufweist, wird nur dann vollständig genutzt, wenn die geplante Transaktion auch tatsächlich in der vertraglich vereinbarten Form durchgeführt wird. Kommt es zu Abweichungen hiervon, mindert sich der Wert der Investition oder er verfällt im Extremfall, wodurch versunkene Kosten (sunk costs) entstehen. Wenn hingegen die Transaktion wie geplant durchgeführt wird, erreicht der In-

---

[300] Siehe hierzu Kap. 5.2.
[301] Siehe hierzu Kap. 4.1.3.2.
[302] Williamson, O. E., 1990, S. 59.
[303] Vgl. Williamson, O. E:, 1990, S. 59 - 69; Mayo, Michael C.: The Determents of Channel Structure: A Transaction Cost Approach, Diss. Ann Arbor 1988, S. 13 - 15.
[304] Unter dem Begriff der Investition wird im allgemeinen die langfristige, zielgerichtete Kapitalbindung zur Erwirtschaftung zukünftiger Erträge verstanden.
[305] Vgl. Williamson, O. E., 1990, S. 61.

vestor durch die Einzweckinvestition einen höheren Nutzen als durch weniger spezifische Mehrzweckinvestitionen. Der Grund hierfür besteht darin, daß die Einzweckinvestition eine Problemlösung bietet, die genau auf die spezifischen Anforderungen der Transaktion zutrifft und hierdurch dazu beiträgt, Kostenvorteile durch die Ausschöpfung von economies of scale[306] zu realisieren.

Die folgende Abbildung gibt einen Überblick über die verschieden Formen spezifischer Investitionen[307].

Investionsform	*Beispiele*
Standortspezifität	Nähe zu systemeigenen Produktionstätten und Lägern, Kundennähe
Sachkapitalspezifität	Kommunikationssysteme, logistische Einrichtungen, Ladeneinrichtung
Transaktionsspezifische Erweiterungsinvestitionen	Erweiterung und Vergrößerung bestehender Lager- oder Produktionseinrichtungen zur Anpassung an den Bedarf eines bestimmten Distributionsmittlers oder Kunden
Humankapitalspezifität	Vermittlung von Marken-, Produkt- und Systemwissen (z.B. durch Lehrgänge)
Markenspezifisches Kapital	Produkt- und/oder Servicequalität, die Kunden mit dem Markennamen oder -logo eines Systems verbinden

Abb. 30: Formen spezifischer Investitionen

Die Bedeutung spezifischer Investitionen soll an dem Beispiel eines Händlers dargestellt werden, der unmittelbar vor dem Abschluß eines Kooperationsvertrages steht. Die Kooperationszentrale bietet ihm bei Kooperationsbeitritt ein spezielles Sofware-Paket für seine elektronische Datenverarbeitung an, das wesentliche Funktionen der kooperativen Zusammenarbeit (z.B. Warenwirtschaft[308], Finanzbuchhal-

---

[306] Mayo weist darauf hin, daß economies of scale insbesondere durch transaktionsspezifische Erweiterungsinvestitionen realisiert werden. Vgl. Mayo, M. C., 1988, S. 14 f. Williamson nennt die Spezialausbildung von Mitarbeitern und Einsparungen im Produktionsprozeß durch 'learning by doing' als Beispiele für Lerneffekte aufgrund spezifischer Investitionen. Vgl. Williamson, O. E., 1990, S. 71.
[307] Siehe hierzu Mayo, M. C., 1988, S. 14 f.; Kaas, Klaus P./Fischer, Marc: Der Transaktionskostenansatz, in: WISU - Das Wirtschaftsstudium, Nr. 8 - 9, Jg. 22 (1993), S. 688.
[308] "Bei einem Warenwirtschaftssystem (WWS) handelt es sich um ein computergestütztes Informationssystem, das Waren artikelgenau nach Menge und Wert in den Bereichen Disposition, Bestellwesen, Wareneingang, Rechnungskontrolle, Warenausgang und Kassenabwicklung bzw. Fakturenerstellung zum Zweck der Bestands- und Erfolgssteuerung erfaßt und bewirtschaftet." Katalog E., 1995, S. 109.

4.1 Allgemeine Einflußfaktoren auf die Transaktionskostenhöhe

tung, Controlling) unterstützt und damit seine Systemkompatibilität sicherstellt. Hierdurch begründet sich für den Händler (bei gleichen Kaufpreisen) ein höherer Nutzen als durch jedes andere, auf dem freien Markt verfügbare Software-Paket. Bei einem späteren Austritt aus der Kooperation könnte der Händler allerdings nur noch wenige Funktionen der Software nutzen, weil er allein die Kommunikationsmöglichkeiten nicht ausschöpfen kann und andere Kooperationen dieses Software-Paket nicht nutzen.

Bei dem Software-Paket handelt es sich daher um eine Einzweckinvestition, deren Wert bei vorzeitiger Vertragsbeendigung verfallen und daher sunk costs verursachen würde. Wurde die Investition erst einmal getätigt, so stellt die Erwartung möglicher sunk costs aus der Sicht des Händlers einen Grund dar, in der Kooperation zu verbleiben. Es kommt somit zu einem **Lock-in-Effekt**[309], weil die Einzweckinvestition die Bindung des Händlers an das Kooperationssystem erhöht. Dieser Lock-in-Effekt erlangt in Zusammenhang mit der Annahme von Opportunismus und begrenzter Rationalität eine besondere Bedeutung für das Transaktionskostenniveau, denn die erhöhte Bindung der Partner kann nach Vertragsschluß (ex post) zu Schwierigkeiten führen, die ex ante für eine oder beide Parteien nicht vorhersehbar waren[310]. Diese Schwierigkeiten beziehen sich vor allem auf die opportunistische Ausnutzung von Abhängigkeitsverhältnissen, die durch eine asymmetrische Verteilung spezifischer Investitionen geschaffen wurde.

Für die Handelskooperation käme es zu einem potentiellen Effizienzverlust, wenn hierdurch die Voraussetzungen für kostenträchtige Konflikte zwischen den Subsystemen geschaffen würden. Beispielhaft hierfür wäre eine vom Kooperationsmanagement festgelegte Veränderung der Beschaffungskonditionen zum Vorteil der Zentrale, nachdem die angeschlossenen Händler ihre spezifischen Investitionen getätigt haben. Zudem können Transaktionskosten auch durch die Verhaltensweisen einzelner Händler ausgelöst werden, wenn diese ihre Standort- oder Humankapitalspezifität gegen die Interessen der Zentrale oder anderer Systemmitglieder ausspielen.

Es stellt sich die Frage, welche Bedeutung diesen Erkenntnissen für die Auswahl einer Koordinationsform zwischen Markt und Hierarchie zukommt. *Williamson* sieht in der Spezifität von Investitionen einen wesentlichen Grund für die Integration von Vertragspartnern, insbesondere wenn Transaktionen dauerhaft von spezifischen Investitionen gestützt werden[311]. Offenbar spielen nach *Williamson* zwei Faktoren eine wichtige Rolle:

- Der zeitliche Raum, in dem die Transaktionen durchgeführt werden (hierarchische Koordination bei langfristigen Bindungen).
- Die Bedeutung (das Ausmaß) von spezifischen Investitionen für die durchzuführenden Transaktionen (hierarchische Koordination bei hohem Spezifitätsmaß).

---

[309] Vgl. zur Verwendung dieses Begriffs Williamson, O. E., 1990, S. 61.
[310] Vgl. Williamson, O. E., 1990, S. 61.
[311] Vgl. Williamson, O. E., 1990, S. 61.

Demnach würden langfristig geplante Distributionssysteme, die einen hohen Einsatz spezifisch investierten Kapitals erfordern, einen höheren Effizienzgrad erreichen, wenn der von den Subsystemen ausgehende Opportunismus und die hiermit verbundene Unsicherheit durch hierarchische Strukturen reduziert bzw. ausgeschlossen werden kann. Diese Hypothese soll durch ein Modell von *Williamson* verdeutlicht werden, das die Kosteneffizienz unterschiedlicher Koordinationssysteme in Abhängigkeit des Spezifitätsgrades aufzeigt[312].

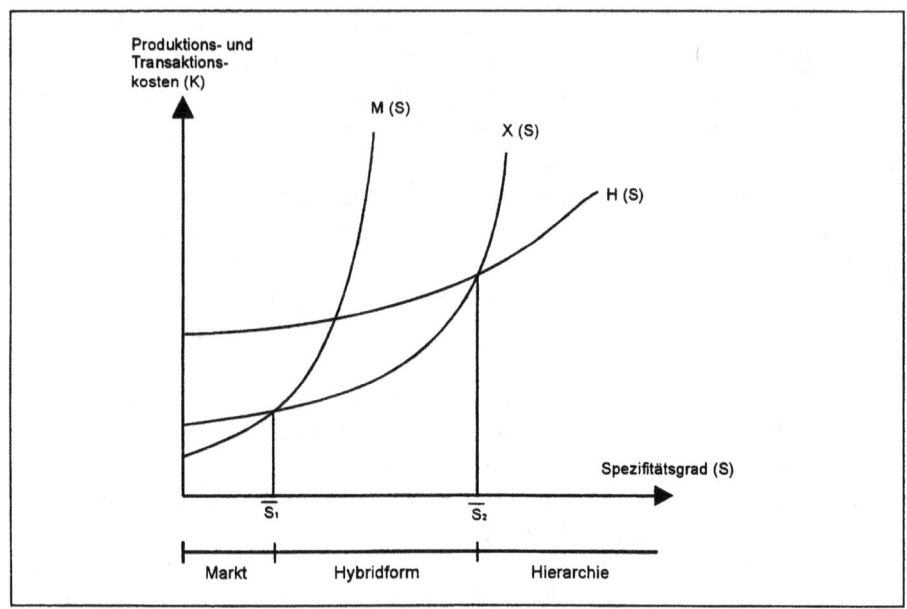

Abb. 31: Die Kosteneffizienz alternativer Koordinationsform in Abhängigkeit vom Spezifitätsgrad; Quelle: Williamson, O. E., 1991, S. 24.

Das obenstehenden Koordinatensystem zeigt auf der Ordinate die Höhe der aggregierten Transaktions- und Produktionskosten und auf der Abszisse den steigenden Spezifitätsgrad an. Die eingetragenen Kurvenverläufe demonstrieren die Kostenentwicklung in Abhängigkeit vom Spezifitätsgrad (S) und zwar für die Koordinationsformen Markt (M(S)), Hierarchie (H(S)) und für Hybridformen[313] (X(S)). Der Schnittpunkt S1 verdeutlicht, daß ab diesem Spezifitätsgrad Transaktionen grundsätzlich kostengünstiger durch Hybridformen abgewickelt werden können als durch Marktformen. Der Schnittpunkt S2 zeigt die obere Grenze für die effiziente

---

[312] Siehe Williamson, Oliver E.: Comparative Economic Organization, in: Ordelheide, Dieter/Rudolph, Bernd/Büsselmann, Elke, (Hrsg.): Betriebswirtschaftslehre und Ökonomische Theorie, Stuttgart 1991, S. 24.

[313] Der Begriff 'Hybridform' schließt den Kooperationsfall ein.

Abwicklung durch Hybridformen auf, denn ab diesem Punkt wird ein höherer Effizienzgrad durch hierarchische Systeme erreicht.

Das Modell unterstützt demnach die Hypothese, daß Hybridformen bei einem mittleren Spezifitätsgrad die effizienteren Koordinationsmechanismen darstellen. Bezogen auf den Vergleich von distributiven Systemen läßt sich demnach allgemeiner formulieren: Je höher der Gesamtwert partnerspezifischer Investitionen ausfällt, desto größer erscheint die Notwendigkeit, Transaktionen durch vertragliche Vereinbarungen abzusichern.

Bezogen auf die Handelskooperation ergibt sich die Frage, ob ein Zusammenhang zwischen Spezifitätsniveau und Koordinationsform empirisch belegbar ist. Auch wenn die umfassende Beantwortung dieser Frage eine eigenständige, empirische Studie erfordern würde, so soll mit einem Verweis auf die inhaltliche Gestaltung von Franchise-Verträgen zumindest ansatzweise ein empirischer Bezug hergestellt werden. Zwei Gründe, die für den Abschluß eines Franchise-Vertrages sprechen, stehen in einem engen Zusammenhang mit spezifischen Investitionen[314]:

– Die Standardisierung von Betriebsgebäuden und -einrichtungen sowie von Waren, Dienstleistungen und Betriebsführungsmethoden bewirken Rationalisierungsvorteile gegenüber loseren Bindungsformen (Sachkapital- und Markenspezifität).
– Franchisenehmer erhalten eine auf die Tätigkeit zugeschnittene Ausbildung (Humankapitalspezifität).

Bei den gewählten Beispielen handelt es sich um typische Vertragsbestandteile in Franchise-Verträgen, die allerdings in der Satzung von Verbundgruppen relativ selten vorkommen[315]. An dem Beispiel des Gastronomie-Franchisers McDONALD'S kann zudem die, von *Williamson* angeführte, langfristige Regelung von Transaktionen mit hohem Spezifitätsgrad aufgezeigt werden: Der Franchise-Vertrag wird hier unkündbar auf 20 Jahre abgeschlossen[316]. Der McDONALD'S -Vertrag erhält zudem eine Regelung, die einen Beitrag zur Sicherung der Standortspezifität für das Gesamtsystem leistet. Zwar trägt der Franchisenehmer das Investitionsrisiko für die Restaurantausstattung, jedoch verbleiben Grundstück und Gebäude im Eigentum des Franchisegebers[317]. Auch bei Vertragsbruch oder -kündigung durch den Franchisenehmer kann McDONALD'S somit sicherstellen, daß der Wert von standortbezogenen, markenspezifischen Investitionen nicht verloren geht.

Das Beispiel des Franchise-Vertrages zeigt, daß durchaus ein Zusammenhang zwischen dem Einflußfaktor Spezifität und der Koordinationsform aufgezeigt werden kann. Ob der Zusammenhang grundsätzlich gilt, bleibt allerdings zweifelhaft, wenn ein Vergleich zwischen Franchise- und Filialsystemen gezogen wird. Der Unterschied zwischen diesen Koordinationsformen liegt nämlich weniger in dem Standardisierungsgrad von Human- und Sachkapitalinvestitionen als vielmehr in der Fi-

---

[314] Vgl. Tietz, B., 1991, S. 26 - 28.
[315] Siehe hierzu ausführlicher Kap. 5.1.3.
[316] Vgl. Tietz, B., 1991, S. 736.
[317] Vgl. Tietz, B., 1991, S. 741 f.

nanzierung und den hiermit verbundenen Expansionsmöglichkeiten[318]. So zeigt eine Studie der American Management Association, daß für 43% der einbezogenen Unternehmen die Kapitalknappheit den wesentlichen Grund für die Wahl des Franchising als Vertriebsform darstellt[319]. Weitere Gründe, die für die Wahl eines Franchise-Systems sprechen, könnten in der Motivation selbständiger Inhaber und/oder in besonderen Möglichkeiten zur Vermeidung externer Effekte[320] zu sehen sein.

Es kann daher festgehalten werden, daß die Spezifität von Investitionen allein nicht ausreicht, um die Effizienz von Koordinationsformen auf dem Kontinuum zwischen Markt und Hierarchie zu erklären. Die wesentlichen Zusammenhänge werden nachfolgend hypothesenartig zusammengefaßt:

1. Die Verteilung spezifischer Investitionen zwischen den Subsystemen der Handelskooperation beeinflußt die Höhe der Transaktionskosten, die durch opportunistische Ausnutzung der so geschaffenen, nachvertraglichen Abhängigkeitsverhältnisse entstehen.
2. Transaktionskosten, die aufgrund einer asymmetrischen Verteilung von hohen spezifischen Investitionen entstehen, können durch hierarchische Koordinationsmechanismen verringert werden.
3. Die Kooperation erweist sich dann als eine effiziente Koordinationsform, wenn den durchzuführenden Transaktionen ein mittlerer Spezifitätsgrad zugrunde liegt.

Der Begriff der Spezifität findet allerdings nicht nur für Investitionen Anwendung, sondern läßt sich auch auf die Leistungen des Handels anwenden. *Picot* führt aus, daß für die Transaktionskostenhöhe von Distributionssystemen die Standardisierbarkeit des gehandelten Erzeugnisses von Bedeutung ist und verdeutlicht dies folgendermaßen:

„Abbau von Leistungsspezifität[321] und Förderung von Standardisierung sind äußerst wichtige Bedingungen für die Ökonomisierung und Ausdifferenzierung von Distributionssystemen. Zum einen entlasten standardisierte Eigenschaften beide Seiten von Transaktionskosten (vor allem von Beschreibungs-, Bewertungs-, Vereinbarungs- und Kontrollkosten), zum anderen bietet sich dadurch überhaupt erst die Möglichkeit des Einschaltens weiterer selbständig handelnder Akteure, die möglicherweise die Transaktionskosten des Absatzes weiter vermindern."[322]

Picot wendet damit den Spezifitätsbegriff nicht, wie bisher geschehen, auf die betrieblichen Investitionen an, sondern auf die Leistungen des Handels. Er belegt seine Hypothese vor allem mit dem Verweis auf extrem nachfragerspezifische Leistungen,

---

[318] Vgl. Tietz, B., 1991, S. 27 f.
[319] Vgl. Curry, J. A. H. u.a.: Partners for Profit - A Study of Franchising, 2. Aufl., New York 1966, S. 93.
[320] Siehe hierzu Kap. 5.1.2.
[321] Der Begriff der Spezifität bezieht sich, in Analogie zur Spezifität von Investitionen, eher auf die Leistungsverwendung (Einzweck- oder Mehrzweckverwendung), der Begriff der Standardisierung hingegen auf die (technische) Leistungserstellung. Die definitorische Trennung der Begriffe 'Leistungsspezifität' und 'Leistungsstandardisierung' bleibt bei Picot allerdings unscharf.
[322] Picot, A., 1986, S. 5.

die auf die ganz speziellen Probleme und Wünsche eines Leistungsverwenders zugeschnitten und vorzugsweise im direkten Kontakt zwischen Nachfrager und Hersteller abgesetzt werden[323]. Der Grund hierfür liegt darin, daß bei derartigen einmaligen Auftragsfertigungen, die Informations- und Verhandlungsprozesse zwischen Hersteller und Nachfrager so aufwendig ausfallen, daß ein Händler kaum zur Ökonomisierung der Distribution beitragen kann. Zudem sinkt bei steigender Spezifität einer Leistung deren alternative Verwertungsmöglichkeit, woraus vorvertragliche Bewertungsschwierigkeiten und nachvertragliche Verwertungsrisiken resultieren. Daher verstärkt sich in diesem Fall die Tendenz zur vertikalen Integration vor- und nachgelagerter Distributions- sowie Produktionsstufen. Im Gegensatz hierzu stellen Abbau von Leistungsspezifität und Standardisierung von Leistungen (z.B. bei industriell gefertigten Massengütern) wichtige Bedingungen für die Ökonomisierung und Ausdifferenzierung von Distributionssystemen dar[324].

Auch wenn der von *Picot* beschriebene Einfluß der Leistungsspezifität an den aufgezeigten Beispielen nachvollzogen werden kann, so werden auch Zweifel geäußert, ob ein bestimmtes Maß an Entspezifizierung generell eine notwendige Voraussetzung für die Existenz selbständiger Handelssysteme darstellt. So kann auch aufgezeigt werden, daß der selbständige Handel selbst bei extrem spezifischen Leistungen zur Transaktionskostenersparnis beitragen kann[325]. Der Handel erbringt dann Transaktionskostenersparnisse, wenn er durch seine besonderen Fähigkeiten zum Auffinden von Transaktionspartnern, zur Fixierung der Vertragsbedingungen und der Kontrolle der Vertragseinhaltung beiträgt. Ebenfalls gerecht wird der Handel seiner Rolle als **Transaktionskostenspezialist**, wenn nicht standardisierte Erzeugnisse bereits vorgefertigt wurden und es darum geht, hierfür den **passenden** Abnehmer aufzufinden. Derartige Situationen können infolge von Desinvestitionen, bei Restbeständen oder bei plötzlich auftretender Illiquidität von Kunden auftreten.

Insgesamt betrachtet scheint die Berücksichtigung der Leistungsspezifität eher zur Erklärung der Existenzberechtigung des Handels beizutragen. Aussagen über die Transaktionskosteneffizienz von Handelssystemen lassen sich - mit Einschränkungen - im Vergleich mit Direktvertriebssystemen der Hersteller ableiten.

4.1.2.2 Unsicherheit

Umweltunsicherheit wurde bereits innerhalb des organizational failures framework als Ursache für die Transaktionskostenentstehung aufgeführt und allgemein als Resultat von komplexen und dynamischen Entscheidungssituationen beschrieben[326]. Es soll hier gefragt werden, welche Unsicherheiten bei den verschiedenen Transaktionen von Handelskooperationen zu erwarten sind und in welchem Ausmaß unter-

---

[323] Vgl. Picot, A., 1986, S. 5.
[324] Picot, A., 1986, S. 5.
[325] Vgl. zu den nachfolgenden Ausführungen Müller-Hagedorn, L., 1990, S. 455 f.
[326] Siehe Kap. 4.1.1.1.

schiedliche Koordinationsformen zur Beseitigung transaktionsbezogener Unsicherheiten und damit zur Reduzierung von Transaktionskosten beitragen.

Williamson führt aus, daß die Unsicherheit nur deswegen eine Rolle spielt, weil begrenzte Rationalität und Opportunismus für Störungen bei der Durchführung von Transaktionen sorgen[327]. Das Auftreten derartiger Störungen, durch die letztendlich Transaktionskosten ausgelöst werden, stellt einen wesentlichen Grund für die Ermittlung der Anpassungsfähigkeit alternativer Beherrschungs- und Überwachungssysteme dar. *Williamson* unterstreicht den Zusammenhang zwischen Unsicherheit und Opportunismus, indem er die Bedeutung der **Verhaltensunsicherheit** herausstellt. Als Verhaltensunsicherheit bezeichnet *Williamson* die Unsicherheit strategischer Art, die sich aus opportunistischen Verhaltensweisen wie Verschweigen, Verschleiern oder Verzerren von Informationen ergibt. Dieser Art von Unsicherheit komme eine besondere Bedeutung in der Transaktionskostentheorie zu. Demgegenüber können weitere, verhaltensunabhängige Arten von Unsicherheit abgegrenzt werden und zwar

– primäre (zustandsbedingte) Unsicherheit, z.B. aufgrund von zufälligen Naturereignissen oder Veränderungen von Verbraucherpräferenzen und
– sekundäre Unsicherheit, aufgrund mangelnder Kommunikation.

Auch wenn *Williamson* die verhaltensunabhängigen Unsicherheiten nicht so sehr in den Vordergrund stellt, so beeinflussen diese dennoch das Transaktionskostenniveau, weil das Eintreten natürlicher Unwägbarkeiten und Kommunikationsstörungen den Bedarf an nachvertraglichen Verhandlungen erweckt. Dies kann an den Schwierigkeiten aufgezeigt werden, die bei der Bewertung von Distributionsaktivitäten eine Rolle spielen. Diese Schwierigkeiten entstehen durch[328]

– den Mangel an geeigneten Bewertungskriterien für die Ergebnisbeurteilung der Distributionsleistung (z.B. Bewertung der Servicequalität),
– fehlende Kenntnisse über Wirkungszusammenhänge zwischen Faktor-Input- und -Output-Leistung (z.B. Wirkung der Servicequalität auf den Umsatz) und
– Probleme bei der Zurechnung von Leistungen auf die einzelnen Distributionsorgane (z.B. bei gemeinsamen Werbekampagnen von der Systemzentrale und den angeschlossenen Händlern).

Sowohl Bewertungsschwierigkeiten als auch der Einfluß opportunistischer Verhaltensweisen spielen bei der Unsicherheit über das zukünftige Verhalten des Transaktionspartners eine Rolle. Daher soll das Grundmodell eines Kooperationssystems im

---

[327] Vgl. zu den folgenden Ausführungen Williamson, O. E., 1990, S. 64 - 68.
[328] Siehe zu den Ursachen von Bewertungsschwierigkeiten bei der Beurteilung von Distributionsaktivitäten Alchian, A. A./Demsetz, H., 1972, S. 778 f.; Williamson, Oliver E.: The Economics of Organization: The Transaction Cost Approach, in: American Journal of Sociology, Vol. 87 (1981), S. 564; Anderson, Erin: The Salesperson as Outside Agent or Employee: A Transaction Cost Analysis, in: Mangement Science, Vol. 4 (1985), No. 3, S. 239; Anderson, Erin/Gatignon, Hubert: Models of Foreign Entry: A Transaction Cost Analysis and Propositions, in: Journal of International Business Studies, Vol. 17 (1986), No. 17, S. 15.

4.1 Allgemeine Einflußfaktoren auf die Transaktionskostenhöhe

Handel[329] aufgegriffen werden, um die komplexen Transaktionsbeziehungen zwischen den einzelnen Subsystemen zu untersuchen. Demzufolge können folgende Unsicherheiten sowohl für die Systemzentrale als auch für die Kooperationsmitglieder auftreten:

- Unsicherheit über das Verhalten von Abnehmern,
- Unsicherheit über das Verhalten von Lieferanten,
- Unsicherheit über das Verhalten von sonstigen Marktpartnern (z.B. Distributionshilfsbetriebe, Werbeagenturen, Berater, Banken, Versicherungen).

Obwohl sich die aufgeführten Unsicherheiten auf die gleichen, externen Transaktionspartner beziehen, treten für Systemzentrale und Kooperationsmitglieder jeweils unterschiedliche Inhalte in den Vordergrund. So beeinflußt das Verhalten der Abnehmer direkt nur die Erlöse der Kooperationsmitglieder, wenn vorausgesetzt wird, daß die Systemzentrale nur die Kooperationspartner beliefert. Das Verhalten der Abnehmer wirkt sich zwar über die Bestellungen der Mitglieder auch auf die Zentrale aus, jedoch mit zeitlicher Verzögerung. Wenn seitens der Zentrale keine Absicherungsmöglichkeiten für die Händler getroffen werden, kann dies zu einer ungleichen Verteilung von Absatzrisiken zu Lasten der angeschlossenen Händler führen. Beispielsweise würden die Händler das Risiko nicht absetzbarer Lagerbestände tragen, während die Zentrale - auch durch ihre besseren Informationsmöglichkeiten - eine genauere Planung der für sie optimalen Bestellmengen durchführen kann. Eine solche Konstellation würde langfristig eine ungleiche Verteilung von Kooperationsgewinnen und -verlusten begründen. Hierdurch könnten die Händler veranlaßt werden, ihre Risiken individuell abzusichern, z.B. durch Marktkontakte mit externen Lieferanten, Banken und Versicherungsunternehmen. Die hierdurch steigenden Transaktionskosten belegen, daß - im Sinne der Gesamteffizienz - Risiken gleichmäßig auf die verschiedenen Subsysteme der Kooperation verteilt werden sollten. In der Praxis geschieht dies z.B. in der Form von Ausfallbürgschaften, die von der Zentrale übernommen werden oder durch die Einrichtung gemeinsamer Warenlager[330].

Auch die Unsicherheit, die aus dem Verhalten der Lieferanten resultiert, gestaltet sich unterschiedlich, wenn diese aus der Sicht der Zentrale oder ihrer Mitglieder betrachtet wird. Die Warenbeschaffung nimmt für die Zentrale einen sehr hohen Stellenwert ein, weil der Abschluß günstiger Lieferkonditionen, insbesondere in Verbundgruppen, eine wesentliche Leistung gegenüber den Mitgliedern darstellt. Wenn diese Leistung in Frage gestellt wird, kann dies erhebliche Folgewirkungen - im Extremfall die Kündigung des Kooperationsvertrages - bewirken.

Hingegen beziehen die angeschlossenen Händler nur einen bestimmten Anteil ihrer Warenbeschaffung von externen Lieferanten, wenn keine Bezugspflicht mit der

---

[329] Siehe hierzu Kap. 2.3.2.

[330] Durch ein gemeinsames Zentrallager könnte das Finanzierungsrisiko für das warengebundene Kapital auf die verschiedenen Subsysteme der Kooperation verteilt werden. Allerdings verbinden sich mit einem Zentrallager weitere Vorteile, z.B. Synergieeffekte bei der Lagerbewirtschaftung oder die Verkürzung der Transportwege.

Zentrale vereinbart wurde. So reduzieren sich z.B. Mengen- und Preisunsicherheiten bei der Beschaffung insbesondere dann, wenn die Waren auch über die Systemzentrale bezogen werden können. Hierdurch wird die Verhandlungsposition der Händler gegenüber externen Lieferanten gestärkt, was im günstigsten Fall zu vorteilhafteren Konditionen und Schutz vor opportunistischen Verhaltensweisen führen kann.

Unterschiedliche Interessen und die hieraus resultierenden Unsicherheiten ließen sich, ähnlich wie für Abnehmer und Lieferanten, auch für andere externe Marktpartner aufzeigen, worauf jedoch hier verzichtet wird. Erwähnenswert erscheinen jedoch die Unsicherheiten, die sich mit den internen Transaktionen der Kooperation verbinden. Diese entstehen vor allem durch

- Unsicherheiten, die eine Kooperationszentrale in dem Verhalten ihrer Mitgliedsbetriebe sieht,
- Unsicherheiten, die ein Kooperationsmitglied in dem Verhalten der Zentrale erkennt und um
- Unsicherheiten eines Kooperationsmitgliedes über das Verhalten anderer Mitglieder.

Aus der Sicht der Zentrale handelt es sich hierbei z.B. um Unsicherheit über

- die Entwicklung der Mitgliederzahl,
- die Entwicklung der Bezugsquoten,
- Durchsetzbarkeit zentraler Konzepte, z.B. in den Bereichen Marketing, Logistik etc. und
- Marktinformationen, z.B. Abnehmerverhalten, Marktpreise.

Aus der Sicht der Kooperationsmitglieder entstehen z.B.

- Bezugsunsicherheit (z.B. über zukünftige Bezugskonditionen und Sortimente),
- Unsicherheiten über die Weiterentwicklung der Kooperationsstrategie (z.B. Verwendung von Markenzeichen, Gebietsschutz, Sortimentsstraffung) und
- Unsicherheit bezüglich der zukünftigen Systemkompatibilität (z.B. einheitliche Buchführung und Kommunikationssysteme).
- Unsicherheit über die Interessenvertretung anderer Mitglieder.

Zudem kann aus der Sicht des Händlers Unsicherheit darüber entstehen, ob er dauerhaft die unternehmerischen Voraussetzungen für eine Mitgliedschaft in der Kooperation vorweisen kann. Beispielsweise existieren in einigen Kooperationsvereinbarungen Mindestumsatzgrenzen, die ein Händler zu erfüllen hat. Werden diese Grenzen dauerhaft nicht erreicht, liegt hiermit ein Grund für den Ausschluß dieses Betriebes aus der Kooperation vor.

Die aufgeführten Beispiele zeigen, daß Kooperationsvereinbarungen Unsicherheiten begründen, die dann zu kostenintensiven Verhandlungen führen können, wenn veränderte Umweltzustände neue Entscheidungssituationen hervorrufen, die vertraglich nicht geregelt wurden und über die ein Gruppenkonsens zunächst nicht erzielt werden kann. Die Transaktionskosteneffizienz einer Handelskooperation wird daher auch durch ihre vertraglichen Möglichkeiten zur Reduzierung unsicherheitsbedingter Transaktionskosten bestimmt. Diese Möglichkeiten bestehen in der langfristigen Planung und vertraglichen Vereinbarung von kooperativ durchgeführten Aktivitäten, sowie in der gemeinsamen Absicherung gegen unvorhersehbare Ereignisse (z.B. Abschluß von Versicherungen, Ausfallbürgschaften, Kreditvergabe zu Vorzugskonditionen etc.). Die Notwendigkeit, die Pläne zwischen der Zentrale und den angeschlossenen Händlern weitgehend abzustimmen, würde tendenziell für hierarchische Vertragselemente in den Kooperationsvereinbarungen sprechen, weil eine umfangreiche und kostenintensive Planung nur dann einen Sinn ergibt, wenn auch die Einhaltung der Pläne durch Kontrolle sichergestellt werden kann.

Hierbei handelt es sich allerdings um ein Optimierungsproblem, denn die vertragliche Bewältigung von Unsicherheiten hat auch negative Folgewirkungen. Zum einen würde allein der Versuch einer umfassenden Antizipation vertraglicher Risiken einen erheblichen Planungs- und Koordinationsaufwand verursachen, wodurch zumindest ein Teil der späteren Kostenersparnis kompensiert würde. Zum anderen würde eine derartige Planung zur Begrenzung des Handlungsspielraums und damit zur Einschränkung der unternehmerischen Flexibilität führen. In dynamischen Märkten oder bei individualisierten sowie innovativen Leistungsangeboten (z.B. Auftragsfertigung) würde sich dieser Mangel an Flexibilität als Wettbewerbsnachteil auswirken. Hingegen kann ein Vorteil durch eine bindungsintensive Koordinationsform dann erreicht werden, wenn die Durchführung der Distributionsaufgabe relativ sicher prognostiziert werden kann. Die bisherigen Erkenntnissen werden in der folgenden Hypothese zusammengefaßt:

Mit steigendem Unsicherheitsgrad der durchzuführenden Distributionsaufgabe verringern sich die Möglichkeiten, Transaktionskosten durch hierarchische Elemente in Kooperationsverträgen zu reduzieren[331].

Williamson betont, daß Unsicherheit weniger die nicht-spezifischen, sondern vielmehr die spezifischen Transaktionen tangiert:

„Wann immer Faktoren im nicht-trivialen Maße spezifisch sind, steigt mit der Erhöhung der Unsicherheit für die Transaktionsbeteiligten die Notwendigkeit, ein Verfahren zur Klärung ihrer Probleme zu entwickeln - denn mit steigender Unsicherheit werden die Lücken in den Verträgen größer, und die Anlässe für schrittweise Anpassung werden quantitativ wie qualitativ erheblicher."[332]

Für die Handelskooperation bedeutet dies, Instrumente zur Bewältigung von Unsicherheit insbesondere dann zur Verfügung zu stellen, wenn sich durch einen hohen Spezifizierungsgrad ein intensives Bindungsverhältnis begründet. Ansatz-

---

[331] Allgemeiner hierzu Milgrom/Roberts: "Generally, when uncertainty and complexity make it hard to predict what performance will be desirable, contracting becomes more complex, specifying rights, obligations and procedures rather than actual performance standards." Milgrom, Paul/Roberts, John: Economics, Organization and Management, Englewood Cliffs-New Jersey 1992, S. 32. Müller-Hagedorn zeigt diesen Zusammenhang an dem Beispiel des Endverbrauchermarktes auf: "The more turbulent the end user markets, the more supplier will be inetrested in preseving the independence of each stage in the distribution channel." Müller-Hagedorn, L., 1990, S. 195.

[332] Williamson, O. E., 1990, S. 68.

punkte hierfür stellen z.B. die gemeinsame Planung sowie zentrale Serviceleistungen in den Bereichen Controlling, Marktforschung und Unternehmensberatung dar. Zudem sollten verbindliche Kontroll- und Sanktionsmechanismen eingeführt werden, um die Unsicherheit zu begrenzen, die aus individuellen, opportunistischen Verhaltensweisen resultiert.

4.1.2.3 Häufigkeit

Mit dem Einflußfaktor der Transaktionshäufigkeit werden in der Transaktionskostentheorie insbesondere Degressionseffekte berücksichtigt, die mit der zunehmenden Wiederholungsfrequenz und dem ansteigenden Umfang einer Transaktion an Bedeutung gewinnen[333]. Diese Degressionseffekte beziehen sich nicht nur auf die Einsparung von Transaktionskosten, sondern auch auf die Produktionskosten, denn es muß überprüft werden, „ob Transaktionskosteneinsparungen auf Kosten von Skalen- oder von Verbundvorteilen (economies of scale and scope) erreicht werden"[334]. Würde z.B. die Transaktionshäufigkeit einer Systemzentrale mit Hilfe von dezentralen Standorten (z.B. Regionalniederlassungen) erhöht werden, so könnten vielleicht die Kosten pro Transaktion, aufgrund der räumlichen Nähe zu den Systemmitgliedern, gesenkt werden. Allerdings könnten sich hiermit Produktionskostennachteile verbinden, denn die Dezentralisierung von Funktionen, wie z.B. Lagerhaltung oder Datenverarbeitung, würde möglicherweise einen Verzicht auf Größenvorteile bedeuten.

Wenn jedoch angenommen wird, daß mit steigender Transaktionshäufigkeit die gesamten Kosten pro Transaktion gesenkt werden können, so liegt hiermit möglicherweise ein Grund für spezifische Investitionen vor. *Williamson* begründet diesen Zusammenhang damit, daß die Kosten spezifischer Beherrschungs- und Überwachungssysteme bei großen Transaktionen, die sich wiederholen, leichter einzubringen sind[335]. Hingegen würden Beherrschungs- und Überwachungssysteme bei einem unzureichenden Auslastungsgrad ineffizient wirtschaften. Auf die Handelskooperation bezogen bedeutet dies, daß sich spezifische Investitionen nur dann lohnen, wenn eine bestimmte Transaktionshäufigkeit bzw. ein bestimmtes Transaktionsvolumen sichergestellt werden kann. Für die Transaktionshäufigkeit der Handelskooperation könnten z.B. folgende Indikatoren herangezogen werden:

– Beschaffungs- und Absatzmarktanteile der gesamten Kooperation[336],
– die durchschnittliche Bezugsquote (Anteil der Beschaffung über die Zentrale an der gesamten Warenbeschaffung des kooperierenden Handelsbetriebes[337]),

---

[333] Vgl. Williamson, O. E., 1990, S. 69.
[334] Williamson, O. E., 1990, S. 69.
[335] Vgl. Williamson, O. E., 1990, S. 69.
[336] Siehe hierzu Kap. 2.2.2.
[337] Erhebungen des Ifo-Instituts zeigen, daß die Bezugsquoten kooperierender Einzelhändler von Branche zu Branchen zwischen 88% (Nahrungs- und Genußmittel) und 50% (Fotohandel) variieren. Vgl. hierzu Batzer, E./Lachner, J./Meyerhöfer, W., 1991, S. 483.

- die durchschnittliche Absatzquote (Anteil der abgesetzten Waren, die über die Zentrale bezogen wurden, an dem gesamten Warenabsatz des Handelsbetriebes[338]),
- der durchschnittlicher Transaktionswert (evt. Zentralregulierungswert) pro Warenbeschaffung über die Zentrale,
- der Anteil der einer Kooperation angeschlossenen Handelsbetriebe, die sich zentralen Marketing-Maßnahmen anschließen,
- der Anteil der einer Kooperation angeschlossenen Handelsbetriebe, die zentrale Service-Dienstleistungen in Anspruch nehmen (z.B. Unternehmensberatung, Betriebsvergleich[339] etc.).

Aufgrund der aufgezeigten Möglichkeiten fällt es schwer, einen generellen Maßstab für die Bewertung der Transaktionshäufigkeit zu empfehlen; statt dessen sollten die Bewertungsmaßstäbe situativ angepaßt werden.

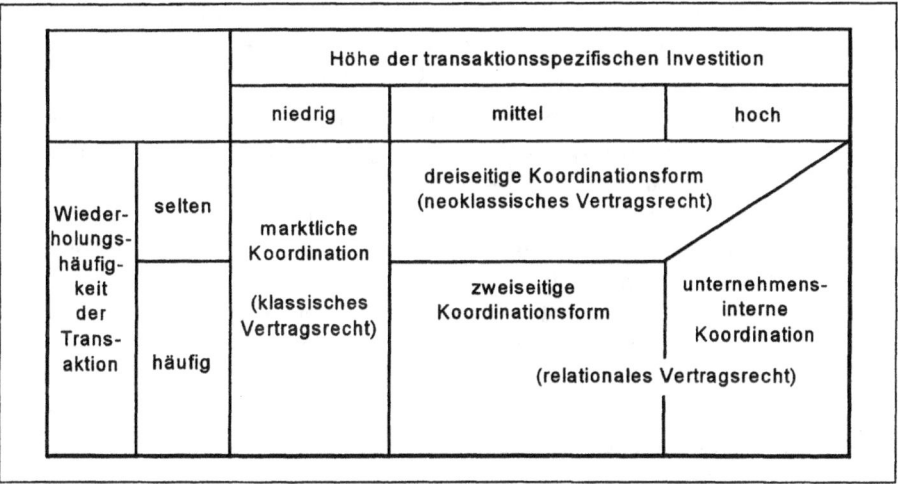

Abb. 32: Effiziente Koordinationsformen in Abhängigkeit von den Einflußfaktoren Häufigkeit und Spezifität; Quelle: Vgl. Williamson, O. E., 1990, S. 89.

---

338 Im Gegensatz zur Bezugsquote wird diese Kennzahl um die Warenbestände bereinigt, die im Betrachtungszeitraum beschafft, aber nicht abgesetzt werden konnten.

339 Von einem Betriebsvergleich wird gesprochen, wenn Betriebe Zahlen ihres Rechnungswesens und/oder sonstige Unterlagen austauschen, um daraus Informationen für die eigene Führungstätigkeit zu gewinnen. Vgl. Müller-Hagedorn, Lothar/Bekker, Thorsten: Der Betriebsvergleich als Controllinginstrument in Handelsbetrieben, in: Wirtschaftswissenschaftliches Studium, Jg. 23 (1994), S. 232; Klein-Blenkers, Fritz: Die Nutzung des Betriebsvergleichs für die Handelsforschung, in: Mitteilungen des Institus für Handelsforschung an der Universität zu Köln, Jg. 35 (1983), S. 105.

4 Einflußfaktoren auf die Transaktionskosten der Handelskooperation

Es stellt sich hier vielmehr die Frage, welche Effizienzaussagen in Abhängigkeit von der Transaktionshäufigkeit getroffen werden können. Hierzu gibt Abbildung 32 einen Überblick, die neben der Transaktionshäufigkeit auch die Höhe spezifischer Investitionen berücksichtigt.

Die Unterscheidung zwischen klassischen, neoklassischen und relationalen Vertragsrecht, die bereits an früherer Stelle getroffen wurde[340], soll hier noch einmal aufgegriffen werden[341].

- Klassische Transaktionen (z.B. der Kaufvertrag) weisen bei keinen oder geringen transaktionsspezifischen Investitionen die höchstmögliche Effizienz auf, unabhängig von der Wiederholungshäufigkeit der Transaktion. Typischerweise handelt es sich hierbei um weitgehend standardisierte Austauschverhältnisse, die sich auf homogene Produkte beziehen. Vor opportunistischen Verhaltensweisen schützen die Alternativen des Marktes. Rechtsnormen dienen der Klärung von Ansprüchen, nicht aber der Aufrechterhaltung der Vertragsbeziehung.
- Dreiseitige Koordinationsformen (z.B. Auftragsarbeiten mit langer Lieferzeit, komplexe Bauvorhaben) kommen hauptsächlich bei langfristigen Kontrakten zur Anwendung, die eine geringe Wiederholungshäufigkeit aufweisen und mittlere bis hohe transaktionsspezifische Investitionen erfordern. Wegen der geringen Transaktionshäufigkeit können keine Degressionseffekte erzielt werden, daher scheidet die unternehmensinterne Transaktion aus. Auch die marktliche Koordination erscheint wegen der hohen Spezifität und der Möglichkeit ihrer opportunistischen Ausnutzung als zu riskant. Weil beide Vertragsparteien in hohem Maße an der Einhaltung des Vertrages interessiert sind, empfiehlt sich die Einschaltung einer Dritten Partei, die im Streitfall ein Schlichtungsverfahren einleiten kann[342].
- Die Anwendung des relationalen Vertragsrechtes bietet sich bei hoher Wiederholungshäufigkeit an. Sind hohe transaktionsspezifische Investitionen notwendig, so empfiehlt sich die unternehmensinterne Koordination (z.B. Filialsysteme, Direktvertriebssysteme). Bei einem mittleren Spezifitätsgrad wird hingegen der zweiseitigen Koordinationsform (Kooperation[343]) die höchstmögliche Effizienz zugeschrieben.

---

[340] Siehe hierzu Kap. 3.3.4.
[341] Vgl. zu den folgenden Ausführungen Macneil, Ian R.: Contracts: Adjustment of Long-term Economic Relations under Classical, Neoclassical, and Relational Contract Law, in: Northwestern University Law Review, Vol. 72 (1978), S. 854 - 905; Williamson, O. E., 1990, S. 81 - 89; Rotering, J., 1993, S. 123 f.
[342] Durch die Einschaltung einer Dritten Partei wird im Streitfall nach Möglichkeiten zur Fortsetzung der Transaktionsbeziehung gesucht. Das Schiedsverfahren und die Verwendung des Rechtsmittels dienen hierfür als Beispiel. Letzteres bezeichnet einen Rechtsbehelf, durch dessen Einlegung die benachteiligte Partei eine Nachprüfung der noch nicht rechtskräftigen Entscheidung fordern kann (z.B. Berufung, Revision, Beschwerde).
[343] Williamson versteht unter der 'Kooperation' einen Oberbegriff für relationale Verträge und schließt damit auch die Unternehmung als Koordinationsform ein (vgl. Williamson, O. E., 1990, S. 89). Diesem Begriffsverständnis wird hier nicht gefolgt; statt dessen gilt die bisherige Definition des Kooperationsbegriffs.

4.1 Allgemeine Einflußfaktoren auf die Transaktionskostenhöhe

Es stellt sich nun die Frage, welche Aussagen hieraus für die Effizienz von Handelskooperationen abgeleitet werden können. Die Hypothese über die hohe Effizienz von Kooperationssystemen bei mittleren Spezifitätsgraden wurde bereits in einem vorhergehenden Abschnitt aufgezeigt[344]. Eine Ergänzung um die von *Williamson* getroffenen Aussagen über den Einfluß der Transaktionshäufigkeit würde zu folgender Hypothese führen:

Die Kooperation stellt dann eine effiziente Koordinationsform im Handel dar, wenn bei mittlerem Spezifitätsniveau eine - im Vergleich zu alternativen Koordinationsformen - Transaktionen häufiger wiederholt werden.

Bei konstantem Transaktionsvolumen setzt jedoch eine häufige Wiederholung von Transaktionen eine Konzentration auf wenige Transaktionspartner voraus, so daß gefragt werden muß, ob die Handelskooperation hierzu einen Beitrag leistet. Hinter dieser Frage steht der Gedanke, daß sich mit jedem zusätzlich kontaktiertem Transaktionspartner auch zusätzliche Kosten ergeben. So könnte ein wesentlicher Effizienzvorteil einer Kooperation gegenüber marktlicher Koordination darin bestehen, daß die zahlreichen Einzeltransaktionen der Handelsbetriebe durch die Einschaltung einer Systemzentrale gebündelt und damit reduziert werden. Beispielsweise könnte ein Händler, der zu einer Vielzahl von Lieferanten Beziehungen unterhält, Transaktionskosten sparen, wenn er sich nur noch von der Zentrale beliefern läßt, weil statt mehreren Transaktionen nur noch eine Transaktion pro Beschaffungsvorgang notwendig wird. *Schenk* verallgemeinert diese Erkenntnis folgendermaßen:

„Kooperation und Konzentration bedeuten eine Reduktion von Kontaktzahlen und von Transaktionskosten."[345]

Der bisher nur beispielhaft aufgezeigte Effekt der Kontaktkosten-Reduktion wird auch als *Baligh/Richartz*-Effekt[346] bezeichnet und soll hier modelltheoretisch aufgezeigt werden[347]. Die Grundsituation dieses Modells wird mit Abbildung 33 veranschaulicht.

Das Modell 1 zeigt ein Tauschverhältnis zwischen fünf Produzenten (P^m) und 100 Konsumenten (K^n). Wenn vorausgesetzt wird, daß jeder Konsument sämtliche Produzenten für seine Versorgung in Anspruch nimmt, so ergibt sich die Gesamtzahl (TZ) von 500 Transaktionen (m x n). In Modell 2 hingegen finden keine direkten Transaktionen zwischen Produzenten und Konsumenten statt, sondern der Tausch wird von einem Handelsbetrieb (H) vermittelt. Da sowohl sämtliche Produzenten als auch Konsumenten mit dem Handelsbetrieb einmal in Verbindung treten, reduziert sich die Kontaktzahl auf insgesamt 105 Transaktionen.

---

[344] Siehe hierzu Kap. 4.1.2.1.
[345] Schenk, H.-O., 1991, S. 71.
[346] Der Effekt der Kontaktkostenreduktion wurde erstmalig von Baligh und Richartz aufgezeigt. Siehe hierzu Baligh, Helmy H./Richartz, Leon E.: An Analysis of Vertical Market Structures, in: Management Science, Vol. 10 (1964), No. 4, S. 667 - 689.
[347] Vgl. zu den folgenden Ausführungen auch Gümbel, R., 1985, S.110 - 115; Schenk, H.-O., 1991, S. 65 - 71.

Die Anzahl der eingesparten Kontakte (TZE) läßt sich mit Hilfe der nachstehenden Formel errechnen.

$$TZE = (m \times n) - (m + n) \qquad (4.1)$$

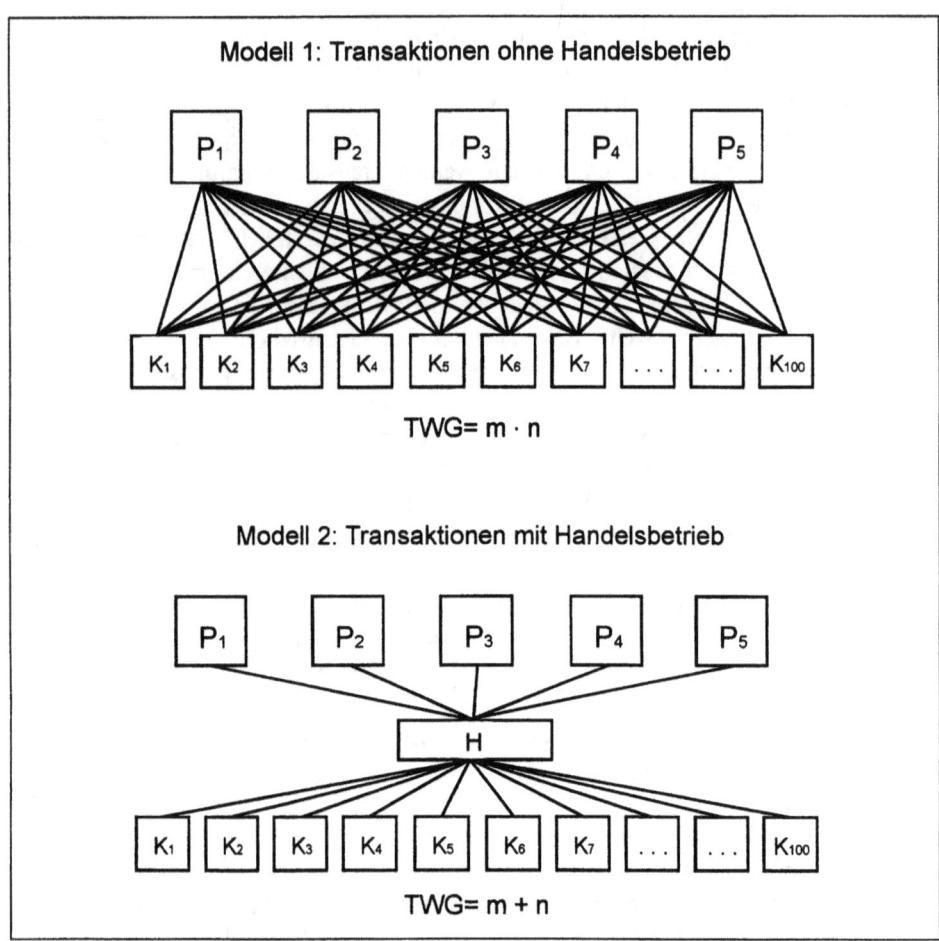

Abb. 33: Reduktion der Kontaktzahl durch Einschaltung eines Handelsbetriebes; Quelle: Vgl. Schenk, H.-O., 1991, S. 68.

4.1 Allgemeine Einflußfaktoren auf die Transaktionskostenhöhe 109

Die folgende numerische Darstellung des *Baligh/Richartz*-Effektes zeigt die Kontaktzahlersparnis bei zunehmender Anzahl von m und n.

m	*n*	*m n*	*(m + n)*	*(m n) - (m+n)*
3	3	9	6	3
5	5	25	10	15
10	10	100	20	80
100	100	10000	200	9800

Abb. 34: Numerische Illustration des Baligh/Richartz-Effektes; Quelle: Gümbel, R., 1985, S. 113.

Aus den in der Tabelle gewählten Zahlenbeispielen lassen sich zwei grundsätzliche Aussagen ableiten[348]: Zum einem zeigt sich, daß die Kontaktzahl bei Einschaltung eines Handelsbetriebes (m + n) grundsätzlich geringer ausfällt als die Kontaktzahl ohne Handel (m x n). Es gilt daher

$$m \times n > m + n \quad \text{für } m,n > 2 \tag{4.2}$$

Zum anderen wächst die Kontaktzahlersparnis mit zunehmender Anzahl von (m) und (n) sprunghaft und nimmt somit einen progressiven Verlauf an. Da diese Betrachtung jedoch für die Einschaltung *eines* Handelsbetriebes gilt, der in diesem Fall eine Monopolstellung einnehmen würde, ergibt sich die Frage, ob das Modell auch die Existenz mehrerer Handelsbetriebe berücksichtigt. Für den Fall der vollständigen Konkurrenz im Handel, bei der Handelsbetriebe keine Gewinne erzielen, geht die obenstehende Ungleichung in die folgende Gleichung über:

$$(m \times n) = a (m + n) \quad (a = \text{Zahl der Handelsbetriebe}) \tag{4.3}$$

Durch Auflösung nach (a) kann die maximale Anzahl der kostenneutral[349] einschaltbaren Handelsbetriebe ermittelt werden.

$$a = \frac{m \times n}{m + n} \tag{4.4}$$

---

[348] Vgl. zu den folgenden Ausführungen Gümbel, R., 1985, S.112 f.

[349] Die Transaktionskostenersparnis, die durch den Handel erreicht wird, verteilt sich auf die beteiligten Produzenten und Konsumenten. Die maximale Anzahl kostenneutral einschaltbarer Handelsbetriebe wird dann erreicht, wenn durch die Einschaltung eines weiteren Handelsbetriebes keine Transaktionskostenersparnis bei Produzenten und Konsumenten mehr möglich ist. Im Gegenteil würde es durch den Markteintritt weiterer Händler zu einer höheren Kostenbelastung in der Distribution kommen.

Die Einbeziehung mehrerer Handelsbetriebe auf einer Stufe ermöglicht eine realitätsnähere Betrachtung der Auswirkung des *Baligh/Richartz*-Effektes. Dieses Modell läßt sich zusätzlich verfeinern, indem neben mehreren Betrieben auf der Einzelhandelsstufe auch eine vorgelagerte Großhandelsstufe oder Koalitionen berücksichtigt werden[350].

Abbildung 35 stellt in einem direkten Vergleich jeweils ein Kontaktzahlenmodell bei selbständigem Groß- und Einzelhandel sowie bei Kooperation gegenüber. Hierbei werden die Kontakte von fünf Produzenten, drei Großhändlern, zehn Einzelhändlern und einer unbestimmten Anzahl von Konsumenten (n) einbezogen. Beide Modelle setzen voraus, daß jeder Großhändler mit jedem Produzenten Kontakte[351] unterhält, so daß es hier zu einer multiplikativen Verknüpfung kommt, die zu insgesamt 15 Kontakten führt[352].

Zu Unterschieden kommt es hingegen bei den Kontakten zwischen der Großhandels- und der Einzelhandelsstufe. In Modell 1 steht jeder Einzelhändler mit jedem Großhändler in Verbindung, so daß hier 30 Kontakte entstehen. In Modell 2 existieren drei Kooperationen, wobei jeweils ein Großhändler als Beschaffungszentrale fungiert. In den Kooperationen wird Bezugszwang ausgeübt, so daß jeder Einzelhändler nur mit einem Großhändler in Verbindung steht. Dies führt zu einer Reduktion um 20 auf insgesamt 10 Kontakte.

Der *Baligh/Richartz*-Effekt verdeutlicht somit, daß die Handelskooperation grundsätzlich zu einer Verringerung der Kontaktzahlen und damit auch der Transaktionskosten beitragen kann. Allerdings wird diese Wirkung nur dann ersichtlich, wenn die Ausübung eines Bezugszwangs angenommen wird, weil andernfalls zumindest sporadische Kontaktaufnahmen zu kooperationsexternen Beschaffungspartnern einzubeziehen wären.

Eine weitere Reduktion der Kontaktzahlen, die hier nicht dargestellt wurde, wäre zudem im Verhältnis zu den Herstellern oder Konsumenten denkbar. So stellen z.B. ein Logo oder eine bestimmte Ladengestaltung Möglichkeiten dar, die Kontaktzahlen von Konsumenten zu reduzieren. Dies geschieht z.B. durch das Hervorrufen von Erinnerungen und Qualitätstransfers, die den Konsumenten dazu veranlassen, auf Vergleichsangebote zu verzichten und statt dessen eine früher durchgeführte Transaktion zu wiederholen.

---

[350] Vgl. Gümbel, R., 1985, S. 115 - 120; Schenk, H.-O., 1991, S. 69.
[351] Nicht jeder Kontakt führt zwangsläufig zu einem Vertragsverhältnis, weil Kontakte beispielsweise auch in Form von Informationsgesprächen über Mengen und Preise stattfinden können. Da diese Informationen jedoch vorvertragliche Kosten verursachen (z.B. Telefongebühren, Personalkosten), werden diese in die Analyse einbezogen.
[352] Hier würde es zu Unterschieden kommen, wenn auch Kooperationen zwischen Handel und Herstellern Berücksichtigung finden würden.

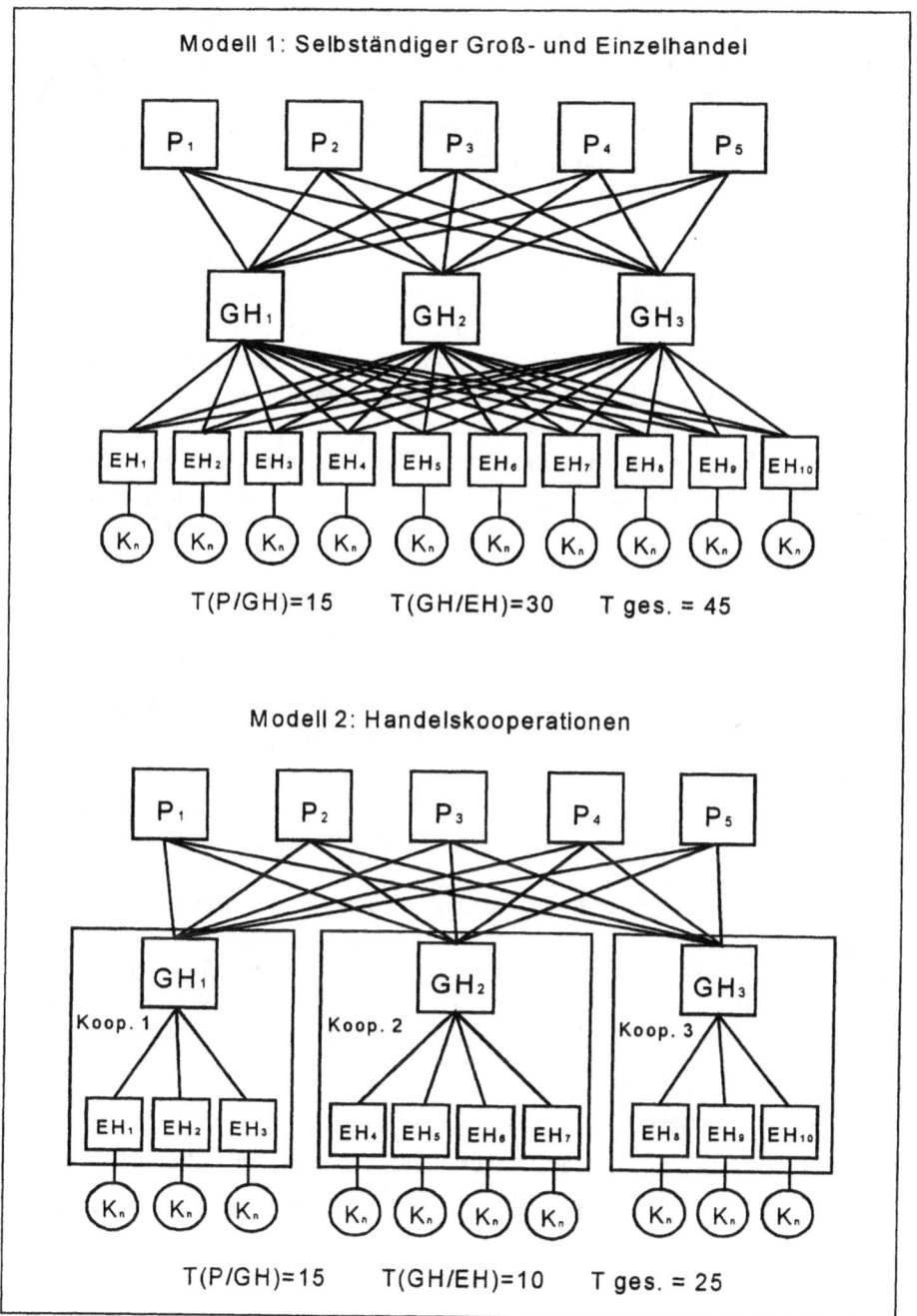

Abb. 35: Reduktion der Kontaktzahl durch Kooperation

Auch für Produzenten kann sich durch die Zusammenarbeit mit Handelskooperationen eine Reduktion der Kontaktzahlen ergeben. Dies wäre dann der Fall, wenn mit der Zentrale einer Kooperation ein derartig großes Auftragsvolumen realisiert werden kann, daß der Produzent auf alternative Kontakte zu Marktpartnern verzichten kann. In diesem Fall läßt sich die Belieferung der Kooperation kostengünstiger abwickeln als die Belieferung zahlreicher selbständiger Großhändler.

Es zeigt sich somit, daß durch die Reduktion der Kontaktzahl eine Bündelung von Transaktionen ermöglicht wird, die letztendlich zur Realisierung von economies of scale durch Wiederholung von Transaktionen führt. Diese erfordern spezifische Investitionen, die nur dann ausgelastet und vertraglich abgesichert werden können, wenn sich die Zahl der Transaktionspartner begrenzen läßt. In diesem Sinne stellt die Kooperation dann eine effiziente Koordinationsform dar, wenn zwischen den beteiligten Subsystemen sowie deren externen Marktpartnern durch Bündelung von Leistungsaustauschprozessen eine hohe Transaktionshäufigkeit sichergestellt werden kann und Degressionseffekte (economies of scale) bei einem mittleren Spezifitätsniveau erzielt werden.

4.1.3 Infrastruktur für Transaktionen

Picot schlägt vor, neben den Eigenschaften von Transaktionen auch deren Infrastruktur zu berücksichtigen[353]. Den Begriff der Infrastruktur definiert er in diesem Zusammenhang folgendermaßen:

„Unter Infrastruktur soll der wirtschaftlich relevante nicht-konjunkturelle Hintergrund verstanden werden, der auf die Höhe der Transaktionskosten von Distributionssystemen Einfluß nimmt."[354]

Unter dem Oberbegriff der Infrastruktur werden daher nicht - wie bisher - die Eigenschaften der Transaktion selbst erfaßt, sondern die relevanten Einflußfaktoren der Transaktionsumwelt. Damit wird eine Dynamisierung der Betrachtung erreicht, da die Infrastruktur nun nicht mehr als konstant angenommen wird[355]. Zur Systematisierung infrastruktureller Einflußfaktoren schlägt *Picot* die Unterscheidung nach

– rechtlichen Rahmenbedingungen und
– technologischen Rahmenbedingungen

vor[356]. In Anlehnung an diese Systematisierung soll versucht werden, relevante infrastrukturelle Einflußfaktoren auf die Transaktionskosten der Handelskooperation aufzuzeigen.

---

[353] Vgl. Picot, A., 1982, S. 271; Picot, A. 1986, S. 8 f.
[354] Picot, A., 1986, S. 8.
[355] Vgl. Picot, A., 1986, S. 8.
[356] Vgl. Picot, A., 1986, S. 8 f. Picot erwähnt darüber hinaus auch öffentliche Leistungen als infrastrukturelle Einflüsse. Hierzu zählen beispielsweise Verkehrswege, das öffentliche Bildungsangebot sowie Schutz vor Kriminalität.

4.1.3.1 Rechtliche Rahmenbedingungen

Rechtliche Regelungen beeinflussen das Transaktionskostenniveau, weil sie die zur Verfügung stehenden Möglichkeiten zur vertraglichen Koordination mitbestimmen. Im Fall der Handelskooperation können diesbezüglich zwei Ebenen unterschieden werden:

1. Rechtliche Rahmenbedingungen, die direkt die Kooperationsvereinbarungen zwischen den Subsystemen betreffen.
2. Rechtliche Rahmenbedingungen, die sich auf die Durchführung der Distributionsaufgabe auswirken.

Für zwischenbetriebliche Kooperationen existieren rechtliche Rahmenbedingungen in Form von kartellrechtlichen Bestimmungen (Gesetz gegen Wettbewerbsbeschränkungen (GWB), EWG-Vertrag)[357]. Beispielsweise kann eine Kooperation grundsätzlich untersagt werden, wenn hiervon eine wesentliche Beeinträchtigung des Wettbewerbs ausgeht. Ein weiteres Beispiel liegt mit dem Verbot des kooperativen Warenbezugszwangs für horizontale Zusammenschlüsse vor[358]. Derartige Rechtsnormen führen unter Umständen dazu, daß eine ökonomisch effiziente Koordinationsform grundsätzlich oder in einzelnen Absprachen rechtlich untersagt wird. Daher sollten diese Normen von vornherein in den Entscheidungsprozeß einbezogen werden, um nicht zu einer unrealisierbaren Problemlösung zu gelangen.

Weitere rechtliche Einflüsse auf den Kooperationsvertrag gehen von den anwendbaren Rechtsformen aus[359], die das jeweilige Rechtssystem zur Verfügung stellt. Zum einen betrifft dies die Auswahl einer Rechtsform zur Konstituierung der Kooperation. Hierfür kommen vor allem die verschiedenen Handels- und Kapitalgesellschaften des HGB (in Ergänzung um Aktien- und GmbH-Gesetz) sowie die eingetragene Genossenschaft (eG) auf der Grundlage des Genossenschaftsgesetzes in Frage.

Die Wahl der Rechtsform wirkt sich auf verschiedene Transaktionen aus, z.B. durch Vorschriften über die Ausübung genossenschaftlicher Stimmrechte oder Pflichteinlagen in Kapitalgesellschaften. So kann es in Abhängigkeit des jeweiligen Stimmrechtes zu aufwendigen Entscheidungsprozessen kommen, die direkt zu einer Erhöhung des Transaktionskostenniveaus führen. Allerdings muß es nicht unbedingt zu einer direkten Beeinflussung des Transaktionskostenniveaus durch rechtliche Regelungen kommen. Beispielsweise könnten hohe Pflichteinlagen in das Gesellschaftskapital die Bindungsintensität zwischen den Kooperationspartnern erhöhen, so daß Transaktionskosten durch opportunistische Verhaltensweisen in geringerem Ausmaß anfallen würden. Es zeigt sich somit, daß die zur Verfügung stehenden Rechtsformen nicht nur den Handlungsspielraum bei der Kooperationsgündung begrenzen, sondern auch die Koordination nach Abschluß des Kooperationsvertrages (ex post) beeinflussen.

---

[357] Siehe hierzu ausführlich Kap. 5.1.1.1.
[358] Siehe hierzu Kap. 5.1.1.1.
[359] Siehe zu den nachfolgenden Ausführungen ausführlicher Kap. 5.1.1.2.

Auf einer zweiten Ebene bleibt zu prüfen, welcher Stellenwert den rechtlichen Rahmenbedingungen zukommt, die sich auf die Durchführung der Distributionsaufgabe beziehen. Hierzu zählen z.B.[360]

- Ladenschlußgesetz,
- Bau- und Planungsrecht,
- Gesetz gegen unlauteren Wettbewerb oder die
- Preisangabenverordnung.

Prinzipiell nehmen auch die aufgeführten Gesetze Einfluß auf die institutionelle Gestalt des Handels. So könnte z.B. ein sehr restriktiv angewendetes Ladenschlußgesetz für den Direktvertrieb sprechen, weil auf diesem Wege Einschränkungen durch Ladenschlußzeiten umgangen werden. Weitere Gesetze betreffen die unterschiedliche rechtliche Behandlung von Einzel- und Großhandel. Hierzu zählen besondere Bauvorschriften für den Einzelhandel, das Werbeverbot mit der Großhandelseigenschaft beim Verkauf an Letztverbraucher (§ 6 a Abs. 2 UWG) oder die Verpflichtung zur Angabe von Endpreisen im Einzelhandel (§ 1 Preisangabenverordnung).

Es stellt sich die Frage, ob die rechtlichen Rahmenbedingungen, die den Handel im allgemeinen betreffen, auch die Transaktionskosteneffizienz der Handelskooperation beeinflussen. Diese Frage kann mit dem Verweis auf die Entscheidungsrelevanz von Transaktionskosten beantwortet werden. Wenn es darum geht, die absolute Transaktionskostenhöhe eines Distributionsvorhabens zu bestimmen, sollte dies unter Berücksichtigung sämtlicher rechtlicher Rahmenbedingungen geschehen. Wenn jedoch die Effizienzbeurteilung von Kooperationen, im Vergleich mit alternativen Distributionssystemen, im Mittelpunkt steht, sollten die gesetzlichen Bestimmungen vernachlässigt werden, die den Handel unabhängig von der gewählten Koordinationsform gleichermaßen betreffen.

4.1.3.2 Technologische Rahmenbedingungen

Im allgemeinen wird unter dem Technologiebegriff die Gesamtheit an technischem Wissen in einer Volkswirtschaft verstanden[361]. Als technologische Rahmenbedingungen für den Handel kommen vor allem

- Informations- und Kommunikationstechnologien (kurz: IuK-Technologien),
- logistische Technologien (z.B. Transport-, Lagerhaltungstechnologien) und
- Produktionstechnologien

in Betracht. Technologische Rahmenbedingungen beeinflussen das Transaktionskostenniveau von Institutionen, weil diese die Möglichkeiten zu Kosteneinsparungen bei der Durchführung von Transaktionen mitbestimmen. Die Rahmenbedingungen werden von der Verfügbarkeit, dem Entwicklungsstand und dem Preisniveau dieser Technologien bestimmt und entscheiden somit auch über die Realisierbarkeit einer Transaktionskostenersparnis.

---

[360] Vgl. zu den folgenden Ausführungen Picot, A., 1986, S 13 f.
[361] Vgl. Gablers Wirtschafts-Lexikon, 13. Aufl., Wiesbaden 1992, S. 3249.

4.1 Allgemeine Einflußfaktoren auf die Transaktionskostenhöhe

Die Kosteneinsparung kann sich zum einen aus einer direkten Beeinflussung der Transaktionskosten ergeben, z.B. durch Senkung der Anbahnungskosten im Zuge verbesserter Informationsmöglichkeiten. Zum anderen bestehen Substitutionsbeziehungen zwischen Transaktions- und Produktionskosten oder auch zwischen Transaktions- und Logistikkosten. Z.B. könnten verbesserte Produktionstechnologien für die Eigenerstellung einer Leistung sprechen, statt diese über den Markt zu beziehen. *Picot* erklärt eine weitere Substitutionsbeziehung, indem er eine Art **trade off** zwischen den Transportkosten des Nachfragers einerseits und ersparten Kontaktkosten sowie günstigeren Preisen aufgrund von Standort- und Größenvorteilen des Anbieters andererseits beschreibt. Mit diesem Zusammenhang erklärt *Picot* den Entwicklungstrend hin zu dezentral gelegenen, großflächigen Betriebsformen auf der sogenannten „grünen Wiese" (z.B. cash & carry-Händler, SB-Großhandlungen, Verbrauchermärkte, SB-Warenhäuser, Möbelmärkte). Der Endabnehmer nimmt zwar längere Anfahrtszeiten und damit höhere Transportkosten in Kauf, diese werden jedoch durch niedrigere Einkaufskosten bzw. Verkaufspreise[362] und niedrigere Informationskosten („alle Waren unter einem Dach") überkompensiert. Allerdings funktioniert die Kompensation nur dann, wenn die zusätzlichen Transportkosten ein bestimmtes Maß nicht übersteigen, was von dem Zustand der verkehrstechnischen Infrastruktur mitbestimmt wird. Wenn z.B. die Mobilität der Konsumenten durch ein eingeschränktes Angebot an öffentlichen Nahverkehrsmitteln oder ein hohes Individualverkehrsaufkommen begrenzt wird, findet der beschriebene trade off nur teilweise oder gar nicht statt.

Mit wachsendem Interesse wird auch der Einfluß von modernen IuK-Technologien auf die Entwicklung des Handels beobachtet. Daher soll die direkte Beeinflussung der Transaktionskosten durch IuK-Technologien vertiefend diskutiert werden. Unter dem Begriff der Informationstechnologie werden „alle Methoden, Mittel und Verfahren der Bereitstellung, Speicherung, Verarbeitung, Übermittlung und Verwendung von Informationen"[363] zusammengefaßt. Informationen stellen in diesem Zusammenhang zweckorientiertes, d.h. entscheidungsrelevantes Wissen dar, das zu den knappen Ressourcen zählt[364]. Der Begriff der Kommunikationstechnologie wird hier weitgehend synonym verwendet, bis auf den Unterschied, daß es sich bei einem Informationsproblem um einen individuellen Entscheidungsprozess handelt, während ein Kommunikationsproblem den multipersonalen Entscheidungsprozess betrifft[365].

---

[362] Zu niedrigeren Verkaufspreisen kommt es, wenn der Händler die Transaktions- und Produktionskostenerparnis, die sich bei größerem Transaktionsvolumen ergibt, zumindest teilweise an die Endabnehmer weitergibt.

[363] Zahn, Erich: Informationstechnologie, in: Bea, Franz X./Dichtl, Erwin/Schweitzer, Marcell, (Hrsg.): Allgemeine Betriebswirtschaftslehre, Bd. 2 - Führung, Stuttgart-New York 1983, S. 185.

[364] Vgl. Zahn, E., 1983, S. 185.

[365] Vgl. Hering, Franz-J.: Informationsbelastung in Entscheidungsprozessen. Experimental-Untersuchung zum Verhalten in komplexen Situationen, in: Bronner, Rolf, (Hrsg.): Schriften zur empirischen Entscheidungsforschung, Bd. 4, Frankfurt am Main-Bern-New York 1986, S. 14.

116   4 Einflußfaktoren auf die Transaktionskosten der Handelskooperation

Wie bereits ansatzweise erörtert, beeinflussen IuK-Technologien zum einen die Management-Kapazitäten einer Institution und damit deren Möglichkeiten, auf die begrenzte Rationalität ihrer Entscheidungsträger einzuwirken[366]. Zum anderen ergeben sich weitere direkte Beeinflussungsmöglichkeiten durch Einwirkung auf die Kostenelemente einer Transaktion (z.B. Zeitdauer pro Kontakt, Kostensatz pro Zeiteinheit), gemäß der definitorischen Zerlegung der Transaktionskosten[367]. In der betrieblichen Praxis handelt es sich bei IuK-Technologien vor allem um die elektronische Datenverarbeitung (EDV) sowie um Kommunikationsmittel, wie Telefon- und Telefaxgeräte. Folgende aktuelle Entwicklungstrends bestimmen das Angebot an IuK-Technologie:

a) Preisverfall

In zahlreichen Technologiebereichen läßt sich ein erheblicher Preisverfall beobachten. Dies betrifft Geräte (insbesondere Personal-Computer) sowie Kommunikationsgebühren (z.B. Telefongebühren, Gebühren für die Nutzung öffentlicher und privater Datennetze), u.a. durch Aufhebung staatlicher Monopolstellungen im Post- und Telekommunikationsbereich[368].

b) Integration

Die Integration verschiedener Technologien (z.B. Multimedia-Geräte) sowie die Vernetzung dezentral verteilter Technologien verhindert „Insellösungen" und fördert einen reibungsloseren Informationsfluß. Damit erhöht sich die Verfügbarkeit von Informationen.

c) Dezentralisierung

Miniaturisierung und technische Weiterentwicklung ergeben dezentrale und mobile Einsatzmöglichkeiten von IuK-Technologie. Als Anwendungsmöglichkeiten wären z.B. das „Heimbüro" oder das „mobile Büro" in den Fahrzeugen von Außendienstmitarbeitern zu nennen. Dies verbessert die Verfügbarkeit von Information und ermöglicht die Reduktion von persönlichen Kontakten.

b) Anwenderfreundlichkeit

Technische Weiterentwicklungen ermöglichen zunehmend die Arbeit mit grafischen Oberflächen und On-line-Hilfediensten, was zu einer höheren Anwenderfreundlichkeit und niedrigeren Einarbeitungskosten führt. Durch die Abrufbarkeit von komple-

---

[366] Vgl. Kap. 4.1.1.1.
[367] Siehe zur definitorischen Zerlegung der Transaktionskosten Kap. 3.3.4.
[368] Beispielsweise können die Übertragungskosten durch digitale Übermittlungstechnik (ISDN) sowie Kompression von Bild- und Textdaten sehr stark reduziert werden. Vgl. Gobran, Michael: Elektronischer Datenaustausch zwischen VME und seinen Gesellschaftern zeigt Erfolge, in: Der Verbund, Jg. 8 (1995), Nr. 2, S. 22.

xen Abbildungen, Fotos und auch Filmen ergeben sich zudem neue Nutzungsmöglichkeiten.

Die angeführten Entwicklungstrends lassen Kostensenkungspotentiale auch für Transaktionen von Handelskooperationen erwarten. Dies ergibt sich aus einer verbesserten Verfügbarkeit von Informationen bei niedrigeren Informations- und Kommunikationskosten. Insbesondere der dezentrale, aber vernetzte und integrierte Einsatz von IuK-Technologie verspricht neue Nutzungsmöglichkeiten für Kooperationen, deren Mitgliedsbetriebe eine Vielzahl von dezentralen Standorten besetzen. Hieran schließen sich Überlegungen an, ob die Auswirkungen der oben aufgeführten Entwicklungstrends nicht auch gleichermaßen die Transaktionskosteneffizienz alternativer Distributionssysteme betreffen. Davon ausgegangen, daß alternative Distributionssysteme ebenfalls neue IuK-Technologien nutzen, ergibt sich die Frage, ob alle Koordinationsformen gleichermaßen von den Entwicklungen profitieren oder ob sich für die Handelskooperation spezielle Vor- und Nachteile im Wettbewerb ergeben. Es zeigt sich daher die Notwendigkeit, Nutzungspotentiale neuer IuK-Technologien für die unterschiedlichen Koordinationsformen zwischen Markt und Hierarchie aufzuzeigen.

Für selbständige Händler, die vorwiegend marktliche Transaktionen durchführen, ergibt sich ein hoher Bedarf an kompatiblen Technologien und Zugangsberechtigungen zu den Netzen und Diensten[369], die eine direkte Interaktion mit dem Transaktionspartner ermöglichen oder zumindest hierfür relevante Informationen zur Verfügung stellen. Auch wenn hierfür die technologischen Voraussetzungen bestehen, so verbleiben Zweifel, ob diese den selbständigen Händler bei seinen Transaktionen unterstützen. Beispielsweise erfordert eine datenverarbeitungstechnische Unterstützung des Bestell- und Abrechnungswesens spezifische Investitionen von beiden Marktpartnern. Spezifische Investitionen in IuK-Technologien werden von beiden Marktpartnern jedoch nur dann getätigt, wenn das realisierbare Transaktionsvolumen eine bestimmte Mindestgröße annimmt, denn nur in diesem Fall können die hieraus resultierenden Fixkosten gedeckt werden. Kann dieses Mindestvolumen nur durch Konzentration auf einen oder wenige Marktpartner erreicht werden, besteht für den Händler die potentielle Gefahr, in ein Abhängigkeitsverhältnis gegenüber seinen Abnehmern oder Lieferanten zu geraten, wenn er die spezifischen Investitionen nicht mit zusätzlichen vertraglichen Vereinbarungen absichert und sich dadurch vor opportunistischen Verhaltensweisen schützt.

Der Kooperationsvertrag stellt eine Möglichkeit der Absicherung von spezifischen Investitionen dar, jedoch ergeben sich hierdurch neue Anforderungen an das Informations- und Kommunikationssystem, die sich insbesondere aus der dezentralen Entscheidungsautonomie der verschieden Systemmitglieder ergeben. So sollte z.B. die systemübergreifende Kompatibilität der eingesetzten IuK-Technologien sowie die Option einer standortübergreifenden Gruppenkommunikation sichergestellt sein. Einen vollständigen Überblick über die Anforderungen und Lösungen einer EDV-

---

[369] Vgl. Picot, Arnold/Franck, Egon: Aufgabenfelder eines Informationsmanagement (II), in: WISU - Das Wirtschaftsstudium, Nr. 6, Jg. 22 (1993), S. 525.

Konzeption, dargestellt an dem Fallbeispiel einer Systemeinführung bei der Vereinigten Möbeleinkaufs GmbH & Co.KG (VME), gibt Abbildung 36.

Anforderungen	Inhaltliche Umsetzung	
	Informationsinhalte	*Kommunikationsmöglichkeiten*
1. Skalierbarkeit (die Gesellschafter müssen selbst die Menge an Informationen, mit denen Sie konfrontiert werden wollen, definieren können) 2. Selektierbarkeit (es müssen komfortable Möglichkeiten bestehen, wichtige Daten gezielt und in der geforderten Form abzurufen) 3. Individualisierbarkeit (VME-Daten müssen in unterschiedlicher Form weiter zu verarbeiten sein, ohne daß eine Neueingabe erfolgen muß) 4. Automatisierbarkeit (Einsortierungs-, Ablage- und ähnliche Arbeiten müssen vollkommen automatisiert erfolgen)	- Informationen über Warenstammdaten (Modell, Ausführung, Teile) - Informationen zu Konditionsvereinbarungen - Aktions-Vorabinformationen - Bild-Informationen und Typenskizzen - Informationen über Lieferantenstammdaten - Informationen über Mitgliederstammdaten - Rundschreiben - Zentralregulierungs-Auflistungen - Werbe-Informationen - Aktions-Erstinfos - betriebswirtschaftliche Vergleiche - spezifische Chef-Informationen - Bestellunterlagen	- elektronische Post - Textverarbeitung (optional) - Tabellenkalkulation (optional) - Grafik (optional)

Abb. 36: Anforderungen und inhaltliche Konzeption eines EDV-Konzepts für Kooperationen am Beispiel der Vereinigten Möbeleinkaufs GmbH & Co.KG (VME); Quelle: Gobran, M., 1995, S. 21-24.

Die Umsetzung der Konzeption erfüllte die Anforderungen in dem aufgezeigten Fallbeispiel. So konnte die Menge an Papier innerhalb des VME und der damit verbundene Aufwand reduziert werden und es kam zu einer rationelleren Abwicklung der Rechnungsbearbeitung im Rahmen der Zentralregulierung[370]. Es kann vermutet werden, daß sich hiermit eine direkte Verringerung von transaktionsbezogenen Kosteneinheiten verbindet, z.B. durch Verringerung der Zeit- und Kosteneinheiten pro

---

[370] Vgl. Gobran, M., 1995, S. 21 f.

4.1 Allgemeine Einflußfaktoren auf die Transaktionskostenhöhe

Transaktion. Weiterhin erhöhte sich die Datenqualität[371], so daß dem kostenverursachenden Einfluß der begrenzten Rationalität tendenziell eine geringere Bedeutung beigemessen werden kann. An dem aufgezeigten Fallbeispiel lassen sich daher Potentiale zur Reduktion von Transaktionskosten durch den Einsatz von IuK-Technologien in Kooperationssystemen aufzeigen.

Im Gegensatz zur Kooperation rückt in hierarchischen Systemen die zentrale Datenverarbeitung stärker in den Vordergrund[372], was durch die Zentralisierung von Management-Kapazitäten und Entscheidungskompetenzen begründet werden kann. Bei der standortübergreifenden Kommunikation erhalten somit technische und zweckbezogene Elemente (z.B. Übermittlung der Tagesumsätze, Bonitätsprüfung) eine größere Bedeutung.

Einen besonderen Stellenwert nehmen transparente Märkte ein, in denen Standardleistungen angeboten werden, die leicht informationstechnisch abbildbar sind. Zu derartigen Leistungen zählen - mit gewissen Einschränkungen - z.B. Finanzdienstleistungen oder auch Flug- und Reisebuchungen[373]. Hier besteht die grundsätzliche Möglichkeit, einzelne oder mehrere Handelsstufen durch ein elektronisches Direktvertriebssystem auszuschalten.

Bezugnehmend auf die Frage nach Wettbewerbsvorteilen, die sich durch weiterentwickelte IuK-Technologien ergeben, sehen *Picot* und *Franck* einen Zusammenhang zwischen dem Wettbewerb verschiedener Koordinationsformen und dem Einsatz von Informations- und Kommunikationssystemen:

„Die allgemeine Aufgabendynamisierung könnte die Herausbildung von Wertschöpfungspartnerschaften und Clanstrukturen[374] in der Zukunft noch weiter begünstigen. Die Informations- und Kommunikationssysteme der klassischen Hierarchie und die damit primär verbundenen Infrastrukturen der zentralen Datenverarbeitung dürften an relativer Bedeutung verlieren zugunsten standort- und unternehmensübergreifender, vernetzter Informations- und Kommunikationssysteme."[375]

Es zeigt sich somit, daß moderne IuK-Technologien neue Möglichkeiten eröffnen, die Informations- und Kommunikationsprozesse dezentraler Handelssysteme zu rationalisieren und damit eine Transaktionskostenreduktion herbeizuführen. Wenn Kooperationsformen hiervon stärker profitieren als Markt- und Hierarchielösungen[376], dann führt dies zu einer Erweiterung des Einflußbereiches effizienter Hybridformen. Die folgende Abbildung stellt diesen Effekt dar.

---

[371] Vgl. Gobran, M., 1995, S. 21.
[372] Vgl. Picot, A./Franck, E., 1993, S. 525.
[373] Vgl. Picot, A./Franck, E., 1993, S. 521.
[374] Siehe zum Begriff des 'Clan' Kap. 4.1.1.2.
[375] Picot, A./Franck, E., 1993, S. 526.
[376] Ob dieser Fall tatsächlich eintritt, hängt von der betrachteten Technologie ab. Es wäre auch denkbar, daß von einer neuen Technologie sämtliche Koordinationsformen im gleichen Maße profitieren (z.B. Telefax, Mobilfunk). In dieser Situation könnte sich der Einflußbereich der marktlichen Koordinationsform ausweiten, weil höhere spezifische Investitionen erforderlich werden, um einen Kostenvorteil zu erzielen.

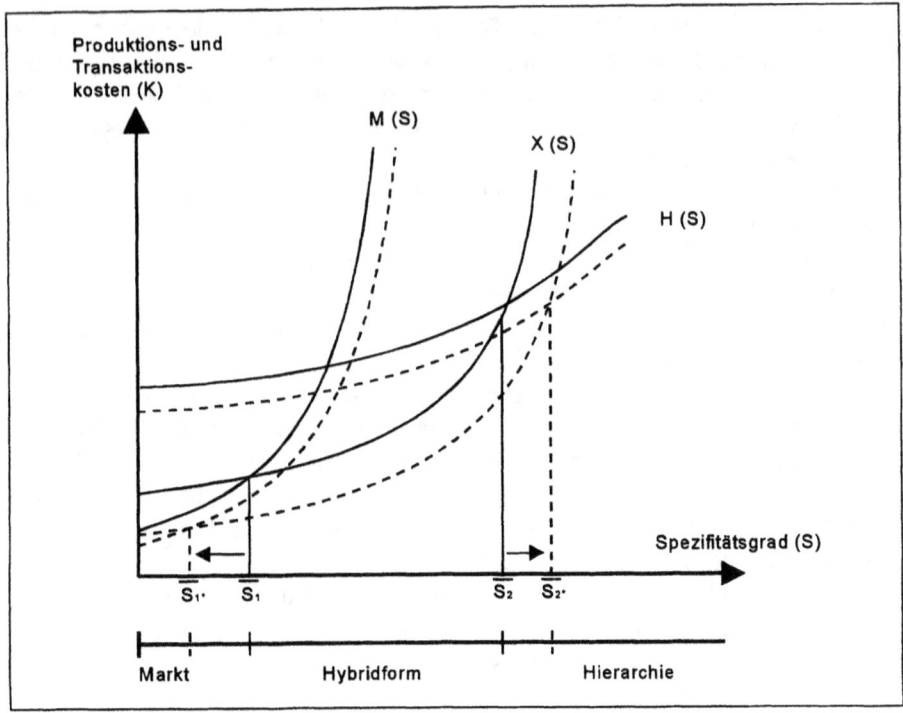

Abb. 37: Die Beeinflussung der Kosteneffizienz alternativer Koordinationsformen in Abhängigkeit vom Spezifitätsgrad

Die Kurvenverläufe in der vorangegangenen Abbildung stellen die Entwicklung der Produktions- und Transaktionskosten in Abhängigkeit vom Spezifitätsgrad dar, der von der Höhe der partnerspezifischen Investitionen beeinflußt wird[377]. Die durchgezogenen Linien zeigen die Ausgangssituation. Durch einen externen Einfluß - z.B. eine neue IuK-Technologie - fallen die Kosten auf ein niedrigeres Niveau. Weil die Hybridsysteme ihre Kosten weiter als andere Koordinationsformen reduzieren können, weitet sich deren Einflußbereich zu beiden Seiten aus. Dies kann jedoch nur dann gelingen, wenn die Kostenvorteile einer neuen Technologie nicht weitgehend von den Kosten aufgezehrt werden, die durch die Einführung und Überwachung dieser Technologie entstehen. Zu nennen wären beispielsweise Kompabilitätsschwierigkeiten oder mangelnde Akzeptanz innerhalb der Gruppe. Darüber hinaus sollte bedacht werden, daß nicht jede neue IuK-Technologie die Marktchancen von Kooperationssystemen verbessert. Im Gegenteil können hierdurch auch bisherige Wettbewerbsvorteile von Kooperationen in Frage gestellt werden. So wird im Bereich der Konditionenpolitik angeführt, daß durch moderne EDV der Wert der Zentralregulierung für die Industrie nur noch marginal sei und daß der Preis für das Del-

---

[377] Siehe hierzu auch Kap. 4.1.2.1.

kredere höher ausfalle, als wenn hierfür kooperationsexterne Dienstleister in Anspruch genommen würden[378].

Ein weiteres potentielles Risiko für Handelskooperationen zeigt sich bei Einbeziehung der Transaktionskosten, die auf der Endabnehmer- bzw. Konsumentenebene entstehen. Hier wird zur Zeit diskutiert, ob neue IuK-Technologien zu einer Veränderung des Verbraucherverhaltens führen. Beispiele hierfür wären das Einkaufen am eigenen Fernsehgerät oder Computer („Tele-Shopping", „Home-Shopping"). Endabnehmer könnten hierdurch Transaktionskosten einsparen, weil z.B. Zeiteinheiten für die Informationssammlung reduziert werden oder der Weg zum Ladengeschäft entfällt. Ein derartiges Einkaufsverhalten würde letztendlich das traditionelle Ladengeschäft in der Nähe des Wohnortes in Frage stellen und dadurch nicht nur die Marktchancen von Handelskooperationen verringern, sondern auch die der selbständigen Händler und der Filialsysteme. Vorteile würden hingegen für den Direktvertrieb, etwa als Versandhandel organisiert, entstehen[379]. Es zeigt sich daher, daß bei der Beurteilung des Einflusses neuer IuK-Technologien nicht nur die Transaktionskosten des Handelssystems selbst, sondern auch die der Marktpartner zu berücksichtigen sind.

Als Fazit kann festgehalten werden, daß sich durch IuK-Technologien Möglichkeiten ergeben, die Transaktionskosten der Handelskooperation durch Rationalisierung der Informations- und Kommunikationsprozesse zu senken. Darüber hinaus bestehen Chancen, strukturelle Nachteile von Handelskooperationen - insbesondere die dezentrale Verteilung von Informationen und Entscheidungskompetenz - durch IuK-Technologie auszugleichen. Allerdings gibt es auch Beispiele für traditionelle Kooperationsdienstleistungen, die durch neue IuK-Technologie in Frage gestellt werden. Außerdem könnte der technische Fortschritt in einzelnen Branchen oder Marktsegmenten zu einem verändertem Endabnehmerverhalten führen, wodurch eine Bedrohung für den stationären Handel entstehen würde.

Insgesamt spielt die zur Verfügung stehende IuK-Technologie, bei der Beurteilung der Transaktionskosteneffizienz von Handelskooperationen eine wichtige Rolle. Allerdings können verfügbare IuK-Technologien für sich allein gestellt keine Koordinationsform begründen, sondern sollten als Rahmenbedingung in Zusammenhang mit anderen Einflußfaktoren auf die Transaktionskostenhöhe berücksichtigt werden.

4.1.4 Zusammenfassung und Kritikpunkte

Zunächst folgt eine hypothesenartige Zusammenfassung der bisher beschriebenen Einflußfaktoren sowie ihrer Auswirkungen auf die Transaktionskosteneffizienz von Verbundgruppen und Franchise-Systemen. Darüber hinaus wird die Bedeutung der allgemeinen Einflußfaktoren auf die Transaktionskostenhöhe kritisch beleuchtet.

---

[378] Vgl. Knoben, Hans-K.: Konditionen - geliebt und verflucht, in: Der Verbund, Jg. 8 (1995), Nr. 2, S. 8.
[379] Vgl. Picot, A., 1986, S. 9.

4.1.4.1 Allgemeine Einflußfaktoren auf die Transaktionskosteneffizienz von Verbundgruppen und Franchise-Systemen

Bei der Behandlung relevanter Einflußfaktoren auf die Transaktionskostenhöhe von Kooperationssystemen wurden bisher bewußt keine einzelnen Kooperationsformen, wie z.B. Verbundgruppen oder Franchise-Systeme, berücksichtigt. Statt dessen wurde allgemein die Wirkung kooperativer Vereinbarungen erklärt, die in Anlehnung an das Markt-Hierarchie-Kontinuum hierarchische Elemente in unterschiedlichem Ausmaß einbeziehen. Diese Vorgehensweise hat den Vorteil, daß grundsätzlich sämtliche Abstufungen auf dem Markt-Hierarchie-Kontinuum berücksichtigt werden und keine Fokussierung auf einzelne Kooperationsformen erfolgt. Ein Nachteil könnte jedoch darin bestehen, daß durch das Ausblenden konkreter Kooperationsformen der Bezug zur Praxis beeinträchtigt wird. So erscheint z.B. der Hinweis, hierarchische Elemente in die Kooperationsvereinbarungen einzubeziehen, wenig operational. Daher soll nachfolgend die Transaktionskosteneffizienz der vertraglichen Koordination von Verbundgruppen und Franchise-Systemen gegenübergestellt werden. Zu diesem Zweck erfolgt hier ein Überblick über ausgewählte Merkmale der beiden Koordinationsformen.

Gegenstand	*Franchising*	*Verbundgruppe*
Vertragsdauer	Generell langfristig, klar geregelt	Auch langfristig, aber meist kurzfristige Kündigung möglich
Vertragsbeendigung	Oft genau festgelegt	Oft nicht eindeutig fixiert
Abhängigkeitsbeziehungen	Nach einer Phase der Stärke des Initiators eher Tendenz zur Gegenseitigkeit	Eher Abhängigkeit der Verbundgruppenzentrale vom Verbundgruppenmitglied
Bürgschaften	Bürgschaftsübernahme für den Franchisenehmer durch den Franchisegeber nicht die Regel	Bürgschaftsübernahme des Systemträgers für das Mitglied (Delkredere) häufig anzutreffen
Gebietsexklusivität	Durch gemeinsame Vereinbarung geregelt und nicht einseitig veränderbar	Teilweise fest vereinbart als Geschäftsbereichsklausel, jedoch Probleme bei Filialgründungen durch Einzelhandelsmitglieder
Konkurrenzausschluß	Im allgemeinen Programmausschließlichkeit vereinbart; weitere Franchisen/Kooperationen nicht möglich	Nicht selten Mitgliedschaft der Einzelhandelsmitglieder in mehreren Gruppen, Ausschließlichkeit schwer durchzusetzen
Kennzeichnungsrechte und -pflichten (z.B. Gruppenlogo)	Strikte Vereinbarungen, deren Einhaltung kontrolliert wird	Zwar Vorgaben, aber geringe Durchsetzbarkeit, bisweilen auch bewußter Verzicht der Gruppe auf Kennzeichnung der Mitglieder zur Förderung der Individualität

(Forts.)

Gegenstand	Franchising	Verbundgruppe
Einkaufsexklusivität (Bezugszwang)	Tendenz zur Einkaufsexklusivität, aber teilweise auch bewußt gesteuerte Freiheitsgrade mit Wahl aus mehreren Vertragslieferanten	Tendenz zu hohen Bezugsraten, aber auch bewußte Zulassung von Freiräumen bei der Beschaffung
Geschäftsausstattung	In der Regel einheitlich, Gestaltung mit Hilfe des Franchisegebers	Vorschriften bzw. Angebote, aber mit gruppenspezifisch unterschiedlichem Durchsetzungsgrad
Gemeinschaftswerbung	Gemeinsame Vereinbarung über ein gemeinschaftlich zu finanzierendes und einzusetzendes Werbebudget	Abdeckung der Werbekosten eher über Aufschläge auf die zentral regulierten bzw. zentral gekauften Warenbezüge, eher geringe Werbezuschüsse der Mitglieder für einzelne Leistungen zu ihren Gunsten
Sortiment	Eindeutige Festlegung des Sortiments; innerhalb des Sortiments gibt es Freiheitsgrade in gegenseitiger Abstimmung	Versuche zur Arbeit mit modularen Sortimenten in einigen Fällen, eher große Sortimentsflexibilität
Dienstleistungen	Klare, verpflichtend abzunehmende Dienstpakete	Meist Angebot von Dienstleistungen ohne Abnahmeverpflichtung für das Mitglied

Abb. 38: Ausgewählte Unterschiede zwischen Verbundgruppen des Handels und Franchise-Systemen; Quelle: Vgl. Tietz, B./Mathieu, G., 1979, S. 26 f.

Bezüglich des oben angestellten Vergleichs zwischen Verbundgruppen und Franchise-Systemen sei betont, daß die aufgeführten Unterschiede nicht zwingend auftreten müssen, sondern daß es hier darum geht, mehr oder weniger hierarchische Koordinationsformen gegenüberzustellen. Eine gewisse Polarisierung dient dabei methodischen Zwecken.

Die engere hierarchische Bindung von Franchisenehmern an die Zentrale läßt sich vor allem an den folgenden Merkmalen erkennen:

– Längere Vertragslaufzeiten,
– verbindliche Festlegung u.a. von Geschäftsausstattung, Kennzeichnungspflichten, Gemeinschaftswerbung, Sortimentspolitik und abzunehmenden Dienstleistungspaketen,
– Tendenz zur Bezugsbindung,
– Vereinbarungen mit der Zentrale über Planung und Kontrolle.

Um die vertraglichen Vereinbarungen zu erfüllen, tätigen Franchisenehmer in größerem Ausmaß spezifische Investitionen als Betriebe in Verbundgruppen und nehmen im Fall eines Abbruchs der Vertragsbeziehungen höhere versunkene Kosten in Kauf. Sie verpflichten sich darüber hinaus, in größerem Umfang zentrale Leistungen abzunehmen, so daß die Transaktionshäufigkeit zwischen der Zentrale und Franchisenehmern als relativ hoch eingeschätzt werden kann. Managementaufgaben und Know-how verlagern sich tendenziell in die Systemzentrale, die dezentrale Entscheidungsautonomie der Franchisenehmer wird somit erheblich begrenzt. Verbundgruppen versuchen hingegen in stärkerem Ausmaß dezentrales Know-how zu nutzen und ermöglichen den angeschlossenen Betrieben, durch Einräumung einer weitreichenderen Entscheidungsautonomie, flexible Anpassungsprozesse an die lokalen Marktbedingungen.

Die herausgestellten Unterschiede dienen nachfolgend als inhaltliche Basis für einen Effzienzvergleich von Verbundgruppen und Franchise-Systemen, unter Variation der Einflußfaktoren auf die Transaktionskostenhöhe. Abbildung 39 gibt hierüber einen Überblick. Die einzelnen Einflußfaktoren wurden zum einen aus den Ursachen der Transaktionskostenentstehung gemäß dem organizational failures framework abgeleitet (Hypothesen 1 bis 7) und zum anderen entsprechen diese den Wirkungen der Transaktionsdimensionen auf die Transaktionskostenhöhe (Hypothesen 8 bis 12)[380].

Die verwendeten Symbole zeigen an, ob bei zunehmender Bedeutung des Einflußfaktors der jeweiligen Kooperationsform entweder ein Potential zur Erhöhung der Transaktionskosteneffizienz (+) oder zur Verringerung der Transaktionskosteneffizienz (-) zugesprochen werden kann. Durch die einfache (+) oder doppelte (++) Darstellung der Symbole werden hierbei graduelle Unterschiede berücksichtigt. Als Bezugsgröße dient hierbei die Transaktionskostenhöhe von weitgehend unabhängig agierenden Händlern. Die Transaktionskosteneffizienz wird an der Fähigkeit des Distributionssystems zur Reduzierung von internen und externen Transaktionskosten gemessen. Transaktionskosteneffziente Systeme verfügen demnach über Wettbewerbsvorteile durch ein hohes Potential zur Reduzierung von Transaktionskosten.

Die zunehmende Komplexität und Dynamik der aufgabenbezogenen Umwelt[381] (Hypothese 1) wirkt negativ auf die Transaktionskosteneffizienz von Verbundgruppen und Franchise-Systemen, weil ständige Anpassungsprozesse die Transaktionskosten erhöhen. Bei Franchise-Systemen können höhere Transaktionskosten vermutet werden, weil hier Transaktionen stärker standardisiert und flexible Anpassungsprozesse durch die Einschränkung der dezentralen Entscheidungsautonomie beeinträchtigt werden.

---

[380] Auf die Darstellung infrastruktureller Einflußgrößen wird hier aus Komplexitätsgründen verzichtet. Siehe hierzu Kap. 4.1.3.
[381] Siehe hierzu Kap. 4.1.1.1.

4.1 Allgemeine Einflußfaktoren auf die Transaktionskostenhöhe

	Einflußfaktor	*TAK-Effizienz von Verbundgruppen*	*TAK-Effizienz von Franchise-Systemen*
1	Komplexität und Dynamik der aufgabenrelvanten Umwelt	-	- -
2	Informationsgefälle zwischen Systemzentrale und Mitgliedern	-	+
3	Eingeschränkte Managementkapazitäten bei den Mitgliedsbetrieben	-	+
4	Zentralisierbarkeit von Managementkapazitäten	+	++
5	Hohe Wettbewerbsintensität	+	++
6	Monopolvorteile der Mitgliedsbetriebe	-	- -
7	Möglichkeiten zur Förderung altruistischer Verhaltensweisen (z.B. Corporate Identity)	++	+
8	Erfordernis hoher spezifischer Investitionen	+/-	+
9	Asymmetrische Verteilung spezifischer Investitionen	-	+
10	Unsicherheitsgrad der durchzuführenden Distributionsaufgabe	-	- -
11	Reduktion von Kontaktzahlen	+	++
12	Erzielbarkeit von Degressionseffekten (economies of scale) aufgrund der partnerspezifischen Bündelung von Transaktionen	+	++
Zeichenreklärung			
	Bei zunehmender Bedeutung des Einflußfaktors bewirkt die Kooperationsform		
(++)	TAK-Einsparungen in großem Umfang		
(+)	TAK-Einsparungen		
(+/-)	Situationsspezifisch geringere oder höhere TAK		
(-)	höhere TAK		
(- -)	erheblich höhere TAK		

Abb. 39: Allgemeine Einflußfaktoren auf die Transaktionskosteneffizienz von Verbundgruppen und Franchise-Systemen

Die Hypothesen 2, 3 und 4 thematisieren die Bedeutung begrenzter Rationalität für die Transaktionskostenentstehung in Handelskooperationen[382]. Hierbei stehen die Hypothesen 2 und 3 in enger Verbindung miteinander, weil die eingeschränkten

---

[382] Siehe hierzu Kap. 4.1.1.1.

Managementkapazitäten bei den Mitgliedsbetrieben den Grund für ein Informationsgefälle zwischen Mitgliedern und Zentrale darstellen können. Beide Einflußgrößen bedeuten für Verbundgruppen eine Erhöhung der Transaktionskosten, weil aufgrund der dezentralen Entscheidungsautonomie auch Informationen **vor Ort** benötigt werden und hierfür die entsprechenden Kapazitäten vorhanden sein sollten. Zudem kann ein Informationsgefälle kostenträchtige, innerkooperative Konflikte verursachen. Ein anderes Bild ergibt sich bei Franchise-Systemen. Hier findet eine stärkere Arbeitsteilung in der Entscheidungsfindung zwischen den Franchisenehmern und der Zentrale statt. Unternehmenspolitische Entscheidungen, z.B. über Sortimentierung, Marktpositionierung und Logistik, werden weitgehend zentral getroffen, während die operative Umsetzung in den angeschlossenen Handelsbetrieben stattfindet. Ein Informationsgefälle wird damit bewußt herbeigeführt, eine Abweichung von diesem Prinzip würde höhere Transaktionskosten nach sich ziehen. Auch die eingeschränkten Managementkapazitäten der Franchisenehmer werden von beiden Transaktionspartnern bewußt in Kauf genommen, weil die zentrale Verfügbarkeit von Managementkapazität einen Vertragsbestandteil darstellt und für den Franchisenehmer die Investition in ein funktionierendes Konzept im Vordergrund steht.

Hypothese 4 beschäftigt sich mit der Frage, in welchem Maße Managementkapazitäten zentralisiert werden können. Grundsätzlich bestehen auch für Verbundgruppen Möglichkeiten zur Reduzierung von Transaktionskosten durch die Zentralisierung von Managementkapazitäten, wenn sichergestellt wird, daß auch die Mitgliedsbetriebe hiervon profitieren. Durch den Einsatz neuer Medien bestehen hier gute Möglichkeit des dezentralen Zugriffs auf zentral vorhandene Managementkapazitäten. Für Franchise-Systeme ergeben sich hierdurch noch weiterreichende Einsparungspotentiale, weil - aus bereits angeführten Gründen - zentralisierbare Managementkapazitäten eine wesentliche Systemvoraussetzung darstellen.

Bei den Hypothesen 5, 6 und 7 spielt das opportunistische Verhalten der Vertragspartner eine bedeutende Rolle als Einflußfaktor auf die Transaktionskostenentstehung[383]. Eine hohe Wettbewerbsintensität (Hypothese 5) wirkt opportunistischen Verhaltensweisen entgegen, weil nur wenige alternative Vertragspartner zur Verfügung stehen (small-numbers-Situation). Die daraus resultierende Transaktionskostenreduktion kommt besonders den Franchise-Systemen zugute, weil der vereinheitlichte Marktauftritt sämtlicher Subsysteme ein hohes Maß an Systemkonformität erfordert.

Den umgekehrten Effekt zeigt die Hypothese 6 auf. Wenn einzelne Subsysteme Monopolvorteile besitzen, besteht grundsätzlich die Gefahr, daß sie diese auch gegen das Gruppeninteresse verteidigen.

Besonders für Verbundgruppen spielen Möglichkeiten zur Förderung altruistischer Verhaltensweisen (Hypothese 7) eine wichtige Rolle, z.B. durch den Einsatz von Corporate Identity-Konzepten. Weil die Geschäftspolitik jedes Mitglieds nicht in dem Ausmaß festgeschrieben und kontrolliert werden kann, wie dies bei Franchise-Systemen geschieht, muß zur Vermeidung von Opportunismus Überzeugungsarbeit

---

[383] Siehe hierzu Kap. 4.1.1.2.

4.1 Allgemeine Einflußfaktoren auf die Transaktionskostenhöhe

geleistet werden, um das Wir-Gefühl innerhalb der Gruppe zu stärken. Wenn dieses Ziel durch die Förderung altruistischer Verhaltensweisen erreicht wird, lassen sich „Reibungskosten" innerhalb der Kooperation vermindern. Grundsätzlich werden von diesem positiven Effekt auch Franchise-Systeme betroffen, jedoch - aufgrund vorhandener Kontroll- und Sanktionsmöglichkeiten - mit abgeschwächter Wirkung.

Die Hypothesen 8 und 9 zeigen den Zusammenhang zwischen spezifischen Investitionen und der Transaktionskosteneffizienz von Handelskooperationen auf[384]. Hier kann unterschieden werden, in welcher Höhe spezifische Investitionen erforderlich sind und wie sich diese auf die einzelnen Subsysteme der Kooperation verteilen. Bei hohen spezifischen Investitionen und bei einer asymmetrischen Verteilung dieser Investitionen erweist sich das Franchising als effizientere Koordinationsform, weil die Investitionen hier durch langfristige vertragliche Vereinbarungen geschützt werden und somit die Gefahr versunkener Kosten reduziert wird. Die jährliche Kündbarkeit des Kooperationsvertrages oder die Möglichkeit, das Mitglied aus bestimmten Gründen auszuschließen, spricht gegen die vertragliche Absicherung hoher spezifischer Investitionen durch Verbundgruppen. Dennoch können sich partnerspezifische Investitionen für Verbundgruppen als sinnvoll erweisen, wenn hierdurch beiderseitige Interessen unterstützt werden. Kommt es hingegen zur asymmetrischen Verteilung von spezifischen Investitionen, besteht für Verbundgruppen die potentielle Gefahr opportunistischer Verhaltensweisen.

Der Unsicherheitsgrad der durchzuführenden Distributionsaufgabe[385] wird von Hypothese 10 berücksichtigt. Wenn die Distributionsaufgabe ständig variiert und hierdurch dynamische Anpassungen in hoher Frequenz erforderlich werden, sinken die Chancen, durch eine gemeinsame Gruppenpolitik Transaktionskosten zu mindern. In diesem Fall bestehen für selbständige Betriebe bessere Möglichkeiten, flexibel auf die Erfordernisse des Marktes zu reagieren. Beispiele hierfür wären in Branchen mit sehr hoher Innovationsrate zu suchen oder in Marktsegmenten, die von kurzweiligen, modischen Trends geprägt werden. Hierarchische, zentral gesteuerte Systeme würden hingegen bei ständiger Marktanpassung hohe Transaktionskosten verursachen.

Die Dimension der Transaktionshäufigkeit[386] wird von den Hypothesen 11 und 12 behandelt. Es kommt zur Transaktionskostenersparnis, wenn die Anzahl der Kontakte zu potentiellen und tatsächlichen Vertragspartnern gesenkt werden kann (Hypothese 11) und wenn durch diese Bündelung von Transaktionen Degressionseffekte (economies of scale) erzielt werden können (Hypothese 12). Durch die vereinheitlichte Abwicklung von Transaktionen und hohe spezifische Investitionen bestehen für Franchise-Systeme größere Möglichkeiten, durch Reduktion von Kontaktzahlen Transaktionskostenvorteile zu erwirtschaften, als für Verbundgruppen.

Unter Berücksichtigung sämtlicher Hypothesen zeigt sich, daß die Mehrzahl der beschriebenen Einflußfaktoren (insgesamt 8 von 12 Faktoren) gleichgerichtet auf die

---

[384] Siehe hierzu Kap. 4.1.2.1.
[385] Siehe hierzu Kap. 4.1.2.2.
[386] Siehe hierzu Kap. 4.1.2.3.

Transaktionskostenhöhe von Verbundgruppen und Franchise-Systemen einwirken. Es kommt in diesen Fällen lediglich zu graduellen Unterschieden, die sich mit der unterschiedlichen Bindungsintensität und Zentralisierung erklären lassen. Diese graduellen Unterschiede resultieren aus den getroffenen Annahmen über die typologisierenden Merkmale der beiden Kooperationsformen und können je nach Vertragsform variieren.

In drei Fällen[387] (Hypothesen 2, 3 und 9) konnte eine unterschiedliche Wirkung der Einflußfaktoren auf die Transaktionskosteneffizienz von Verbundgruppen und Franchise-Systemen festgestellt werden. Hierbei handelt es sich um die asymmetrische Verteilung von Informationen, Managementkapazitäten und spezifischen Investitionen. Während diese Asymmetrien durch den FranchiseVertrag vertraglich abgesichert werden und somit eine festgelegte Systembeziehung darstellen, können bei den Verbundgruppen hieraus erhebliche Konflikte resultieren. Dies bedeutet für die Verbundgruppen, daß die beschriebenen Asymmetrien entweder zu vermeiden sind oder, wie bei den Franchise-Systemen, vertraglich geregelt werden sollten. Folgende Punkte könnten z.B. in die vertraglichen Vereinbarungen von Verbundgruppen aufgenommen werden:

- Verpflichtungen zum gegenseitigen Informationsaustausch,
- Standardisierung von Informations- und Kommunikationstechnologie,
- Aufstellung von verbindlichen Investitionsplänen,
- Entschädigung für versunkene Kosten bei vorzeitigem Abbruch des Vertragsverhältnis.

Insgesamt betrachtet zeigt sich eine unterschiedliche Gewichtung von Vor- und Nachteilen der beiden Kooperationsformen, je nach Ausprägung der verschiedenen Einflußfaktoren. Verbundgruppen verfügen im Vergleich mit FranchiseSystemen über Transaktionskostenvorteile, wenn die Komplexität und Dynamik der Umwelt als ausgeprägt beurteilt wird und Distributionsaufgaben ständig variiert werden müssen. In diesem Fall können Verbundgruppen ihre dezentralen Entscheidungskompetenzen durch größere Handlungsspielräume ausnutzen. Die zentralen Pläne von Franchise-Systemen würden in diesem Szenario nicht zu dem gewünschten Erfolg führen und mangels Standardisierbarkeit der Distributionsaufgaben könnten Degressionseffekte nur schwer erzielt werden. Weitere Vorteile sind den Verbundgruppen zuzusprechen, wenn Managementkapazitäten nur schwer zentralisiert werden können, Mitgliedsbetriebe über Monopolvorteile verfügen, eine geringe Wettbewerbsintensität vorherrscht und Kontaktzahlen sich nicht in großem Umfang reduzieren lassen.

---

[387] Bei Hypothese 8 kann nur situationsspezifisch entschieden werden, ob der Einflußfaktor für Verbundgruppen und Franchisesystem eine gleichgerichtete oder unterschiedliche Richtung annimmt.

4.1.4.2 Kritische Beurteilung

Innerhalb der allgemeinen Einflußfaktoren wurde zwischen den
- Ursachen der Transaktionskostenentstehung gemäß dem organizational failures framework (begrenzte Rationalität, Umweltunsicherheit, Opportunismus und Wettbewerb),
- Transaktionsdimensionen (Spezifität, Häufigkeit, Unsicherheit) und
- infrastrukturellen Rahmenbedingungen (rechtliche und technologische Rahmenbedingungen)

unterschieden. Die Ursachen der Transaktionskostenentstehung zeigen auf, unter welchen Annahmen es überhaupt zu Transaktionskosten kommen kann. Hierbei spielen Annahmen über die Umwelt sowie menschliche Fähigkeiten und Verhaltensweisen eine Rolle. Würden diese Annahmen wegfallen, gäbe es kein Informationsproblem und somit auch keine Transaktionskosten. Es existieren zwar Möglichkeiten, die Ursachen der Transaktionskosten aktiv zu beeinflussen, eine völlige Ausschaltung erscheint jedoch unwahrscheinlich. Den Einflußfaktoren des organizational failures framework kommt somit immer eine gewisse Bedeutung zu, unabhängig von der unternehmerischen Aufgabe und ihrer Koordination.

Kaum zu beeinflussen sind hingegen die infrastrukturellen Rahmenbedingungen durch die Handelskooperation. Ihre Bedeutung begründet sich durch die rechtlichen Einschränkung der Vertragsfreiheiten sowie durch den zunehmenden Einfluß technologischer Hilfsmittel auf die Durchführung von Transaktionen.

Die Eigenschaften der Transaktionen im Rahmen der bestehenden Distributionsaufgabe und ihr Einfluß auf die Transaktionskostenhöhe finden im Konzept der allgemeinen Einflußfaktoren ihre Berücksichtigung durch die Transaktionsdimensionen. Es hat sich gezeigt, daß die einzelnen Dimensionen „Spezifität", „Unsicherheit" und „Häufigkeit" sich prinzipiell dazu eignen, hypothetische Aussagen über die Effizienz von mehr oder weniger hierarchischen Koordinationsformen zu treffen. Allerdings handelt es sich hierbei um pauschale Aussagen, die nicht zwischen den einzelnen Teilmarkttransaktionen der Handelskooperationen differenzieren. Potentielle Interdependenzen, z.B. zwischen Absatz- und Beschaffungsmarkttransaktionen bleiben hierdurch unberücksichtigt. Hierdurch fällt es schwer, zu erklären, warum eine Transaktion ein bestimmtes Spezifitäts-, Unsicherheits- oder Häufigkeitsmaß aufweist.

Es stellt sich daher die Frage, ob mit Hilfe der bisher beschriebenen Einflußfaktoren die Transaktionskosteneffizienz von Handelskooperationen vollständig beurteilt werden kann. Unklar bleiben z.B. folgende Punkte:

- Unter welchen Bedingungen können Transaktionskostenvorteile durch gemeinsame Warenbeschaffung, Kooperationsmarketing und Mitgliederservice realisiert werden?
- Welche Rolle spielen in diesem Zusammenhang die Eigenschaften des Abnehmermarktes?

- Welche strukturellen Voraussetzungen und Autonomiebedürfnisse gilt es bei den Kooperationsmitgliedern zu berücksichtigen?

Zur Beantwortung dieser Fragen soll das folgende Kapitel beitragen, das eine Erweiterung des Konzepts um spezielle Einflußfaktoren vorsieht.

4.2 Spezielle Einflußfaktoren auf die Transaktionskosten der Handelskooperation

Mit diesem Kapitel verbindet sich das Ziel, die allgemeinen Einflußfaktoren differenzierter auf die Belange der Handelskooperation anzuwenden und möglicherweise neue Einflußfaktoren zu identifizieren. Da die Koordinationsform der Handelskooperation nicht nur die Reduktion von Kosten, sondern auch zur Ausschöpfung erlöswirtschaftlicher Potentiale beitragen soll, wird die Betrachtung um entsprechende Einflußfaktoren ergänzt. *Müller-Hagedorn* verdeutlicht die Interdependenzen zwischen kosten- und erlösbezogenen Einflußfaktoren mit der Abbildung 40.

Abbildung 40 zeigt die Determinanten auf, die bei der Bestimmung einer effizienten Koordinationsform zwischen Markt und Hierarchie eine Rolle spielen. Die Auswahl einer Koordinationsform richtet sich nach der Fähigkeit des Systems, den Anforderungen des Marktes gerecht zu werden[388]. Eine besondere Bedeutung kommt dabei den Eigenschaften des Endabnehmermarktes zu, die über die verfügbaren Management-Kapazitäten zusammen mit der Wettbewerbssituation auf die Gestaltung des Marketing-Mix wirken. Hierdurch bestimmen sich die Möglichkeiten zur Ausschöpfung von Erlöspotentialen und es ergibt sich ein Einfluß auf die Kosten der Koordinationsform. Hier soll gefragt werden, ob und in welcher Art diese Determinanten auf die Transaktionskosten der Handelskooperation einwirken.

Zunächst wird die Ausschöpfbarkeit von Kostenpotentialen im Zusammenhang mit der Reduzierung von Transaktionskosten erörtert. Hierbei erfolgt eine Konzentration auf die Kostenziele, die mit dem Zusammenschluß in Handelskooperationen primär angestrebt werden. Es wird zu zeigen sein, daß diese Möglichkeiten auch von dem Einsatz der absatzpolitischen Instrumente abhängen, der sich durch die Eigenschaften des jeweiligen Endabnehmermarktes bestimmt. Daher folgt den Ausführungen über die Kostensenkungspotentiale eine Beschreibung des Einflusses erlöswirtschaftlicher Zielsetzungen auf die Transaktionskosten der Handelskooperation[389].

---

[388] Vgl. Müller-Hagedorn, L., 1995, S. 201.
[389] Der Einfluß der Wettbewerbssituation und der verfügbaren Management-Kapazitäten wird hierbei nur am Rande behandelt. Siehe hierzu ausführlich Kap. 4.1.1.

4.2 Spezielle Einflußfaktoren auf die Transaktionskosten der Handelskooperation

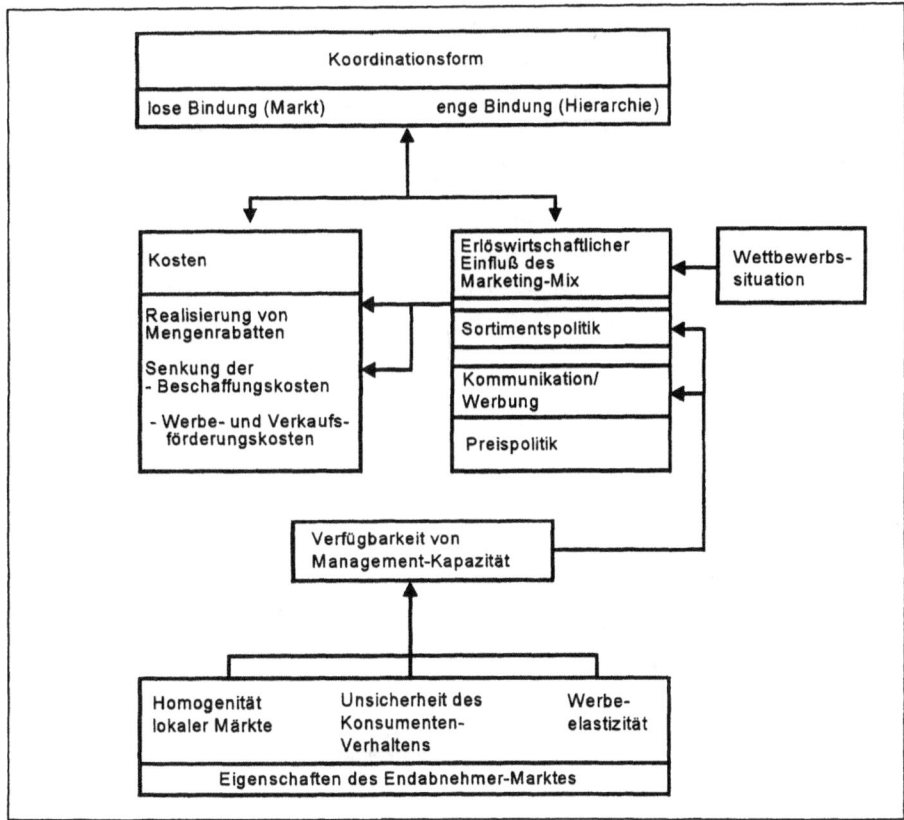

Abb. 40: Determinanten der Auswahl von Koordinationsformen im Handel; Quelle: Müller-Hagedorn, L., 1995, S. 201.

Die Ausführungen werden um den Einfluß der Mitgliedsbetriebe ergänzt. Zum einen stellt die Ausprägung von Strukturmerkmalen der Kooperationsmitglieder eine wesentliche Voraussetzung für die Handelskooperation dar, der sowohl Einflüsse auf die Kosten als auch auf die Erlöse des Gesamtsystems zugeschrieben werden können. Zum anderen spielen bei der kooperativen Zusammenarbeit individuelle Autonomiebedürfnisse der Mitgliedsbetriebe eine Rolle, die auf die Kosten- und Erlöseffizienz des Gesamtsystems einwirken.

4.2.1 Ausschöpfbarkeit von Kostensenkungspotentialen

Kostensenkungspotentiale, die sich durch eine Kooperation ausschöpfen lassen, ergeben sich für die Kosten des Wareneinkaufs zu Einstandspreisen und für die Reduzierung der Handlungskosten durch gemeinsame Aufgabenerfüllung[390]. Mit dem Zusammenschluß in Handelskooperationen verbindet sich unter anderen das Ziel, die Handlungskosten der Kooperationsmitglieder zu reduzieren. Dies geschieht in erster Linie durch Verlagerung von Funktionen in die Systemzentrale (Zentralisierung), um hierdurch economies of scale auszunutzen. Der Begriff der Zentralisierung soll in diesem Zusammenhang nicht ausschließlich die Auslagerung von betrieblichen Teilbereichen bedeuten, sondern ebenso zentrale Unterstützungsfunktionen umfassen, wie z.B. Informationsversorgung oder Beratung der Mitgliedsbetriebe. Einen zusammenfassenden Überblick über die Ausschöpfung von Kostensenkungspotentialen durch Kooperation von Handelsbetrieben gibt die folgende Abbildung[391].

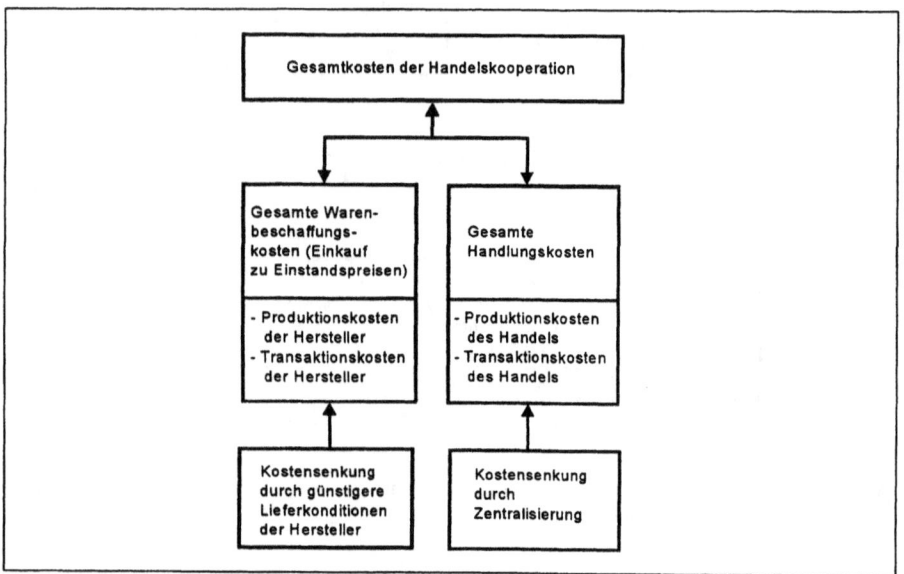

Abb. 41: Kostensenkungspotentiale der Handelskooperation

Abbildung 41 stellt somit zwei Ansätze zur Senkung von Transaktionskosten dar:
1. Senkung der Transaktionskosten der Hersteller.
2. Senkung der Transaktionskosten durch Ausschöpfung von Ökonomisierungsvorteilen innerhalb der Kooperation, z.B. bei Transaktionen zwischen der Zentrale und angeschlossen Händlern.

Darüber hinaus besteht die Möglichkeit, auch auf die Transaktionskosten der Endabnehmer einzuwirken, z.B. durch Verbesserung ihrer Informationsversor-

---

[390] Vgl. Dahmen, E., 1972, S. 67.
[391] Vgl. hierzu auch Kap. 3.1.1.

gung[392]. Hiervon ginge jedoch kein direkter Einfluß auf die Kosten der Handelskooperation aus, sondern es würden sich Erlöseffekte aufgrund einer veränderten Nachfragesituation ergeben. Dieser Fall wäre z.B. gegeben, wenn die verbesserte Informationsversorgung der Abnehmer durch Werbung zu einer Erlössteigerung führen würde. Wenn der Handelskooperation Wettbewerbsnachteile entstehen, weil sie nicht die Transaktionskosten der Endabnehmer reduzieren kann, könnten die nicht ausgeschöpften Erlöspotentiale als Opportunitätskosten (für entgangene Erlöse) aufgefaßt werden.

4.2.1.1 Die Lieferkonditionen der Hersteller

Die Erwirtschaftung von Einkaufsvorteilen durch gemeinsame Warenbeschaffung stellte ursprünglich das Hauptmotiv für den Zusammenschluß von Handelsbetrieben in Kooperationen dar[393]. Die Grundidee bestand darin, die Einkaufsaktivitäten mehrerer Handelsbetriebe zusammenzufassen, um hierdurch die Transaktions- und Produktionskosten sowohl der Hersteller als auch der Handelsbetriebe zu senken. Diesbezüglich bestehen für die Handelskooperation zwei Möglichkeiten zur Kostenreduktion:

1. Durch die zentrale Zusammenfassung der Bezugsverhandlungen senken die Kooperationsmitglieder ihre eigenen Kontaktkosten.
2. Aufgrund größerer Bestellmengen können die Hersteller ihre eigenen Transaktionskosten reduzieren und gewähren günstigere Bezugskonditionen. Dies bedeutet für die Kooperationsmitglieder eine Senkung der Warenbezugskosten

Das Konzept der Kontaktkostensenkung konnte breits durch den *Baligh/Richartz*-Effekt aufgezeigt werden, der die Reduktion von Kontaktzahlen durch die Zwischenschaltung einer Handelsstufe belegt[394]. Nur am Rande wurde bisher behandelt, wann und in welcher Form die Hersteller günstigere Lieferkonditionen gewähren. In der Praxis geschieht dies zum einen durch monetäre Anreize und zum anderen in Form von geldwerten Leistungen[395]. Zu letzteren zählen beispielsweise Schulungen oder die Beteiligung an Hausmessen.

Um monetäre Anreize zu schaffen, werden von Lieferanten häufig Rabattsysteme eingesetzt, insbesondere durch die Einräumung von Mengenrabatten. Der Rabatt wird definiert als „ein Nachlaß von einem allgemein angekündigten oder geforderten Verkaufspreis, mit dessen Hilfe bestimmte Leistungen der Käufer abgegolten oder bestimmte Käufergruppen differenziert behandelt werden"[396]. Der Mengenrabatt, als eine Rabattart, wird bei Abnahme größerer Mengen in der Regel gestaffelt einge-

---

[392] Vgl. Picot, A., 1986, S. 3.
[393] Vgl. Kap. 2.2.2.
[394] Siehe hierzu Kap. 4.1.2.3.
[395] Vgl. Knoben, H.-K., 1995, S. 10.
[396] Katalog E, 1995, S. 93.

räumt und erfüllt auch die Funktion des Treuerabatts, sofern er sich auf eine Periode bezieht[397].

Es stellt sich jedoch die Frage, wann ein Rabatt von der liefernden Industrie gewährt wird, und unter welchen Voraussetzungen dies erfolgt. Es könnte z.B. durchaus passieren, daß eine Verbundgruppe keinen oder nur einen geringen Mengenrabatt erhält, weil konkurrierende Systeme (z.B. andere Verbundgruppen, Franchise-Systeme, Filialsysteme) wesentlich größere Mengen bei dem Lieferanten nachfragen. Einen Grund für das Nichterreichen von Einkaufsvorteilen sieht *Müller-Hagedorn* in der mangelnden Bindungsintensität zwischen den kooperierenden Handelsstufen:

„The willingness of the industry to allow quantity discounts induces a close cooperation between wholesalers and retailers."[398]

Müller-Hagedorn empfiehlt daher engere Bindungsformen, wenn Rabatte in Abhängigkeit von der Bestellmenge gegeben werden und konkurrierende Nachfrager größere Mengen ordern als das eigene System[399]. Durch gemeinsame Abkommen oder hierarchische Anweisungen könnte z.B. sichergestellt werden, daß jedes angeschlossene Mitglied ein bestimmtes Transaktionsvolumen über die Systemzentrale abwickelt. Franchise-Systeme besitzen für die Steuerung der zentralen Warenbeschaffung den größeren Handlungsspielraum, weil hier eine Verpflichtung zum ausschließlichen Warenbezug über die Systemzentrale ausgesprochen werden kann[400]. Hierdurch lassen sich Transaktionskosten von Franchise-Systemen unterbinden, die durch direkte Verhandlungen zwischen den angeschlossenen Händlern und externen Lieferanten entstehen. Verbundgruppen müssen hingegen mit höheren Kontroll- und Anpassungskosten bei der Durchsetzung ihrer zentralen Beschaffungskonzepte rechnen. Diese Problematik gewinnt vor allem an Bedeutung, wenn die Vertriebsorganisationen der Hersteller aktiv den Direktkontakt mit Kooperationsmitgliedern suchen, um auf deren Beschaffungsentscheidungen einzuwirken[401].

Ein weiterer Vorteil durch die Begrenzung der individuellen Bezugsfreiheit entsteht für die Systemzentrale durch die genauere Planbarkeit des Bestellwesens. Dadurch lassen sich für beide Vertragsparteien vertragliche Unsicherheiten begrenzen, wodurch sich eine günstigere Verhandlungsposition der Kooperation gegenüber den Lieferanten ergibt. Die Bedeutung dieser Erkenntnis kommt durch die folgende Aussage zum Ausdruck:

„Nur eine Kooperation, die die Vermarktungsanforderungen der Industrie umsetzen kann und zu ihren ausgehandelten Bezugsgrößen steht, ist als Ansprechpartner im Konzert der Marktteilnehmer professionell und kompetent."[402]

---

[397] Vgl. Katalog E, 1995, S. 93.
[398] Müller-Hagedorn, L., 1995, S. 192.
[399] Vgl. Müller-Hagedorn, L., 1995, S. 200
[400] Vgl. Kap. 5.1.1.1.
[401] Vgl. Batzer, E., Lachner, J., Meyerhöfer, W., 1989, S. 45 f.
[402] Knoben, H.-K., 1995, S. 8.

4.2 Spezielle Einflußfaktoren auf die Transaktionskosten der Handelskooperation

Transaktionskostentheoretisch interpretiert läßt diese Aussage schließen, daß eine Handelskooperationen mit günstigeren Bezugskonditionen rechnen kann, wenn sie dazu beiträgt, die vor- und nachvertraglichen Risiken ihrer Beschaffungsmarktpartner weiter als andere Mitbewerber zu reduzieren. Als eine Möglichkeit zur risikoreduzierenden Zusammenarbeit zwischen Handelskooperationen und Herstellern sei hier die gemeinsame Marktforschung genannt, z.B. durch Einbeziehung der Zentrale und ihrer Mitgliedsbetriebe in Marktbefragungen[403]. Durch die Ausnutzung von Synergievorteilen und Degressionseffekten kann es zur Reduzierung von Transaktionskosten bei der Durchführung der Marktforschung sowohl für die Lieferanten als auch für die Handelskooperation kommen. Die beiderseitige Verbesserung des Informationsniveaus sollte aus der Sicht beider Marktpartner zu genaueren Kenntnissen über Endabnehmer und Konkurrenten führen. Über die Marktforschung hinaus kann die Handelskooperation den Lieferanten weitere Vorteile bieten, z.B. durch Marketingdienstleistungen (u.a. Regalplazierung, verkaufsfördernde Maßnahme am „Point of Sale", Medienunterstützung), die über die angeschlossenen Mitgliedsbetriebe durchgesetzt werden[404]. Neben der Realisierung von erlöswirtschaftlichen Zielsetzungen bestehen für den Lieferanten hierdurch auch Ansatzpunkte, seine eigenen Transaktionskosten zu reduzieren.

Einen weiteren Einflußfaktor auf die Realisierbarkeit günstiger Bezugskonditionen stellt die Wettbewerbssituation auf dem Beschaffungsmarkt dar, die durch die Zahl der Nachfrager und Anbieter charakterisiert wird[405]. So wäre es im Fall eines Herstellermonopols denkbar, daß der Produzent seine eigenen Transaktionskostenvorteile, die ihm durch die Einschaltung des Handels entstehen, gar nicht oder nicht in vollem Umfang an den Handel (z.B. in Form von Mengenrabatten) weitergibt, um hierdurch seinen Gewinn zu erhöhen.

Für den Handel bietet sich hingegen die Möglichkeit, durch den Zusammenschluß in Einkaufsgemeinschaften, ein marktliches Gegengewicht zu bilden[406]. Durch die Zwischenschaltung einer Einkaufszentrale können dann sowohl Produzent(en) als auch Händler ihre Kontaktkosten (gemäß dem *Baligh/Richartz*-Effekt) reduzieren und über die Verteilung dieser Ersparnis verfügen. Führt der Zusammenschluß des Handels zu einer Konzentration auf der Nachfragerseite, die höher ausfällt als auf der Produzentenseite, verschieben sich die Monopolvorteile zugunsten des Handels. Durch Möglichkeiten, Sanktionen glaubhaft anzudrohen und Informationsasymmetrien für den eigenen Vorteil zu nutzen, besteht für den Handel in diesem Fall eine bessere Ausgangspostition, um Transaktionskosten zu vermeiden.

Zusammenfassend kann festgehalten werden, daß sich günstige Lieferkonditionen durch Transaktionskostenvorteile von Herstellern erklären lassen, die durch Zu-

---

[403] Vgl. Ley, Hans-Josef/Wolberg, Horst: Verbundgruppen: "Mittler" zwischen Industrie und Handel - Produktmarktforschung für die Industrie, in: Der Verbund, Jg. 8 (1995), Nr. 2, S. 12.
[404] Vgl. Knoben, H.-K., 1995, S. 10.
[405] Vgl. zu den folgenden Ausführungen Picot, A., 1986, S. 6.
[406] Vgl. Picot, A., 1986, S. 6.

sammenarbeit mit Handelssystemen entstehen. Ob die gemeinschaftliche Durchführung des Wareneinkaufs zur Realisierung günstiger Lieferkonditionen beiträgt, bestimmt sich durch die Fähigkeit der Kooperation,

- hohe Bezugsquoten zu erreichen,
- vertragliche Unsicherheiten der Lieferanten zu reduzieren und
- der Angebotsmacht von Herstellern entgegenzuwirken.

4.2.1.2 Kostensenkungspotentiale durch Zentralisierung

Die Rolle der Transaktionskosten bei der Zentralisierung betriebswirtschaftlicher Funktionen wird nachfolgend für den Bereich der Warenbeschaffung, des Marketing und zentraler Servicedienstleistungen untersucht. Hierdurch wird eine Analogie zu dem Modell des Kooperationssystems im Handel[407] geschaffen, weil durch die Einbeziehung von zentralen Servicedienstleistungen, neben der Berücksichtigung des Beschaffungs- und Absatzmarktes, auch Kostensenkungspotentiale bei kooperationsinternen Leistungsbeziehungen geprüft werden. Zu den zentralen Servicedienstleistung zählen sämtliche Dienstleistungsangebote, die über die zentrale Warenbeschaffung und das zentrale Marketing hinaus den angeschlossenen Handelsbetrieben angeboten werden (z.B. EDV- und Unternehmensberatung, Betriebsvergleich, Finanzdienstleistungen).

4.2.1.2.1 Zentrale Warenbeschaffung

Die Durchführung der zentralen Warenbeschaffung über die Systemzentrale kann vereinfacht wie folgt beschrieben werden: Die Beschaffungsmarkterkundung, die Auswahl der Lieferanten sowie die Aushandlung der Bezugspreise und -konditionen erfolgt durch die Einkäufer der Systemzentrale[408]. Den Mitgliedsunternehmen werden in der Regel Grund- oder Kontorbedingungen mitgeteilt, zu denen sie über die Vertragslieferanten beziehen können. Hierbei handelt es sich um Mindestkonditionen bzw. Höchstpreise, auf deren Basis individuelle Verhandlungen geführt werden können, um z.B. - je nach Bestellmenge - mit den Lieferanten weitere Vergünstigungen (sog. Hauskonditionen) zu vereinbaren[409]. Aus der Sicht der Kooperation geht es hierbei insbesondere um die Realisierung von Degressionseffekten (economies of scale) durch Nutzung von Konzentrations- und Spezialisierungsvorteilen, wie z.B.[410]

- bessere Übersicht über den Beschaffungsmarkt,
- abnehmergerechte (Vor-) Auswahl des Sortiments aus einem größeren, auch internationalen Angebot,

---

[407] Siehe hierzu Kap. 2.3.2.
[408] Vgl. Gahrens, N., 1990, S. 148 f.
[409] Vgl. Batzer, E., Lachner, J., Meyerhöfer, W., 1989, S. 44 f.
[410] Vgl. Gahrens, N., 1990, S. 148 f.

- Vereinfachung (Standardisierung) der Kontrahierung,
- Einsparung von Mehrfachaufwendungen,
- Entlastung der Einkäufer in den Mitgliedsbetrieben.

Neben den Abkommen über Lieferkonditionen übernehmen viele Systemzentralen - gegen Vergütung durch die Mitgliedsbetriebe - auch die Regulierung der Rechnungen (Zentralregulierung) und die selbstschuldnerische Haftung (Delkredere) für die angeschlossenen Händler[411]. Durch die Zentralregulierung wird nicht nur eine Transaktionskostenersparnis für die Mitglieder, sondern auch für die Beschaffungsmarktpartner erreicht, weil Kosten für das Erstellen und Nachverfolgen zahlreicher Einzelrechnungen entfallen. Durch die Übernahme des Delkredere ergibt sich für die Lieferanten zudem eine Reduzierung nachvertraglicher Transaktionsrisiken.

Durch hierarchische Elemente in Kooperationsverträgen kommt es zu Variationen der oben beschriebenen Beschaffungsvorgänge. So können z.B. Mindestbestellmengen vereinbart werden oder Franchisenehmer werden verpflichtet, ausschließlich über die Zentrale zu beziehen. Weitere Varianten betreffen die logistische Durchführung der Warenbeschaffung, weil Handelskooperationen teils mit, teils ohne eigenem Zentrallager arbeiten. Es stellt sich die Frage nach dem Zusammenhang zwischen der Koordinationsform und der Realisierbarkeit von Kosteneffekten durch Zentralisierung von Warenbeschaffungsaktivitäten. Diesen beschreibt *Müller-Hagedorn* folgendermaßen:

„The greater the economies of scale due to the bundling of purchasing or other activities in the cooperation's headquarters, the more the headquarter will be able to bind the members."[412]

Je eher sich demnach economies of scale u.a. durch den gemeinsamen Einkauf realisieren lassen, desto besser eignen sich engere Bindungsformen für die Koordination der Zusammenarbeit. Als ein Problem könnte sich allerdings erweisen, daß die angeschlossenen Händler einer Kooperation mögliche Kostenersparnisse nicht bewußt wahrnehmen. Der Grund kann darin vermutet werden, daß diese Ersparnisse nicht im Rechnungswesen gesondert ausgewiesen werden und es somit unklar bleibt, in welchem Ausmaß das einzelne Kooperationsmitglied an den Ersparnissen durch economies of scale partizipiert[413]. Es sollten daher Ansätze gefunden werden, um durch ein transaktionsbezogenes Rechnungswesen[414] derartige Effekte zumindest in Grundzügen darzustellen und damit Transparenz zu schaffen.

Es ergibt sich zudem die Frage, wovon es abhängt, ob durch die Bündelung von Einkaufsaktivitäten eine Reduzierung von Transaktionskosten erreicht werden kann. Diesbezüglich soll nachfolgend zwischen den Einflüssen des Warensortiments und der Verfügbarkeit von Beschaffungsmarktinformationen unterschieden werden.

---

[411] Vgl. Batzer, E., Lachner, J., Meyerhöfer, W., 1989, S. 46.
[412] Müller-Hagedorn, L., 1995, S. 194.
[413] Vgl. Müller-Hagedorn, L., 1995, S. 194.
[414] Siehe hierzu ausführlich Kap. 3.3.4.

a) Einflüsse des Warensortiments

Eine wichtige Größe für die Beurteilung des zentralen Einkaufs stellt die Bezugsquote dar, die den Anteil der Warenbeschaffung eines Betriebes angibt, der über die eigene Systemzentrale bezogen wird. Das Ifo-Institut beurteilt die Entwicklung der durchschnittlichen Bezugsquoten, nach der Analyse des kooperierenden Einzelhandels in insgesamt neun Branchen[415], folgendermaßen:

„Die Bezugskonzentration des kooperierenden Handels auf die zentralen Beschaffungsorgane der Verbundgruppen hat sich zwar insgesamt tendenziell verstärkt, teilweise war jedoch auch eine Verringerung der Bezugsquoten zu beobachten."[416]

Es zeigt sich hier, daß die genauen Umstände für die Entwicklung der Bezugsquote situationsspezifisch ermittelt werden müssen, weil kein allgemeingültiger Trend verzeichnet werden kann. Als wesentliche Ursache für die Verringerung der Bezugsquote stellt das Ifo-Institut die unterschiedlichen und divergierenden Warensortimente der einzelnen Mitgliedsbetriebe heraus[417]. Wenn die Erwartungen der angeschlossenen Händler an die Warenbeschaffung der Systemzentrale sehr stark voneinander abweichen und die Systemzentrale nicht die Möglichkeiten besitzt, auf die Sortimentierung der Händler einzuwirken, wird es der Kooperation insgesamt schwerfallen, Transaktionskostenvorteile aus dem Wareneinkauf zu realisieren.

Picot weist darüber hinaus darauf hin, daß es nicht nur ausreicht, das zentral abgewickelte Transaktionsvolumen insgesamt zu maximieren, sondern die Volumina zu betrachten, die pro Erzeugnisart erzielt werden:

„Je höher der relative Wert (Preis x Menge je Zeiteinheit) einer nachgefragten Erzeugnisart[418], desto eher lohnt es sich, die zu ihrer Verwertung bzw. Beschaffung notwendigen Transaktionen separat durchzuführen und dabei beispielsweise die Spezialisierungsvorteile von Spezialanbietern des Handels oder des Direktvertriebs zu nutzen (. . .)."[419]

Wenn vorausgesetzt wird, daß auch eine Kooperationszentrale zu den Spezialanbietern des Handels zählt, führt die separate Durchführung der Warenbeschaffung durch die Zentrale eher zu den gewünschten Transaktionskostenvorteilen, wenn das insgesamt abgewickelte Transaktionsvolumen pro Erzeugnisart ein bestimmtes Mindestmaß erreicht. Durch die Kosten, die pro Bestellung einer Erzeugnisart anfallen, kann - ausgehend von einem konstanten Transaktionsvolumen - bei einer hohen Erzeugnisartenzahl nicht die gleiche Transaktionsersparnis erwartet werden wie bei einer niedrigeren Erzeugnisartenzahl, weil diese Kosten vorwiegend bestellmengenunabhängig anfallen und daher den Charakter von Fixkosten[420] annehmen. Zu

---

[415] Siehe hierzu Abb. 6 in Kap. 2.2.2.
[416] Batzer, E., Lachner, J., Meyerhöfer, W., 1989, S. 42.
[417] Vgl. Batzer, E., Lachner, J., Meyerhöfer, W., 1989, S. 42.
[418] Picot versteht unter dem Begriff der Erzeugnisart eine Gruppe homogener Erzeugnisse, wie z.B. Obst, Fleisch, Gemüse etc. Eine Erzeugnisart kann in der Regel von einem Produzenten bezogen werden.
[419] Picot, A., 1986, S. 8.
[420] Ob es sich um Fixkosten im ursprünglichen Sinn handelt, muß situationsabhängig entschieden werden. Hier kommt es darauf an, daß diese Kosten pro Bestellvorgang anfallen.

4.2 Spezielle Einflußfaktoren auf die Transaktionskosten der Handelskooperation

diesen erzeugnisartenabhängigen Transaktionskosten, die bei der Bestellung anfallen, zählen z.B.[421]

- Informationen über Produkteigenschaften,
- Durchsetzung von Termin und Qualitätswünschen und
- Preisvereinbarungen.

Es stellt sich daher die Frage, ob durch die Standardisierung des Warensortiments (und damit auch des Wareneinkaufs) ein Beitrag zur Reduzierung von bestellfixen Transaktionskosten erreicht werden kann. Diese Standardisierung könnte zum einen durch die zahlenmäßige Begrenzung der bestellbaren Erzeugnisse bzw. Erzeugnisarten stattfinden und zum anderen durch Standardisierung der Erzeugnisses selbst, z.B. durch Leistungsnormen, Qualitätsstandards sowie Festlegung von Varianten und Ausführungen.

Die zahlenmäßige Begrenzung der über die Zentrale bestellbaren Erzeugnisse und Erzeugnisarten könnte vor allem deswegen zu Kosteneinsparungen führen, weil hierdurch eine Bündelung des Transaktionsvolumens auf möglichst wenige Bestellvorgänge erreicht wird und somit eher Degressionseffekte zu erwarten sind. Ein Eindruck, über die Kostenintensität der Warenbeschaffung, soll durch die folgende Beschreibung der Ermittlung von Bestellmengen im Lebensmitteleinzelhandel gegeben werden:

„Der hierfür erforderliche Zeitaufwand ist hoch. Geht man von einem durchschnittlichen Warenumschlag je Artikel von 15 bis 17 pro Jahr aus, so fallen bei 3500 Artikeln[422] wöchentlich zwischen 500 und 570 Entscheidungen für Wiederholungskäufe an, eine Zahl, die angesichts eines zunehmenden Frischwarenanteils eher noch nach oben tendieren dürfte."[423]

Praktische Beispiele für Kooperationssysteme mit schlanken Sortimenten lassen sich vor allem an Franchise-Gruppen aufzeigen, die ausschließlich oder vorwiegend eigene Hersteller- oder Handelsmarken vertreiben. Hierzu gehören z.B. *Benetton*, *Yves Rocher* und *Eismann*[424]. Diese Beispiele lassen vermuten, daß sich Kooperationssysteme mit einem hohen Bindungsgrad anbieten, um die Standardisierung des Sortiments vertraglich durchzusetzen und hieraus entsprechende Transaktionskostenvorteile zu gewinnen. Allerdings trifft diese Hypothese für sich allein gestellt nicht immer zu. So lassen sich leicht Beispiele für Filialsysteme mit einem sehr

---

[421] Vgl. Picot, A., 1986, S. 8.
[422] Das Sortiment eines Lebensmitteleinzelhandelsgeschäfts umfaßt ca. 3000 bis 3500 Artikel, während eine Kooperationszentrale hier ca. 7500 bis 8500 Artikel ihren Mitgliedern anbietet. Vgl. Treis, Bartho/Lademann, Rainer: Das Beschaffungsverhalten von Einzelhändlern in kooperativen Gruppen, in: Marketing - Zeitung für Forschung und Praxis, Nr. 3, Jg. 3 (1981), S. 171.
[423] Treis, B./Lademann, R., 1981, S. 171.
[424] Zur Beschreibung des EISMANN-Franchise-Systems siehe Kunkel, Michael: Franchising und asymmetrische Informationen, Wiesbaden 1994, S. 68 - 72.

breitem und auch einem relativ engen Sortiment aufzeigen[425]. Scheinbar stellt bei den Franchise-Systemen die vertikale Bindung an einen Hersteller einen wesentlichen Grund für die weitgehende Standardisierung des Sortiments dar. Letztendlich besitzen wohl auch erlöswirtschaftliche Strategien und der Einfluß der Absatzmärkte eine erhebliche Relevanz, wenn es um die Effizienzbestimmung von Sortimentierungsmaßnahmen geht, so daß hier eine rein kostenorientierte Sichtweise in Frage gestellt werden muß.

b) Verfügbarkeit von Beschaffungsmarktinformationen

Neben der Optimierung des Bestellwesens und der Bestellmengen, sollte auch auf die Möglichkeiten zur qualitativen und quantitativen Verbesserung des Informationsstandes in der Warenbeschaffung eingegangen werden. Gemäß dem organizational failures framework stellen Informationen ein wichtiges Mittel dar, um dem Einfluß begrenzter Rationalität auf die Transaktionskostenentstehung entgegenzuwirken[426]. Ein höheres Informationsniveau führt zudem zur Reduzierung von Unsicherheit zum Zeitpunkt des Vertragsschlusses und damit zum Abbau nachvertraglicher Transaktionskosten.

Auch in der Warenbeschaffung der Handelskooperation werden Informationen benötigt, um die einzelnen Transaktionen abwickeln zu können. Insbesondere bei hoher Artikelzahl und Umschlagshäufigkeit kommt es zu einem erheblichen Informationsbedarf bei Erstkauf-, Wiederholungskauf- und Eliminationsentscheidungen[427]. Unter diesen Bedingungen bestehen gute Chancen für Handelskooperationen, durch den Einsatz von IuK-Technologie zur Verbesserung des Informationsniveaus bei den angeschlossenen Mitgliedsbetrieben beizutragen. Als Beispiel hierfür soll die kooperationsinterne Nutzung des Bildschirmtextes als Einkaufsinstrument dienen, wodurch sowohl die Übertragung von Texten als auch von Grafiken über das Telefonkabel ermöglicht wird[428]. Weitere Einsatzmöglichkeiten von IuK-Technologie bietet die Zentralregulierung, die durch den Austausch von Datenträgern rationalisiert werden kann[429].

Aber auch konventionelle Instrumente tragen zur Unterstützung des Informationsstandes im Wareneinkauf bei. Beispielsweise werden

- gemeinsame Kataloge,
- Verkaufsberater,
- Rundschreiben und
- Ordersatzbeilagen

---

[425] Hier kommt der gewählte Betriebstyp zu tragen. Beispielsweise stehen im filialisierten Lebensmitteleinzelhandel SB-Center und Verbrauchermärkte eher für ein breites Sortiment, während Discounter mit engeren Sortimenten arbeiten.
[426] Siehe hierzu Kap. 4.1.1.1.
[427] Vgl. Treis, B./Lademann, R., 1981, S. 171.
[428] Vgl. Tietz, Bruno: Konsument und Einzelhandel, 3. Aufl., Frankfurt am Main 1983, S. 61 f.
[429] Vgl. Olesch, G.: Die Bedeutung der Zentralregulierung als Kooperationsinstrument zwischen Verbundgruppen und Lieferanten, in: Der Verbund, Jg. 3 (1990), Nr. 2, S. 20 f.

4.2 Spezielle Einflußfaktoren auf die Transaktionskosten der Handelskooperation

eingesetzt, um den für die Warenbeschaffung relevanten Informationsstand der angeschlossenen Mitgliedsbetriebe zu verbessern[430]. Der kombinierte Einsatz dieser Informationsinstrumente findet in der Praxis z.B. in Form von Einkaufsbörsen und gemeinsamen Musterungen statt, die als messeähnliche Veranstaltungen von Kooperationen für ihre Lieferanten und Mitgliedsbetriebe organisiert werden. Hierdurch besteht für Mitgliedsbetriebe die Möglichkeit, sich umfassend über die Produktionsprogramme der Hersteller zu informieren und auch Konditionen bzw. Sonderkonditionen auszuhandeln.

Die aufgeführten Maßnahmen zur Verbesserung des Informationsstandes in der Warenbeschaffung besitzen allerdings wenig Relevanz, wenn der Einkauf der einzelnen Mitglieder sich durch individuelle und persönliche Marktkontakte auszeichnet. Dieser Zustand wäre z.B. beim Handel mit hochwertigen Investitionsgütern gegeben, die ein hohes Komplexitätsniveau aufweisen. In diesem Fall kann jedoch vermutet werden, daß Kooperationsvorteile bei der Warenbeschaffung im allgemeinen relativ gering ausfallen.

4.2.1.2.2 Zentrales Marketing

Im Laufe des Entwicklungsprozesses der Handelskooperationen von reinen Einkaufszusammenschlüssen zu Full-Service-Organisationen, findet der Letztabnehmer ein zunehmendes Interesse in der Gruppenpolitik[431]. Verstärkt wurde dieser Trend zur aktiven Marktbearbeitung durch das Vordringen von Franchise-Systemen und Filialketten, die schon frühzeitig eigene Marketingkonzeptionen entwickelten. Inhaltlich betrachtet findet die Entwicklung von Marketingkonzepten in folgenden Schritten statt[432]:

1. Marktforschung auf den externen und internen Absatzmärkten der Handelskooperation,
2. Entwicklung der kooperativen Marketingstrategie (z.B. Marktpositionierung, Marktsegmentierung, Differenzierung von Betriebstypen),
3. Planung, Abstimmung und Einsatz des absatzpolitischen Instrumentariums (z.B. Sortimentspolitik, Preispolitik, Verkaufsförderung, Werbung etc.).

Grundsätzlich kann davon ausgegangen werden, daß zentrale Marketingkonzeptionen nicht primär aus Kostengründen entwickelt werden, sondern um auf die Erlössituation der Gruppe einzuwirken[433]. Dennoch besteht die Möglichkeit, durch Zentralisierung Kostensenkungspotentiale auszunutzen, die sowohl für die Endabnehmer als auch für Kooperationsmitglieder zu einer Reduzierung von Transaktionskosten führen können. Beispielsweise ließen sich Transaktionskosten der Endabnehmer durch ein zentral gesteuertes Marketing senken, wenn das äußere Erscheinungsbild

---

[430] Vgl. Treis, B./Lademann, R., 1981, S. 171.
[431] Vgl. Tiedtke, Horst: Kooperationsmarketing - der Zwang zur Zielformulierung, in: Der Verbund, Jg. 4 (1991), S. 20.
[432] Ähnlich Tiedtke, H., 1991, S. 21.
[433] Siehe zu den erlöswirtschaftlichen Aspekten Kap. 4.2.2.

der angeschlossenen Handelsbetriebe oder exklusiv vertriebene Handels- bzw. Herstellermarken aus der Sicht des Kunden ein bestimmtes Qualitätsniveau repräsentieren, so daß es hierdurch vermehrt zu Wiederholungs- oder Gewohnheitskäufen käme. Die Endabnehmer ersparen sich hierdurch vorvertragliche Such- und Informationskosten, weil die Vorabselektion möglicher Bezugsquellen entfällt. Darüber hinaus kommt es zu Kosteneinsparungen, wenn mobile Endabnehmer vorausgesetzt werden und die Kooperation überregional, eventuell sogar flächendeckend über Standorte verfügt. In diesem Fall symbolisiert der einheitliche Marktauftritt der Kooperationsbetriebe ortsfremden Endabnehmern eine bestimmte Service- und Produktqualität, die zur Einsparung von Such- und Informationskosten führen kann, indem die Inanspruchnahme regionaler Anbieter nicht in Erwägung gezogen wird. Ein bekanntes Beispiel hierfür geben im Gastronomiebereich „Fast-food"-Franchise-Ketten, die über globale Vetriebsnetze verfügen.

Nutzungspotentiale für die Senkung von Transaktionskosten durch ein zentral konzipiertes Marketing bestehen auch für die Kooperationsmitglieder selbst. Hier wäre insbesondere an die Degression von Fixkosten zu denken, die z.B. durch die gemeinsame Beauftragung von Werbeagenturen oder Ladenbaufirmen realisiert werden kann. Die angeschlossenen Händler sparen hierdurch Kontaktkosten, die entstehen würden, wenn jeder einzelne Betrieb Verträge mit entsprechenden Spezialisten abschließen würde. Darüber hinaus werden Bezugsvorteile (z.B. Mengenrabatte) durch größere Aufträge erzielt. Weitere Skalenvorteile können durch Spezialisierung in der Kooperationszentrale ausgenutzt werden, wenn für die Erfüllung bestimmter Marketingaufgaben entsprechende Stellen geschaffen werden[434]. Derartige Vorteile sind dann gegeben, wenn die Kosten-Nutzen-Relation eines Marketing-Spezialisten in der Systemzentrale günstiger ausfällt, als wenn die Konzeption durch jeden Händler selbst erstellt würde. Bedenken diesbezüglich bestehen dann, wenn die zentrale Marketingkonzeption nicht die individuellen Marktbedingungen einzelner oder mehrerer Betriebe berücksichtigt und daher von diesen Mitgliedern nicht akzeptiert würde. In diesen Fällen bestehen gegenüber der Idealsituation folgende Transaktionskostennachteile:

- Skalenvorteile werden nicht in vollem Umfang genutzt,
- einzelne Mitglieder entwickeln, parallel zur den Bemühungen der Zentrale, eigene Aktivitäten, die zusätzliche Kosten verursachen,
- die Durchsetzung und Kontrolle der zentralen Konzeption erfordert höhere Kontrollkosten für die Systemzentrale.

Würden die oben aufgeführten Kostennachteile die angestrebten Kostenvorteile überkompensieren, müßte aus Kostengesichtspunkten ein zentrales Marketing für die Kooperation in Frage gestellt werden. Allerdings würden auch zusätzliche Transaktionskosten in Kauf genommen werden, wenn die Erlöszuwächse, die dem gemeinsamen Marketing zuzuschreiben sind, die Kostennachteile mindestens kompensieren. Es zeigt sich somit, daß zwischen den Kosten- und Erlöseffekten im

---

[434] Vgl. Dahmen, E., 1972, S. 67.

Marketingbereich Interdependenzen bestehen. Unter Umständen kommt es - entgegen dem ökonomischen Prinzip - zur gleichzeitigen Verfolgung von Kostensenkungs- und Erlössteigerungszielen, so daß es teilweise schwerfallen wird, Kosten- und Erlöseffekte zu trennen[435]. Weitere Kosteneffekte, die in Abhängigkeit von der Gestaltung des Marketing-Mix auftreten, werden daher durch die spätere Einbeziehung erlöswirtschaftlicher Zielsetzungen berücksichtigt[436].

4.2.1.2.3 Zentrale Servicedienstleistungen

Durch die Entwicklung zahlreicher Handelskooperationen zu **Full Service-Organisationen** bestehen weitere Möglichkeiten, durch Zentralisierung von betriebswirtschaftlichen Teilfunktionen auf die Transaktionskostenhöhe der jeweiligen institutionellen Alternative einzuwirken. Zu diesem Zweck lassen sich Service-Leistungen der Zentrale abgrenzen, die generell zur Unterstützung des dispositiven Faktors dienen, indem sie die Entscheidungsvorbereitung, -findung und -kontrolle der einzelnen Kooperationsmitglieder unterstützen[437]. Hierzu zählen z.B.

- Betriebsvergleich,
- Betriebsberatung und
- Erfahrungsaustausch.

Ähnlich wie die Durchführung einer zentralen Absatz- und Beschaffungsmarktforschung, dienen auch die obenstehenden Leistungsangebote der Zentrale aus transaktionskostentheoretischer Sicht zur Verbesserung des Informationsstandes und damit zur Verminderung des Einflusses begrenzter Rationalität auf die Transaktionskostenentstehung. Um von den gleichen Vorteilen zu profitieren, müßten selbständige, nicht-kooperierende Händler Verträge mit externen Anbietern (z.B. Unternehmensberatern) abschließen, wodurch es zu externen Transaktionskosten kommen würde. Zudem handelt es sich - insbesondere bei der Unternehmensberatung - um komplexe, teilweise personifizierte Leistungsangebote mit erheblichen Qualitätsunterschieden[438], die vorvertragliche Unsicherheiten verursachen.

Für die Zentralen von Handelskooperationen besteht die Chance, für die Kooperationsmitglieder die Transaktionskosten zu senken, die durch die Auswahl, Vereinbarung und Kontrolle von externen Dienstleistern entstehen würden. Dies bedeutet nicht zwangsläufig, daß es zu einer vollständigen Integration dieser Dienstleistungen durch die Kooperationszentrale kommt. Es besteht auch die Möglichkeit, daß die Zentrale Rahmenverträge mit kooperationsexternen Dienstleistern abschließt, die dann - ähnlich wie bei den Konditionenabsprachen mit Lieferanten - durch die angeschlossenen Händler spezifiziert werden. Hierdurch könnten Spezialisierungseffekte

---

[435] Vgl. Dahmen, E., 1972, S. 67.
[436] Siehe hierzu Kap. 4.2.2.
[437] Vgl. Dahmen, E., 1972, S. 68.
[438] Vgl. Bullinger, Dieter: Die Unternehmung im Beratergeflecht, in: Die Unternehmung, Jg. 38 (1984), Nr. 2, S. 164.

realisiert werden, z.B. durch Ausrichtung der Dienstleister auf die besonderen Belange der Kooperationsmitglieder.

Weitere Serviceangebote der Kooperationszentralen bestehen, neben der Warenbeschaffung und dem Marketing, in der Unterstützung von betriebswirtschaftlichen Teilfunktionen, wie z.B.

- Rechnungswesen und
- logistische Dienstleistungen (z.B. Lagerhaltung, Warenwirtschaftsysteme).

Das Kostensenkungsziel hierbei besteht in der verbesserten Ressourcenauslastung, durch deren Verlagerung in den Einflußbereich der Kooperationszentrale. So führt beispielsweise der Aufbau und der Unterhalt eines Rechenzentrums, eines Fuhrparks oder einer technologisch unterstützten Lagerbewirtschaftung zu hohen Fixkosten, die zum Teil durch einen einzelnen Händler kaum zu tragen sind. Durch Zentralisierung von Teilfunktionen werden somit interne Transaktionskosten des Händlers durch kooperationsinterne Transaktionskosten substituiert, mit dem Ziel, durch die Ausnutzung von Fixkostendegressionseffekten und Größenvorteilen, eine geringere Gesamtbelastung zu erreichen. Für das einzelne Kooperationsmitglied entfällt hierdurch z.B. der Abschluß von Arbeitsverträgen mit dem entsprechenden Fachpersonal (z.B. für Buchhaltung, Lagerarbeiten und Fahrerdienste) sowie die Kontrolle der ordnungsgemäßen Ausführung von getroffenen Vereinbarungen. Damit konzentriert sich der Aufgabenbereich des Händlers verstärkt auf die enger gefaßten Handelsfunktionen (z.B. Bereitstellung der Ware, Verkauf etc.), so daß auch das Kooperationsmitglied selbst Spezialisierungsvorteile in seinen originären Aufgabenbereichen erlangen kann.

Wenn allerdings den erwirtschafteten Transaktionskostenvorteilen relative hohe interne Transaktionskosten der Zentrale gegenüber stehen, sind Zweifel angebracht, ob eine Zentralisierung der entsprechenden Teilfunktion ökonomisch gerechtfertigt werden kann. Offenbar gelingt es in diesem Fall nicht, Teilaufgaben so weit zu standardisieren und zu rationalisieren, daß hierdurch für die gesamte Gruppe ein Wettbewerbsvorteil entsteht. Ein typisches Beispiel hierfür wäre die Belieferung von einem Zentrallager aus, das nicht flexibel auf die Anforderungen lokaler Nachfrager reagieren kann und somit für die angeschlossenen Handelsbetriebe steigende nachvertragliche Transaktionskosten und entgangene Erlöse verursacht.

4.2.2 Die Berücksichtigung erlöswirtschaftlicher Zielsetzungen

Es wurde bereits erwähnt, daß die Wettbewerbsfähigkeit einer Handelskooperation nicht allein von ihrer Fähigkeit zur Kostensenkung abhängt, sondern daß auch erlöswirtschaftliche Zielsetzungen eine wichtige Rolle für die Effizienzsteigerung des Gesamtsystems spielen[439]. Darüber hinaus haben die bisherigen Kapitel gezeigt, daß eine Kosten- und Erlösplanung nicht völlig unabhängig voneinander erfolgen kann, sondern daß zahlreiche Faktoren sowohl zur Beeinflussung von Transaktionskosten

---

[439] Vgl. Müller-Hagedorn, L., 1990, S. 458.

als auch zur Veränderung der Erlössituation beitragen. Im Rahmen dieser Arbeit steht nicht die vollständige Darstellung der Marketing-Mix-Planung und ihrer Auswirkung auf die Erreichung erlöswirtschaftlicher Subziele im Mittelpunkt, sondern der Einfluß, der sich hierdurch auf das Transaktionskostenniveau der Handelskooperation, unter Berücksichtigung unterschiedlicher Koordinationsformen, ergibt. Die Untersuchung findet unter zwei Fragestellungen statt:

- Welche Konzepte zum Einsatz des absatzpolitischen Instrumentariums werden eingesetzt und welche Auswirkungen auf die Fähigkeit zur Senkung von Transaktionskosten ergeben sich hierdurch ?
- Welchen Einfluß nehmen die Rahmenbedingungen des Absatzmarktes auf die Erlös- und Kostensituation von Handelskooperationen ?

4.2.2.1 Der Einsatz des Marketing-Mix

Unter dem Begriff des Marketing-Mix wird im allgemeinen eine konkrete Kombination absatzpolitischer Instrumente, Maßnahmen oder Strategien verstanden, um bestimmte Marketingziele zu erreichen[440]. Die Aktionsbereiche, die sich für den Handelsbetrieb durch den Einsatz der absatzpolitischen Instrumente ergeben, werden mit der folgenden Abbildung zusammengefaßt:

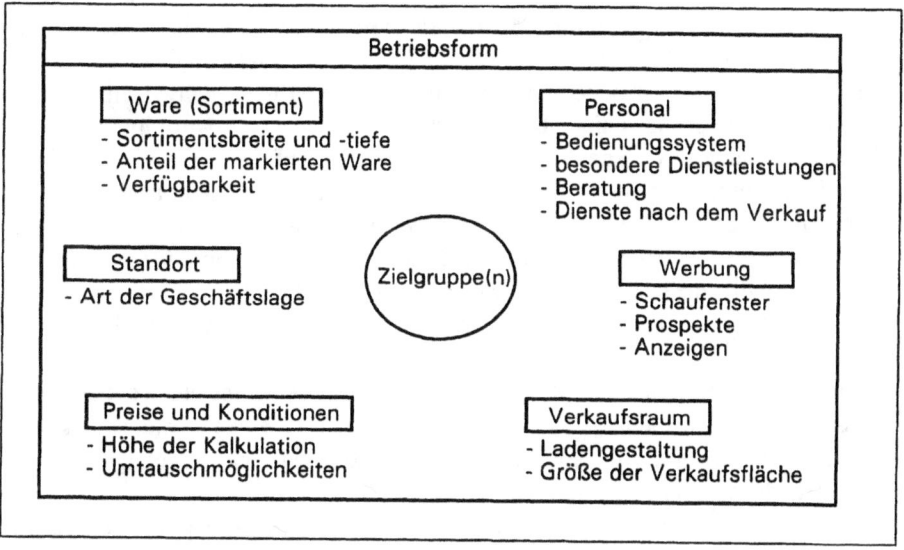

Abb. 42: Die absatzpolitischen Instrumente des Handelsbetriebes; Quelle: Müller-Hagedorn, L., 1993, S. 49.

---

[440] Vgl. Katalog E, 1995, S. 19.

Für die Zentrale einer Handelskooperation stellt sich das Problem, die einzelnen Instrumente auf die Bedürfnisse der Endabnehmer zielgruppengerecht abzustimmen. Dieses Problem ergibt sich insbesondere bei heterogenen Mitglieder- und Lokalmarktstrukturen, die der einheitlichen Durchsetzung von zentralen Marketingkonzeptionen entgegenstehen. Als Lösung bietet sich der differenzierte Einsatz von Betriebstypenkonzepten an, wodurch folgende Ziele erreicht werden sollen[441]:

- Bessere Ansatzpunkte für eine differenzierte Mitgliederbetreuung,
- effizientere Förderung des Marketing der Mitglieder,
- Erschließung neuer Marktsegmente für die Mitglieder,
- Nutzung attraktiver Standorte, Zielgruppen und Sortimente für die gesamte Gruppe.

Als Richtlinie für die Bildung von Betriebstypen empfiehlt *Strobel* die primäre Orientierung an den Standorten und sekundär die Berücksichtigung der anzusprechenden Zielgruppen sowie weitere Charakteristika, wie die Sortimentsbereiche oder Service-Schwerpunkte[442]. Beispielsweise würde sich für ein großflächiges Fachmarktkonzept ein Standort in einem Gewerbegebiet in peripherer Lage (Stadtrandbereich) eignen. Dieses Konzept könnte hingegen in der City-Lage einer Großstadt, die sich durch ein knappes Raumangebot zu entsprechend hohen Preisen auszeichnet, nur schwer verwirklicht werden.

Für die Umsetzung von Betriebstypenansätzen existieren zwei alternative Konzeptionen[443]. Das **Modul- oder Bausteinkonzept** setzt voraus, daß differenzierte Konzeptionen und Maßnahmen separat für jedes Marketinginstrument entwickelt werden müssen. Jedes Kooperationsmitglied entscheidet dann individuell vor Ort, welcher Baustein des jeweiligen Instrumentalbereichs eingesetzt wird. Im Gegensatz hierzu wird durch das **Typenkonzept** jedem Betrieb, auf der Basis von Standort- und Zielgruppenanalysen, ein Betriebstyp zugewiesen und damit auch eine geschlossene, zentral festgelegte Marketingstrategie bestimmt. Welche der beiden Konzeptionen letztendlich zum Einsatz gelangt, hängt von der Struktur der Mitglieder, deren individuellen Zielsetzungen und den Eigenschaften der Endabnehmermärkte ab. In der Kooperationspraxis werden zudem häufig Mischformen zu finden sein.

Ob Betriebstypenkonzepte tatsächlich zur Effizienzsteigerung im Kooperationsmarketing beitragen bleibt jedoch fragwürdig. *Tiedtke* bezweifelt die Fähigkeiten der Verbundgruppen zur flächendeckenden Durchsetzung von Marketingleistungen und begründet dies folgendermaßen:

„Nach wie vor liegt die Entscheidung über den Einsatz der kooperationsseits angebotenen Marketingleistungen beim einzelnen Mitglied. Je unterschiedlicher dieses die gebotenen Instrumente nutzt, um so uneinheitlicher stellt sich die geschaffene Marketinglinie letztendlich dar."[444]

---

[441] Vgl. Strobel, B., 1988, S. 10.
[442] Vgl. Strobel, B., 1988, S. 12.
[443] Vgl. zu den folgenden Ausführungen Strobel, B., 1988, S. 10.
[444] Tiedtke, H., 1991, S. 21.

Die Bedenken von *Tiedtke* spiegeln das Dilemma wider, daß sich beim Einsatz von Modul- bzw. Bausteinkonzeptionen ergeben kann. Gemäß diesem Konzept kann der einzelne Betrieb die für ihn passenden Bausteine frei wählen, wodurch Durchsetzungs- und Anpassungskosten gering gehalten werden. Allerdings kann die unterschiedliche Nutzung der Marketinginstrumente schnell zu einer diffusen Positionierung der gesamten Gruppe führen[445], wodurch es unter Umständen zu Erlösnachteilen kommt. Im Gegensatz hierzu verlangt das Typenkonzept mit geschlossenen Marketingstrategien nach einer hohen und verbreiteten Mitgliederakzeptanz und erfordert zur Durchsetzung einen erheblichen Mittelaufwand, etwa für Präsentationen, Schulungen oder allgemeine Überzeugungsarbeit[446]. Hierdurch kommt es zu beiderseitigen spezifischen Investitionen, die insbesondere bei Betriebstypeninnovationen eine langfristige vertragliche Absicherung, z.B. in Form eines Franchise-Kontraktes, begründen. Um beurteilen zu können, ob letztendlich losere oder engere Bindungsformen im Handel zu Effizienzvorteilen im Kooperationsmarketing führen, erscheint es notwendig, die Eigenschaften des Endabnehmermarktes zu berücksichtigen.

4.2.2.2 Der Einfluß des Endabnehmermarktes

Wenn unterstellt wird, daß Interdependenzen zwischen kosten- und erlöswirtschaftlichen Zielsetzungen der Handelskooperationen bestehen, so stellt sich zwangsläufig die Frage, welche Bedingungen dafür verantwortlich sind, daß ein zentral gesteuertes Marketing zur Ausnutzung von Erlöspotentialen und zur Reduzierung von Transaktionskosten beiträgt. Diesbezüglich führt *Müller-Hagedorn* folgende Eigenschaften des Endabnehmermarktes an, die über den Einsatz des Marketing-Mix auch auf die Kostenhöhe wirken[447]:

– Die Homogenität lokaler Märkte,
– die Unsicherheit des Konsumentenverhaltens und
– die Werbeelastizität.

Die Unterscheidung dieser Eigenschaften wird im weiteren Verlauf der Arbeit aufgegriffen, um den Einfluß des Endabnehmermarktes auf Kosten und Erlöse näher zu charakterisieren.

4.2.2.2.1 Homogenität lokaler Märkte

Eine grundlegende Eigenschaft des Handelsgeschäfts besteht darin, daß es auf lokalen Märkten stattfindet[448]. Die Bemühungen von Handelskooperationen um eine gemeinsame, gruppenübergreifende Geschäftspolitik stehen daher häufig in einem

---

[445] Vgl. Tiedtke, H., 1991, S. 22.
[446] Vgl. Strobel, B., 1988, S. 13.
[447] Vgl. Müller-Hagedorn, L., 1995, S. 194 - 196. Siehe hierzu auch Abbildung 36 in der Einleitung zu Kap. 4.2.
[448] Vgl. zu den weiteren Ausführungen Müller-Hagedorn, L., 1995, S. 194.

Spannungsverhältnis zwischen den lokalen Marktanforderungen der angeschlossenen Handelsbetriebe und der Notwendigkeit, einen allgemeinen Konsens zu finden, der eine Effizienzsteigerung gegenüber der rein marktlichen Koordination überhaupt erst ermöglicht. Je weiter sich allerdings die Präferenzen der Nachfrager von Markt zu Markt unterscheiden, je schwieriger wird es der Kooperationszentrale fallen, eine einheitliche Geschäftspolitik zu entwickeln und durchzusetzen. Diesen Zusammenhang bringt *Müller-Hagedorn* mit der folgenden Hypothese zum Ausdruck:

„The more heterogeneous the local sales marktes (related to the preferences of the consumers and the local competitive situation), the less it is possible to standardize the policies of an associated group of retailers, so that decentralized systems seem appropriate."[449]

Die lokalen Nachfragerpräferenzen werden von zahlreichen Merkmalen bestimmt, zu denen z.B. die

- sozio-demographische Bevölkerungsstruktur,
- Kaufkraft,
- Konsumgewohnheiten und Traditionen,
- Bildungsstand und
- gesellschaftpolitische Rahmenbedingungen

zählen. Eine vollständige Erfassung sämtlicher relevanter Bestimmungsfaktoren der lokalen Nachfrage würde hier den Rahmen sprengen und wäre wohl auch nur branchenspezifisch sinnvoll. Ob die Bestimmungsfaktoren auf heterogene Nachfragerpräferenzen schließen lassen, hängt auch von der angesprochenen Zielgruppe ab. Beispielsweise wäre es vorstellbar, daß die Abnehmerpräferenzen von Erwachsenen ab einer bestimmten Altersstufe sehr stark durch lokale Traditionen geprägt werden, so daß Standardisierungsvorteile nur schwer zu erwirtschaften sind. Wenn hingegen die Präferenzen jüngerer Konsumenten statt durch lokale Traditionen eher durch globale Trends bestimmt werden, so treten für diese Zielgruppe wahrscheinlich geringere lokale Nachfragedifferenzen auf.

Der Zusammenhang zwischen der lokalen Nachfrage und der Erwirtschaftung von Kooperationsvorteilen kann am Beispiel der Warenbeschaffung verdeutlicht werden. Wie bereits erläutert, hängt die Rabattvergabe von dem Transaktionsvolumen ab, das die Lieferanten über die Kooperationszentrale innerhalb eines bestimmten Bemessungszeitraums abwickeln können[450]. Wenn jedoch der Wareneinkauf, aufgrund lokaler Nachfragedifferenzen, nicht bis zu einem bestimmten Mindestmaß standardisiert werden kann, so wird es der Kooperation schwerfallen, Rabatte durch gemeinsamen Einkauf zu realisieren. Darüber hinaus entstehen Schwierigkeiten, mit kooperationsübergreifender Werbung und Verkaufsförderung sowie mit einheitlichen Endabnehmerpreisen überregional am Markt aufzutreten, weil die angeschlossenen Händler zentrale Konzepte nicht einheitlich umsetzen und Kostensenkungspotentiale durch Zentralisierung nicht oder nur unzureichend ausgenutzt werden können. Statt dessen entstehen für Kooperationen durch Zentralisierung zusätzliche, in-

---

[449] Müller-Hagedorn, L., 1995, S. 194.
[450] Siehe hierzu Kap. 4.2.1.1.

4.2 Spezielle Einflußfaktoren auf die Transaktionskosten der Handelskooperation

terne Transaktionskosten, weil die Bearbeitung heterogener lokaler Märkte höhere Informations-, Kontroll- und Anpassungskosten verursacht.

4.2.2.2.2 Unsicherheit des Konsumentenverhaltens

Wird vorausgesetzt, daß Abnehmermärkte sich dynamisch entwickeln, so ergibt sich die logische Schlußfolgerung, daß der Händler nur bis zu einer bestimmten Grenze die Konsequenzen seiner Aktivitäten vorhersehen kann[451]. Aus transaktionskostentheoretischer Sicht führen vertragliche Unsicherheiten zu erhöhten Transaktionskosten, so daß sich hier die Frage stellt, welchen Beitrag die Handelskooperation zur Reduzierung dieser Unsicherheiten leistet. Hierbei sind sowohl die Transaktionskosten der Handelskooperation selbst sowie die ihrer Transaktionspartner zu berücksichtigen. In der Analyse der Eigenschaften des Abnehmermarktes stellt das Konsumentenverhalten ein Unsicherheitspotential dar.

Unsicherheit ergibt sich z.B. aus der Frage, welche Konsumpräferenzen bei sinkenden Realeinkommen in der Bevölkerung aufrecht erhalten werden. Dieses Problem stellt sich weniger für die Einschätzung des täglichen Bedarfs (z.B. Lebensmittel, Energie), sondern eher für mittelfristige Bedarfsgüter, die untereinander in Substitutionsbeziehungen stehen (z.B. Automobile, Reisen, höherwertige Textilien, Möbel). Umgekehrt ergibt sich bei steigenden Realeinkommen und wachsendem Privatkonsum das Problem, expandierende Marktsegmente rechtzeitig zu erkennen und betriebliche Anpassungsmaßnahmen vorzunehmen. Da sich für den Handel die Notwendigkeit ergibt, flexibel auf veränderte Marktsituationen zu reagieren, kann gefragt werden, welche Koordinationsformen zwischen Markt und Hierarchie bei unterschiedlich hoher Unsicherheit zu empfehlen sind. *Müller-Hagedorn*[452] führt diesbezüglich an, daß selbständige Einheiten in Distributionskanälen sich eher eigenen, Marktanpassungen - auch im Interesse des Herstellers - schnell vorzunehmen und formuliert folgenden Zusammenhang:

„The more turbulent the end user markets, the more a supplier will be interested in preserving the independence of each stage in the distribution channel."[453]

Dieser Zusammenhang kann dadurch erklärt werden, daß der Wechsel von Transaktionspartnern leichter fällt, wenn durch den Abbruch von Vertragsbeziehungen keine Kosten, wie z.B. Schadensersatzzahlungen oder sunk costs anfallen. Bei einem Konsumentenverhalten mit hoher Änderungsrate erscheint es daher aus der Perspektive des Herstellers sicherer, auf vertikale Bindungen zu verzichten und satt dessen mit selbständigen Händlern zusammenzuarbeiten. Eine Einschränkung erfährt der aufgezeigte Zusammenhang allerdings dann, wenn ein Hersteller bewußt in einen risikoreichen Markt investieren will, während der Handel sich in diesem Markt eher risikoaversiv verhält. Dieser Fall würde aus der Sicht des Herstellers für

---

[451] Vgl. zu den weiteren Ausführungen Müller-Hagedorn, L., 1995, S. 195.
[452] Vgl. zu den folgenden Ausführungen Müller-Hagedorn, L., 1995, S. 195.
[453] Müller-Hagedorn, L., 1995, S. 195.

die Integration bestehender Händler oder den Aufbau eines eigenen Distributionssystems sprechen.

Darüber hinaus liegt es im Interesse eines Herstellers, der sich mit unsichererem Konsumentenverhalten konfrontiert sieht, aktuelle Informationen über die Entwicklung des Abnehmermarktes zu erhalten, um hierdurch die Planung seiner Produktion zu erleichtern:

„When dealing with uncertain demands of end users, the supplier is concerned to get information about market trends quickly; this is made easier by an integration of retail business."[454]

Es stellt sich die Frage, welche Möglichkeiten für Handelskooperationen bestehen, die Unsicherheit des Herstellers zu begrenzen, auch wenn der Hersteller nicht in vertikale Distributionssysteme investieren möchte. Dies kann zum einen durch regelmäßige und überregionale Markt- und Wettbewerbsanalysen geschehen. Zum anderen besteht die Möglichkeit, lokale Nachfrageschwankungen innerhalb der Kooperation auszugleichen und dem Hersteller bereits zu Beginn einer Periode, feste Abnahmekontingente in Form von Rahmenverträgen zuzusichern. Hierzu erweist es sich als erforderlich, daß die Handelskooperation durch gemeinsame Warenbeschaffung ein bestimmtes Mindestvolumen sicherstellt. Das Problem des unsicheren Konsumentenverhaltens verlagert sich somit von dem Hersteller auf die Kooperationszentrale. Eine Herausforderung für die Kooperationszentrale besteht daher darin, Marktnähe über die angeschlossenen Händler herzustellen, um durch einen Informationsvorsprung Wettbewerbsvorteile in der Zusammenarbeit mit den Herstellern zu erlangen. Unter diesem Gesichtspunkt erscheint es daher notwendig, bestimmte Informations- und Kommunikationspflichten, z.B. über lokale Umsatz- und Preisentwicklungen, in den Kooperationsvertrag aufzunehmen.

Ob Bezugsverpflichtungen für die angeschlossenen Händler dazu beitragen, die Wettbewerbsfähigkeit der Kooperation zu verbessern hängt hingegen von der Dynamik der Marktveränderungen ab. Wenn mit Nachfrageveränderungen auch innerhalb einer Planungsperiode gerechnet werden muß, würden Bezugsverpflichtungen zur Einschränkung der individuellen Anpassungsfähigkeit führen. Insbesondere bei einer hohen Änderungsrate entsteht daher die Schwierigkeit, das Spannungsverhältnis zwischen individueller Flexibilität und zentraler Planung zu lösen. Dies betrifft auch kooperationsinterne Transaktionskosten, die mit zunehmendem Abstimmungs- und Anpassungsbedarf an Bedeutung gewinnen.

4.2.2.2.3 Werbeelastizität

Die gemeinsame Kooperationspolitik wird gegenüber externen Transaktionspartnern u.a. in Form von Werbung kommuniziert. Das Ziel der Werbung - im Sinne von Absatzwerbung als dem bedeutenden Teil der Werbung - besteht darin, durch den Einsatz spezieller Kommunikationsinstrumente, die Zielgruppe über den Werber und sein Angebot zu informieren und insbesondere die Umworbenen zu veranlassen,

---

[454] Müller-Hagedorn, L., 1995, S. 195.

4.2 Spezielle Einflußfaktoren auf die Transaktionskosten der Handelskooperation

sich im Interesse des Werbers zu verhalten[455]. Für die Kooperationen geht es zunächst um die Sicherstellung eines einheitlichen Marktauftritts, z.B. durch die Abstimmung von Werbematerial (Prospekte, Werbegeschenke), Ladenfassaden (Logos, Warenzeichen) und Schaufenstergestaltung. Diese eigenen Maßnahmen des Handels können zudem durch Merchandising-Maßnahmen[456] der Hersteller im gegenseitigen Interesse flankiert werden. Die Kooperation kann sich durch Werbung gegenüber dem selbständigen Handel profilieren, indem die Gesamtkonzeption der Werbung die Möglichkeiten übertrifft, die einem einzelnen Händler normalerweise zur Verfügung stehen[457].

Die angestrebte Wirkung der Werbung basiert auf den Annahmen, daß Konsumenten nicht über vollständige Informationen verfügen und eine Tendenz zur Simplifizierung von Einkaufsentscheidungen durch Transferierung früherer Erfahrungen mit ähnlichen oder unterschiedlichen Produkten erkennbar ist[458]. Ein einprägsamer und einheitlicher Marktauftritt unterstützt dieses Konsumentenverhalten, weil hierdurch das Erinnerungsvermögen sowie Generalisierungen unterstützt und vereinfacht werden. In welchem Ausmaß die Werbung das Verhalten der Konsumenten beeinflußt, wird durch die Werbeelastizität ausgedrückt, die den Zusammenhang zwischen Werbeausgaben und dem erzielten Umsatz in einer Produktklasse darstellt[459]. So konnte beispielsweise empirisch nachgewiesen werden, daß der Zigarettenumsatz nur sehr träge auf Werbung reagiert[460], während sich Eiskrem für Kinder durch eine hohe Werbeelastizität auszeichnet[461]. Es stellt sich daher für die Handelskooperation die Frage, welchen Einfluß die Werbeelastizität des Endabnehmermarktes auf die Ausnutzung von Erlöspotentialen ausübt. Die Wirkungsweise läßt sich folgendermaßen beschreiben:

„Cooperations in the communication policy promote the exhaustion of the market potential. This potential is the higher, the more advertising-elastic the consumers are. That will be especially the case in areas in which customers generalize or gather only limited information."[462]

Im umgekehrten Fall besteht für Handelskooperationen kein Wettbewerbsvorteil durch gemeinsame Werbung, wenn der Endabnehmermarkt mit einer geringen Wer-

---

[455] Vgl. Katalog E, 1995, S. 111.
[456] "Zu den Merchandising-Maßnahmen der Unternehmung (meist des Herstellers) bei seinen Abnehmerbetrieben (meist Handelsbetrieben) gehören z.B. die Bereitstellung von Displays für Schaufenster und Ladenverkausräume, die Regalpflege, Werbepackungen mit größerem Inhalt zum Orginalpreis, die Auslage von Prospekten, Handzetteln am Point of Sale". Katalog E, 1995, S. 119.
[457] Vgl. Müller-Hagedorn, L., 1995, S. 196.
[458] Vgl. zu den folgenden Ausführungen Müller-Hagedorn, L., 1995, S. 196.
[459] Vgl. Nieschlag, Robert/Dichtl, Erwin/Hörschgen, Hans: Marketing, 15. Aufl., Berlin 1988, S. 573.
[460] Vgl. Topritzhofer, Edgar/Schmidt, Berthold: Die Formulierung und empirische Ermittlung absatzwirtschaftlicher Reaktionsfunktionen (II), in: WISU - Das Wirtschaftsstudium, Jg. 7 (1978), S. 18.
[461] Vgl. Bloom, Derek/Jay, Andrea/Twymann, Tony: The Validity of Advertising Pretests, in: Journal of Advertising Research, Vol. 17 (1977), S. 13 f.
[462] Müller-Hagedorn, L., 1995, S. 196.

beelastizität reagiert. Dies ergibt sich zum einen aus mangelnden Möglichkeiten zur Ausschöpfung von Marktpotentialen durch gemeinsame Werbung. Zum anderen lassen sich Kostenvorteile nur in geringerem Ausmaß erwirtschaften, weil economies of scale bei niedrigeren Werbeausgaben nur begrenzt realisierbar sind. Dies betrifft auch die Nutzung von Transaktionskostenvorteilen, wenn die vertragliche Gestaltung und Abwicklung der Werbung durch die Kooperationszentrale kaum einen Erfolg verspricht.

4.2.3 Der Einfluß der Mitgliedsbetriebe

In den vorangegangenen Kapiteln über die Nutzung von Kostensenkungs- und Erlöspotentialen konnte aufgezeigt werden, daß verschiedene Transaktionskostenvorteile durch Kooperation häufig nur dann zu realisieren sind, wenn Mitgliedsbetriebe sich bereit erklären, die Umsetzung zentraler Konzeptionen zu unterstützen. So setzt z.B. die gemeinsame Warenbeschaffung einen Minimalkonsens über die Sortimentierung voraus und zentral entwickelte Marketingkonzepte greifen nur dann, wenn diese von den einzelnen Handelsbetrieben auch akzeptiert werden. Die Ausschöpfung von Ökonomisierungspotentialen hängt also davon ab, ob

- die strukturellen Merkmale der angeschlossenen Handelsbetriebe einen Konsens über gemeinsame Maßnahmen überhaupt zulassen und
- die Entscheidungsträger in den Mitgliedsbetrieben zur Einschränkung ihrer individuellen Autonomie bereit sind.

Diese Bedingungen und ihr Einfluß auf die Transaktionskosteneffizienz werden nachfolgend untersucht.

4.2.3.1 Heterogenität der Mitgliedsbetriebe

Der Begriff der Mitgliederheterogenität bezieht sich auf die Unterschiede der Mitglieder hinsichtlich ihrer betrieblichen Strukturmerkmale, zu denen u.a. folgende zählen[463]:

- Betriebsform (z.B. Fachgeschäfte, Spezialgeschäfte, Discounter, Fachmärkte),
- Betriebsgröße (z.B. Zahl der Mitarbeiter, Fläche),
- Umsatzgröße,
- Sortimente,
- Finanzausstattung,
- Organisation und Führung,
- Managementsysteme.

Die Gemeinsamkeit der oben aufgeführten Merkmale besteht darin, daß ihre Ausprägungen objektiv nachvollzogen werden können. Diesem Aspekt kommt deswe-

---

[463] Vgl. Dautzenberg, Philipp: Verbundgruppenmanagement im Spannungsfeld zwischen Zentralisierung und Dezentralisierung, Diss. St. Gallen 1996, S. 135; Kuhn, G., 1977, S. 98.

4.2 Spezielle Einflußfaktoren auf die Transaktionskosten der Handelskooperation

gen eine Bedeutung zu, weil diese Merkmale z.B. für die Beurteilung von Betrieben vor dem Abschluß eines Kooperationsvertrages herangezogen werden können und somit geeignet erscheinen, vorvertragliche Unsicherheiten zu begrenzen. Im Gegensatz hierzu stehen intrapersonelle, **weiche Merkmale**, wie z.B. Werte und Autonomiebedürfnisse der Unternehmer, deren objektive Überprüfung den Transaktionspartner vor Schwierigkeiten stellt, zumal hier Täuschungsvorhaben leichter fallen.

Bei einem hohen Heterogenitätsgrad der Strukturmerkmale stellt sich die Frage, ob hieraus zwangsläufig Effizienznachteile für die Kooperation resultieren, oder ob Instrumente zur Vermeidung negativer Konsequenzen eingesetzt werden können. Eine Möglichkeit stellt die Mitgliederselektion dar. Diese dient dazu, „eine homogene Mitgliederstruktur aufzubauen, um so ein gruppenkonformes Verhalten und damit eine Identifizierung der Mitgliederziele mit denen der Geschäftsführung der Gruppe zu erreichen"[464]. So kann der Beitritt eines neuen Mitglieds an satzungsgemäße Mindestvoraussetzungen geknüpft werden, wie z.B. Mindestumsatz, Betriebsform, Absatzgebiet oder auch bilanzielle Voraussetzungen[465]. Im Gegensatz zur Mitgliederselektion, die vorvertraglich stattfindet, besteht mit dem satzungsgemäßen Ausschluß eines Mitglieds auch ein nachvertragliches Instrument für die Kooperation, um aktiv auf die Gruppenstruktur einzuwirken. So sieht z.B. die Satzung der *EK Großeinkauf eG* den Ausschluß eines Mitglieds u.a. aus nachstehenden Gründen vor[466]:

- Nichterfüllung der satzungsgemäßen Mitgliedspflichten,
- unrichtige oder unvollständige Erklärungen über die rechtlichen und/oder wirtschaftlichen Voraussetzungen,
- Zahlungsunfähigkeit,
- Wegfall der Voraussetzungen für die Aufnahme in die Genossenschaft.

Der zuletzt genannte Ausschlußgrund stellt eine Verbindung zur Mitgliederselektion dar, weil hierdurch sichergestellt werden soll, daß die Mitgliedsbetriebe nach Abschluß des Kooperationsvertrages nicht von den Aufnahmebedingungen abweichen. Empirische Erfahrungen zeigen allerdings, daß Kooperations-Geschäftsführungen sich in der Regel davor scheuen, von den in der Satzung festgelegten Ausschlußmöglichkeiten Gebrauch zu machen, um eine Beunruhigung der Mitglieder und eine dadurch hervorgerufene Beeinträchtigung der Zusammenarbeit zu vermeiden[467]. Außerdem ergibt sich die Notwendigkeit, nach dem Ausschluß von Mitgliedern neue Interessenten zu werben, um die Marktanteile der Kooperation längerfristig zu sichern. Dies kann sich jedoch als schwieriges Vorhaben erweisen, weil viele Märkte bezüglich der Aufnahmemöglichkeiten kooperationsfähiger Unternehmen als „ausgereizt" bezeichnet werden und darüber hinaus Betriebsaufgaben, Konkurse, Herauskäufe und Verbundabkehr noch zusätzlich zur Steigerung der Abschmel-

---
[464] Kuhn, G., 1977, S. 87.
[465] Vgl. Kuhn, G., 1977, S. 87 f.
[466] Vgl. Satzung der EK Großeinkauf eG in der Fassung vom 23. April 1994, S. 6 f.
[467] Vgl. Kuhn, G., 1977, S. 89.

zungsquote beitragen[468]. Es zeigt sich somit, daß die Kooperation bei einer aktiven Umstrukturierung der Mitgliederzusammmensetzung mit Hemmnissen rechnen muß, die auch Transaktionskosten verursachen. Hierzu zählen vor allem Informations-, Such- und Anbahnungskosten.

Aus diesen Gründen sollte geprüft werden, ob eine Mitgliederdifferenzierung zur Bewältigung negativer Konsequenzen der Mitgliederheterogenität beiträgt. Der Ansatz besteht darin, die heterogene Mitgliedergesamtheit in homogene Untergruppen zu unterteilen, um für diese Untergruppen die Beschaffungs-, Marketing- und Servicepolitik möglichst einheitlich zu gestalten. Zur Abgrenzung der verschiedenen Gruppen dienen branchenspezifische Kriterien, wie z.B. Betriebsform, Betriebsgröße oder die Leistungsfähigkeit der Mitglieder[469].

Zur Beurteilung der Transaktionskosteneffizienz von Differenzierungsmaßnahmen sollte gefragt werden, ob es sich bei den einzelnen Untergruppen tatsächlich um homogene Betriebe handelt oder ob hierdurch lediglich eine **Scheinhomogenität** erzeugt wird; schließlich bedeutet die Differenzierung zentraler Konzeptionen auch eine Vervielfachung der hiermit verbundenen Kosten, in Relation zu der Anzahl der gebildeten Segmente. Wenn die Homogenität in den Untergruppen sichergestellt werden kann, dann muß darüber hinaus gefragt werden, ob die Anzahl der Mitglieder ausreicht, um in den einzelnen Segmenten ein Transaktionsvolumen zu realisieren, das die Nutzung von economies of scale ermöglicht.

Zusammengefaßt läßt sich feststellen, daß Transaktionskostenvorteile durch zentrale Leistungen in Handelskooperationen vor allem dann erzielt werden können,

– wenn die Mitglieder in den hierfür erforderlichen Strukturmerkmale homogen sind oder
– wenn sich homogene Untergruppen bilden lassen, die für die Ausnutzung von Ökonomisierungspotentialen die erforderliche Mindestgröße aufweisen.

4.2.3.2 Das individuelle Autonomiebedürfnis

Auch wenn die strukturellen Voraussetzungen für eine homogene Mitgliederschaft bestehen, können diese trotzdem nicht zum Vorteil der Kooperation genutzt werden, wenn sich Kooperationsmitglieder weitgehend gegen zentrale Aktivitäten zur Wehr setzen. Zwar kann davon ausgegangen werden, daß Betriebe, die sich für den Beitritt zu einer Kooperation entscheiden, auch eine grundsätzliche Bereitschaft zur kooperativen Zusammenarbeit aufweisen. Dem kann jedoch entgegengehalten werden, daß Handelskooperationen verschiedene Entwicklungsphasen durchlaufen, so daß nach einer gewissen Zeit die angebotenen Leistungen eventuell nicht mehr den Vorstellungen der Unternehmer in den Mitgliedsbetrieben entsprechen. Unter Umständen nutzen Mitglieder nach wie vor die Einkaufsvorteile, obwohl die Zentrale auch zusätzliche Unterstützung des Marketing oder Mitglieder-Service anbietet.

---

[468] Vgl. Olesch, G., 1991, S. 35 f.
[469] Vgl. Kuhn, G., 1977, S. 98 f.

Transaktionskostenvorteile durch gemeinsamen Marktauftritt könnten somit nicht vollständig ausgeschöpft werden.

Die dezentrale Konfliktbereitschaft von Genossenschaftsmitgliedern gegenüber der zentral angestrebten verbundwirtschaftlichen Optimierung erklärt *Vierheller* vor allem durch folgende eigentumsrechtlich begründete Komponenten[470]:

1. Die Mitglieder setzen dezentral ihr eigenes Risikokapital ein. Hierdurch steigt das Streben nach dezentraler Risikobegrenzung, das die Bereitschaft hemmt, zugunsten zentraler Synergievorteile dezentrale Ressourcen zu schwächen.
2. Die Mitglieder beziehen ihr Einkommen und ihr Investitionskapital vorwiegend aus ihren dezentralen Erträgen. Hierdurch verselbständigt sich das dezentrale Ertragsstreben und -sichern gegenüber einer verbundwirtschaftlich orientierten Ertragsallokation.
3. Dezentrale Eigentümer-Unternehmer in den Mitgliedsbetrieben stehen einer zentralen Politik tendenziell mißtrauisch gegenüber, die zugunsten verbundwirtschaftlicher Synergieeffekte auf eine Beschränkung ihres freien unternehmerischen Handlungsspielraums hinausläuft.

Die Autonomie von Kooperationsmitgliedern bestimmt sich somit durch die Verteilung der individuellen Verfügungsrechte und steigert tendenziell die Konfliktbereitschaft gegenüber der Systemzentrale. Aufgrund von Einigungs-, Verhandlungs- und Überzeugungsprozessen kommt es bei stark ausgeprägten Autonomiebedürfnissen zu erhöhten Transaktionskosten bei der Umsetzung der zentralen Kooperationspolitik[471]. Diese fallen in der vertikalen Verbundsteuerung umso höher aus, je geringer die Eigentümerbindung der Mitglieder an den Kollektivbetrieb im Vergleich zur Bindung an den dezentralen Individualbetrieb ist[472].

Über einen größeren Spielraum zur Reduzierung der individuellen Autonomie verfügen Franchise-Systeme, z.B. durch die vertragliche Festschreibung von zentral gesteuerten Aktivitäten, Investitionsprogrammen und Bezugspflichten. So wird, z.B. durch spezifische Investitionen des Franchisenehmers in die Ladeneinrichtung, eine kapitalmäßige Bindung erzielt, die ihn tendenziell zu gruppenkonformen Verhalten bewegen wird, um versunkene Kosten zu vermeiden.

4.2.4 Zusammenfassung

Die speziellen Einflußfaktoren werden hier - wie bereits schon die allgemeinen Determinanten - in ihrer Wirkungsweise auf Verbundgruppen und Franchise-Systeme

---

[470] Vgl. Vierheller, Rainer: Handelsgenossenschaften im Wandel, in: Budäus, Dietrich/Gerum, Elmar/Zimmermann, Gebhard, (Hrsg.): Betriebswirtschaftslehre und Theorie der Verfügungsrechte, Wiesbaden 1988, S. 70 f.
[471] Vgl. Vierheller, Rainer: Informationsgefälle und Entscheidungskoordination in der integrierten Genossenschaft, in: Zeitschrift für das gesamte Genossenschaftswesen, Jg. 24 (1974), S. 13 - 17.
[472] Vgl. Vierheller, R., 1988, S. 72. Siehe hierzu auch Kap. 5.1.1.2.

zusammengefaßt. Im zweiten Abschnitt dieser Zusammenfassung wird ein Gesamtsystem sämtlicher Einflußfaktoren entwickelt, um die Zusammenhänge zwischen allgemeinen und speziellen Einflußfaktoren im Überblick aufzuzeigen.

4.2.4.1 Spezielle Einflußfaktoren auf die Transaktionskosteneffizienz von Verbundgruppen und Franchise-Systemen

Abbildung 43 zeigt die Transaktionskostenpotentiale von Verbundgruppen und Franchise-Systemen unter Einwirkung der speziellen Einflußfaktoren. Dabei entsprechen Methodik und Darstellungstechnik der Vorgehensweise, die bereits auf die allgemeinen Einflußfaktoren angewendet wurde[473]. Die einzelnen Einflußfaktoren werden in Abbildung 43 nach Möglichkeiten zur Ausschöpfung von Kostensenkungspotentialen, Eigenschaften des Endabnehmermarktes und dem Einfluß der Mitgliedsbetriebe unterschieden.

Die Realisierung günstiger Lieferkonditionen (Hypothese 13) hängt mit von der Fähigkeit des Handelssystems ab, die Transaktionskosten der Hersteller zu reduzieren[474]. Hierzu eignen sich insbesondere die bindungsintensiven Franchise-Systeme, die durch ihre relativ hohe Einkaufskonzentration ein großes Potential zur Reduzierung der Transaktionskosten und -risiken des Marktpartners besitzen.

Ob dieses Potentiale auch in vollem Ausmaß ausgeschöpft werden können, hängt mit von der Angebotsmacht der Herstellbetriebe ab (Hypothese 14)[475]. Unter der Annahme, daß wenigen Herstellern eine sehr hohe Anzahl von nicht-systemgebundenen Handelsbetrieben gegenübersteht, wird es durch Kooperation besonders leicht fallen, die Transaktionskosten des Herstellers zu senken und eine annähernde Nachfragemacht entgegenzusetzen. Dies gilt insbesondere für Franchise-Systeme, die durch Ausübung von Bezugsbindungen eine hohe Einkaufskonzentration sicherstellen können. Stehen hingegen einer geringen Herstellerzahl auch nur wenige Handelssysteme gegenüber, die einen großen Marktanteil repräsentieren, so wird es Kooperationen tendenziell schwerer fallen, Konkurrenzvorteile auf dem Beschaffungsmarkt zu erlangen.

In Abhängigkeit von den Möglichkeiten zur Ausschöpfung von Kostenvorteilen durch Zentralisierung[476] (Hypothesen 15, 16 und 17) bestehen sowohl für Verbundgruppen als auch für Franchise-Systeme Chancen zur Reduzierung ihrer Transaktionskosten. Je umfassender diese Möglichkeiten genutzt werden können und dabei standardisierte Vorgehensweisen erfordern, desto eher eignen sich Franchise-Systeme zur Transaktionskostenreduzierung, weil hier die zentral durchgeführten Aktivitäten vertraglich festgeschrieben werden. Die Zusammenarbeit in Verbundgruppen beruht indessen zu einem großen Anteil auf Freiwilligkeit und läßt daher den Mitgliedsbetrieben Spielraum für individuelle Vorgehensweisen.

---

[473] Siehe hierzu Kap. 4.1.4.1.
[474] Siehe hierzu Kap. 4.2.1.1.
[475] Siehe hierzu Kap. 4.2.1.1.
[476] Siehe hierzu Kap. 4.2.1.2.

	Einflußfaktor	TAK-Effizienz v. Verbundgruppen	TAK-Effizienz v. Franchise-Systemen
	Ausschöpfung von Kostensenkungspotentialen		
14	Hohe Angebotsmacht der Hersteller	+	+ +
13	Günstigere Lieferkonditionen aufgrund von - Einkaufskonzentration - Reduzierung von Transaktionsrisiken	+	+ +
15	Kostenvorteile bei Zentralisierung des Wareneinkaufs durch - Standardisierung des Warensortiments - Informationsvorteile	+	+ +
16	Kostenvorteile bei Zentralisierung des Marketing durch - Reduzierung der Transaktionskosten des Abnehmers - Größen- und Lerneffekte	+	+ +
17	Kostenvorteile bei Angebot zentraler Servicedienstleistungen durch - Unterstützung dezentraler Management-Kapazitäten - Verbesserte Ressourcenauslastung - Größenvorteile und Lerneffekte	+	+ +
	Einfluß der Eigenschaften des Abnehmermarktes		
18	Hohe Heterogenität lokaler Märkte	-	- -
19	Hohe Unsicherheit bezüglich des Endabnehmerverhaltens	-	- -
20	Geringe Werbeelastizität	-/+	- -
	Einfluß der Mitgliedsbetriebe		
21	Hohe Heterogenität der Mitgliederstruktur	-	- -
22	Hohes Autonomiebedürfnis	-	- -

Zeichenreklärung

Bei zunehmender Bedeutung des Einflußfaktors bewirkt die Kooperationsform

(+ +) TAK-Einsparungen in großem Umfang

(+) TAK-Einsparungen

(+/-) Situationsspezifisch geringere oder höhere TAK

(-) höhere TAK

(- -) erheblich höhere TAK

Abb. 43: Spezielle Einflußfaktoren auf die Transaktionskosteneffizienz von Verbundgruppen und Franchise-Systemen

Eine potentielle Erhöhung der Transaktionskosten geht von den Eigenschaften der Endabnehmermärkte bei einem hohen Maß an lokaler Heterogenität[477] und Unsicherheit des Endabnehmerverhaltens[478] aus (Hypothesen 18 und 19). Hierdurch werden Verbundgruppen nicht in gleichem Umfang wie Franchise-Systeme betroffen, weil die weniger intensive Zusammenarbeit in Verbundgruppen flexible Reaktionen der angeschlossenen Betriebe auf lokale Bedürfnisse und dynamisches Verbraucherverhalten erleichtert. Hingegen setzen Sortiments-Standardisierung und der einheitliche Marktauftritt von Franchise-Systemen homogene sowie planbare Märkte voraus, um zu vermeiden, daß spezifische Investitionen versunkene Kosten verursachen.

Welche Transaktionskostenwirkung einer geringen Werbeelastizität[479] (Hypothese 20) zukommt, hängt von der Art und Weise ab, wie in der jeweiligen Branche üblicherweise Kontakte zu den Endabnehmern hergestellt werden. Beispielsweise überwiegen in der Baubranche lokale Kontakte, die z.B. über öffentliche Ausschreibungen hergestellt werden. In diesem Fall könnten Zentralisierungsvorteile nur in geringem Maß ausgeschöpft werden, so daß der geringen Werbeelastizität kaum eine Bedeutung für das Kooperationsvorhaben zukommt. In diesem Fall wären Franchise-Systeme wahrscheinlich im Nachteil, weil ein gemeinsamer überregionaler Marktauftritt keine Vorteile erbringen würde.

Mit höheren Transaktionskosten können Handelskooperationen auch rechnen, wenn Mitgliedsbetriebe heterogene Strukturmerkmale und ein ausgeprägtes Autonomiebedürfnis aufweisen (Hypothesen 21 und 22)[480]. Unter diesen Bedingungen fällt es Kooperationen tendenziell schwerer, Transaktionskostenvorteile zu erreichen, weil die Interessen in den einzelnen Subsystemen differieren. Dies würde unter der Annahme von Opportunismus insbesondere bei Franchise-Systemen zu hohen Transaktionskosten führen, weil zentrale Konzepte nur in Verbindung mit hohen Kontroll- und Anpassungskosten durchzusetzen wären.

Insgesamt kann festgehalten werden, daß Franchise-Systeme sich insbesondere dann zur Reduzierung von Transaktionskosten eignen, wenn Einkaufsvorteile an hohe Transaktionsvolumina geknüpft werden und die Zentralisierung und Standardisierung von Funktionen große Vorteile verspricht. Dies gilt insbesondere für Marketing-Aktivitäten, deren Einsatzmöglichkeiten von den Eigenschaften des Endabnehmermarktes abhängen. Als ideale Voraussetzung wären homogene Märkte mit sicherem Abnehmerverhalten und hoher Werbeelastizität zu nennen, die von möglichst homogen strukturierten Franchisenehmern, unter Einschränkung der individuellen Entscheidungsautonomie, bearbeitet werden. Demgegenüber verfügen Verbundgruppen über Vorteile, wenn es zu Unterschieden in der lokalen Nachfrage kommt, weil dann dezentrale Entscheidungsautonomie und Flexibilität zu geringeren Transaktionskosten und somit zu Wettbewerbsvorteilen führen.

---

[477] Siehe hierzu Kap. 4.2.2.2.1.
[478] Siehe hierzu Kap. 4.2.2.2.2.
[479] Siehe hierzu Kap. 4.2.2.2.3.
[480] Siehe hierzu Kap. 4.2.3.

Verbundgruppen, die sich unter den idealen Bedingungen von Franchise-Systemen dem Wettbewerb stellen, sei daher angeraten, eine Übereinstimmung zwischen der vertraglichen Regelung von Kooperationsbeziehungen und dem geplanten Marktauftritt herzustellen. Wenn z.B. hohe spezifische Investitionen notwendig sind, um einen einheitlichen Marktauftritt zu unterstützen, dann sollten auch detaillierte vertragliche Vereinbarungen zur beiderseitigen Absicherung der Kooperation getroffen werden. Umgekehrt sollten Franchise-Systeme ihre langfristigen Verträge und die hiermit verbundene Begrenzung der individuellen Handlungsspielräume überprüfen, wenn sich die lokalen Marktbedingungen zunehmend dynamisch und unterschiedlich entwickeln.

Allerdings sei zu den Steuerungsmöglichkeiten des Kooperationsvertrages einschränkend erwähnt, daß die Änderung einer Satzung oder eines FranchiseVertrages einen langwierigen und unter Umständen kostenintensiven Prozeß darstellt, so daß zunächst geprüft werden sollte, ob auch andere als vertragliche Modifikationen zur Verbesserung der Transaktionskosteneffizienz beitragen. Diesbezüglich kommen Maßnahmen der organisatorischen Gestaltung in Betracht[481].

4.2.4.2 Das Gesamtsystem allgemeiner und spezieller Einflußfaktoren

Bei der Ermittlung des Einflusses spezieller Faktoren auf die Transaktionskostenhöhe hat es sich als notwendig und hilfreich erwiesen, auf das Grundkonzept der allgemeinen Einflußfaktoren zurückzugreifen. Dies betrifft die Einflußfaktoren des organizational failures framework genauso wie die Transaktionsdimensionen. Allgemeine und spezielle Einflußfaktoren folgen somit einem Top-down-Ansatz, ohne daß es hierbei zu gegensätzlichen Ergebnissen kommt. Dies bedeutet, daß die allgemeinen Einflußfaktoren, die von der Transaktionskostentheorie zur Verfügung gestellt werden, in einem engen Zusammenhang mit den speziellen Einflußfaktoren stehen. Zur Verdeutlichung dieser Zusammenhänge dienen folgende Beispiele:

- Die gemeinsame Sortimentspolitik bestimmt u.a. die Häufigkeit und den Unsicherheitsgrad der Transaktionen, die im Rahmen des zentralen Einkaufs abgewickelt werden.
- Die Häufigkeit und der Unsicherheitsgrad der Transaktionen zwischen der Zentrale und den Mitgliedsbetrieben bestimmen u.a. das Potential zur Reduzierung von Transaktionskosten in der zentralen Warenbeschaffung und im Gruppenmarketing.
- Das zentrale Gruppenmarketing wirkt auf die Transaktionskosten der Endabnehmer ein, z.B. durch Signalwirkungen von Logos oder Markenzeichen.
- Die Häufigkeit und der Unsicherheitsgrad der Transaktionen im Rahmen des zentralen Einkaufs beeinflussen u.a. die Transaktionskosten der Lieferanten und damit die Warenbezugskosten.

---

[481] Siehe hierzu Kap. 5.2.

– Unsicherheiten über die Eigenschaften des Endabnehmer-Marktes beeinflussen als Umweltunsicherheit oder transaktionsbezogene Unsicherheit die Entstehung bzw. die Höhe der Transaktionskosten.
– Der individuelle Opportunismus und die begrenzte Rationalität beeinflussen über die Verfügbarkeit von Management-Kapazität die Qualität des Marketing-Mix und direkt die Transaktionskosten des Einsatzes von Führungspersonen.
– Die Heterogenität und das Autonomiestreben der Mitgliedsbetriebe beeinflussen u.a. die Häufigkeit der kooperationsinternen Transaktionen und das Ausmaß des individuellen Opportunismus als Transaktionskostenursache.

Die Liste der Interdependenzen zwischen allgemeinen und speziellen Einflußfaktoren könnte noch beliebig erweitert werden. Die folgende Abbildung gibt einen Überblick über die wesentlichen Zusammenhänge. Hierbei werden die bereits vorgestellten Determinaten der Auswahl von Koordinationsformen im Handel[482] um die relevanten allgemeinen und speziellen Einflußfaktoren ergänzt.

---

[482] Siehe hierzu Kap. 4.2.

4.2 Spezielle Einflußfaktoren auf die Transaktionskosten der Handelskooperation 161

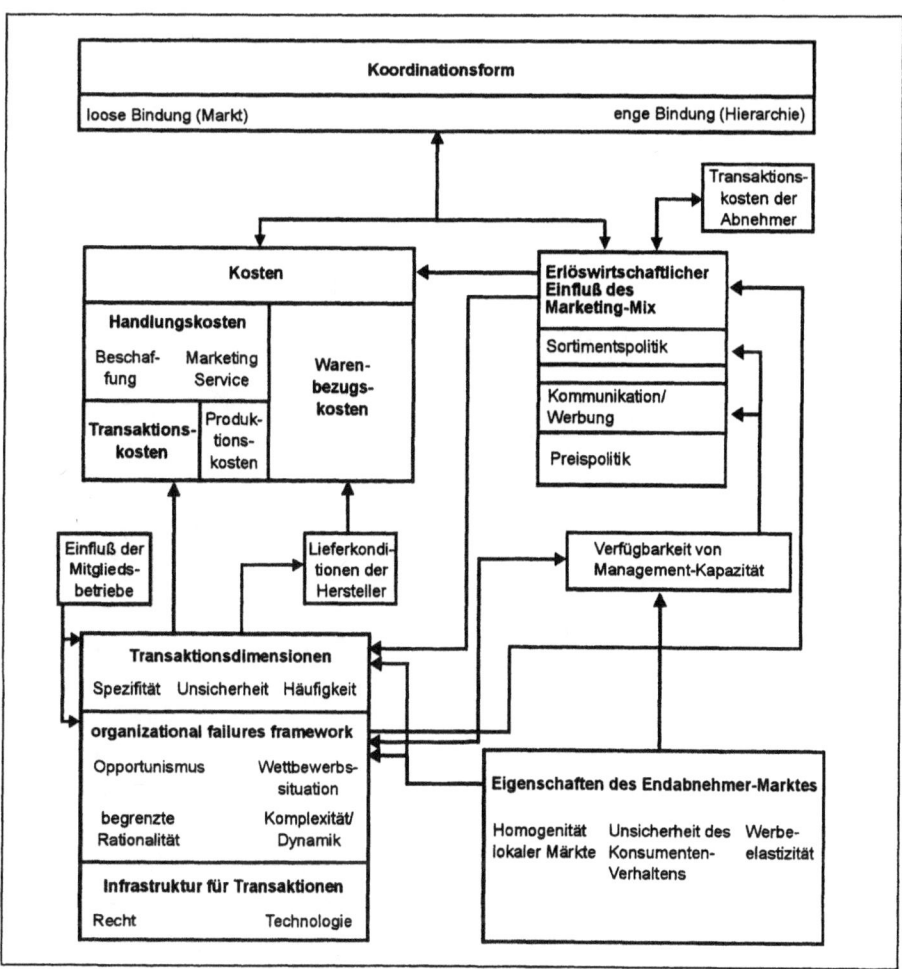

Abb. 44: Das Gesamtsystem allgemeiner und spezieller Einflußfaktoren auf die Transaktionskostenhöhe

5 Gestaltung transaktionskosteneffizienter Kooperationssysteme

In diesem Kapitel soll der Frage nachgegangen werden, wie der Transaktionskostenansatz von der Handelskooperation genutzt werden kann. Damit wird der „Standpunkt des **Designers** eingenommen, der gleichsam am grünen Tisch mit Hilfe dieses Ansatzes eine Organisationsstruktur entwickeln möchte"[483]. Zu diesem Zweck sei eine unternehmerische Aufgabe definiert sowie in ihre technischen Teilaufgaben zerlegt und es sei bekannt, in welcher sachlichen und zeitlichen Reihenfolge diese Teilaufgaben zur Gesamtleistung zusammenzufügen sind[484]. Demnach sollten die Kooperationsziele (z.B. Steigerung von Marktanteilen für die gesamte Gruppe, Maximierung der individuellen Einkommen) und die gemeinsam durchzuführenden Aufgaben (z.B. Beschaffung, Marketing) festgelegt sein, bevor Gestaltungsmaßnahmen beschlossen werden.

Formal verlangt der Transaktionskostenansatz[485],

- die Eigenschaften einer jeden Transaktion, die zur Erfüllung der Gesamtaufgabe erforderlich ist, gemäß den aufgezeigten Einflußgrößen zu identifizieren,
- die verfügbaren Vereinbarungsformen zu ermitteln und
- für jede Transaktion die transaktionskostenminimale Koordinationsform zu ermitteln.

Zur Vereinfachung dieser relativ komplexen Vorgehensweise schlägt *Picot* eine zweistufige Vorgehensweise vor:

1. Ermittlung typischer Koordinationsformen und Auswahl effizienter Lösungen,
2. Gestaltung der internen Organisation zur Strukturierung der unternehmensinternen, transaktionsbezogenen Aufgaben.

Es bestehen somit zum einen vertragliche und zum anderen organisatorische Gestaltungsmöglichkeiten, um auf die Transaktionskosteneffizienz einer Institution ein-

---

[483] Picot, A., 1982, S 273.
[484] Vgl. Picot, A., 1982, S. 273.
[485] Vgl. zu den folgenden Ausführungen Picot, A., 1982, S. 273.

zuwirken. Die Auswahl einer vertraglichen Alternative bestimmt die Koordinationsform und damit auch die Position auf dem Kontinuum zwischen Markt und Hierarchie. Aufgrund auftretender Interdependenzen zwischen vertraglicher Koordination und der Gestaltung von Organisationsstrukturen und -abläufen bestehen weitere Möglichkeiten zur Ausschöpfung von Transaktionskostenvorteilen innerhalb einer festgelegten Koordinationsform. Die weiteren Ausführungen folgen dieser Unterscheidung.

5.1 Auswahl transaktionskosteneffizienter Koordinationsformen

In Kapitel 4 wurden die Auswirkungen relevanter Umweltbedingungen und Einflußfaktoren auf die Transaktionskosten der Handelskooperation ermittelt, um auf dieser Basis Rückschlüsse auf die Effizienz alternativer Koordinationsformen zwischen Markt und Hierarchie zu ziehen. Hier soll nun gefragt werden, wie diese Erkenntnisse bei der Auswahl und Gestaltung des Kooperationsvertrages genutzt werden können. Daher folgen Ausführungen über die Gestaltung von Kooperationsverträgen sowie Probleme, die in Form von externen Effekten bei der Durchsetzung von vertraglichen Vereinbarungen entstehen können.

5.1.1 Die Gestaltung des Kooperationsvertrages

Für die Beurteilung von Koordinationsformen erweisen sich Kenntnisse über die vertraglichen Auswahlmöglichkeiten und Gestaltungsfreiheiten als notwendig. Daher werden in einem ersten Schritt Grenzen aufgezeigt, die sich durch die kartellrechtliche Einstufung von Handelskooperationen ergeben. Hierauf folgt die Darstellung der vertraglichen Vereinbarungen, die zum einen die gemeinsame Auswahl der Satzung und Rechtsform und zum anderen Regelungen über konzeptionelle Inhalte (Einkauf, Marketing etc.) einschließen.

5.1.1.1 Kartellrechtliche Grenzen kooperativer Vereinbarungen

Die aktuelle kartellrechtliche Situation ergibt sich als Resultat einer langandauernden und nicht abgeschlossenen Diskussion zwischen Vertretern von Gesetzgebung, Wissenschaft und Wirtschaftspraxis über die wettbewerbsbeeinflussende Wirkung von Unternehmenskooperation[486]. Sie stellt damit das Resultat einer Vielzahl von Gesetzesnovellen im deutschen Recht dar und zeigt für Europa das Ergebnis der Verhandlungen um eine zwischenstaatliche Wettbewerbsordnung auf.

Im deutschen Recht werden horizontale und vertikale Kooperationsabsprachen unterschiedlich behandelt. Unter dem Begriff der horizontalen Kooperation werden im allgemeinen Absprachen auf derselben Wirtschaftsstufe verstanden, während die vertikale Kooperation mehrere Wirtschaftsstufen (z.B. Einzelhandel, Großhandel, Industrie) umfaßt[487].

Horizontale Kooperationen fallen nach dem deutschen Kartellrecht unter den § 1 des Gesetzes gegen Wettbewerbsbeschränkungen (GWB), wonach Verträge und Beschlüsse, die zu einem gemeinsamen Zweck geschlossen werden, als unwirksam gelten, soweit sie geeignet sind, die Marktverhältnisse durch Beschränkung des Wettbewerbs zu beeinflussen. Dieses Gesetz läßt jedoch zahlreiche Ausnahmen zu, wie z.B. Verbindungen, die der Rationalisierung wirtschaftlicher Vorgänge dienen[488]. Mit dem Inkrafttreten der 5. Kartellgesetznovelle am 1. Januar 1990 (§ 5 c GWB) wurde auch eine Ausnahmevorschrift für Einkaufszusammenschlüsse geschaffen[489]. Für die Anwendung der Ausnahmevorschriften bestehen allerdings die folgenden Voraussetzungen[490]:

– Verbesserung der Wettbewerbsfähigkeit kleiner und mittlerer Unternehmen,
– Keine wesentliche Beeinträchtigung des Wettbewerbs,
– Keine Ausübung eines kooperativen Warenbezugszwangs,
– Anmeldung bzw. kartellamtliche Erlaubnis des Kooperationsvorhabens.

Vertikale Kooperationen, zu denen auch das Franchising zählt, fallen nicht unter den § 1 GWB, sondern werden nach § 18 GWB behandelt. Demnach unterliegen derartige Verträge lediglich einer staatlichen Mißbrauchsaufsicht und können nur dann untersagt werden, wenn ein bestimmtes Maß der Wettbewerbsbeschränkung überschritten wird[491]. Dies hat z.B. zur Folge, daß vertikale Kooperationen ihren Mitgliedern einen Bezugszwang auferlegen können, während hingegen horizontale Ko-

---

[486] Siehe hierzu: Salje, Peter: Die mittelständische Kooperation zwischen Wettbewerbspolitik und Kartellrecht, Tübingen 1980, S. 194 - 245; Olesch, Günter: Das Kartellrecht der Einkaufszusammenschlüsse, Frankfurt am Main 1983, S. 9 - 35; Triantafillakis, Georgios: Die Abgrenzung zwischen Kooperation und Kartell im deutschen und EG-Recht, Frankfurt am Main-Bern-New York 1985, S. 21 - 58.

[487] Vgl. Knoblich, H., 1969, S. 505 f.; Wölk, A./Schmidt, U./Mang, K.,1973, S. 5 f.; Lerchenmüller, Michael: Handelsbetriebslehre, Ludwigshafen-Kiel 1992, S. 316.

[488] Vgl. Olesch, Günter: Die Bedeutung des neuen § 5 c GWB für die Kooperationspraxis, in: Der Verbund, Jg. 2 (1989), Nr. 4, S. 11.

[489] Vgl. Olesch, Günter: Strategische Partnerschaften im deutschen und europäischen Kartellrecht, in: Der Verbund, Jg. 4 (1991a), Nr. 2, S. 24.

[490] Vgl. Olesch, Günter: Strategische Partnerschaften im deutschen und europäischen Kartellrecht - 2. Teil, in: Der Verbund, Jg. 4 (1991b), Nr. 3, S. 18.

[491] Vgl. Olesch, G., 1991a, S. 24.

operationen bei gleicher Vorgehensweise gemäß § 5c GWB nicht freigestellt werden[492].

Die unterschiedliche Behandlung von horizontalen und vertikalen Kooperation im deutschen Kartellrecht wird teilweise kritisiert, weil eine zunehmende Vermischung der beiden Verbindungsformen die eindeutige Unterscheidung kaum noch zuläßt und die beiden Kooperationsformen im zunehmenden Maße im gegenseitigen Wettbewerb stehen[493]. Ein weiterer Kritikpunkt wird auch in der Überschätzung der Bezugspflichten gesehen; generelle Bezugspflichten in der Form, daß der Gesamtbedarf der Mitglieder über die Kooperation bezogen wird, seien zu keiner Zeit realisiert worden[494]. Statt dessen ginge es vielmehr um den Bezug bestimmter Mengen, Artikel, Stamm- bzw. Kernsortimente oder auch um eine Bezugsquotenzuteilung, um das Risiko der Zentrale zu mindern[495].

Eine systematische Überprüfung der einzelnen Kritikpunkte kann an dieser Stelle nicht stattfinden. Es ergeben sich jedoch Hinweise darauf, daß die Einstufung als horizontale Kooperation gemäß § 1 GWB eine größere Einengung des vertraglichen Handlungsspielraums bewirkt als die Einstufung als vertikale Kooperation nach § 18 GWB.

Im Europäischen Recht (kurz: EG-Recht), welches Vorrang gegenüber dem nationalen Recht hat, wird nicht nach vertikalen und horizontalen Verbindungen unterschieden, sondern sämtliche Kooperationen werden nach Art. 85, Abs. 1 des EWG-Vertrages geregelt. Diese Regelung enthält ein generelles Verbot von „Absprachen (Vereinbarungen, Beschlüsse und abgestimmtes Verhalten), die geeignet sind, den Handel zwischen den Mitgliedsstaaten zu beeinträchtigen und die eine Verhinderung, Einschränkung oder Verfälschung des Wettbewerbs innerhalb des Gemeinsamen Marktes bezwecken oder bewirken"[496]. Der Wortlaut des Art. 85 bietet zwar einen größeren Spielraum als die entsprechende deutsche Rechtsprechung[497], seine Anwendbarkeit setzt aber voraus, daß der Wettbewerb sowohl innerhalb des gemeinsamen Marktes als auch zwischen den Mitgliedstaaten beeinträchtigt wird[498].

5.1.1.2 Satzung und Rechtsform

Der Kooperationsvertrag beinhaltet die konkrete Ausgestaltung der Beziehungen zwischen den Partnern[499] und spiegelt damit das Ergebnis des vorangegangen Verhandlungsprozesses wider. Der Kooperationsvertrag bildet - durch gegenseitige Willenserklärungen - die „Grundlage der zwischenbetrieblichen Zusammenarbeit

---

[492] Vgl. Olesch, Günther: Zwischen Selbständigkeit und Gruppenbindung, in: Handelsblatt, Nr. 6 v. 9.1.1996, S. 13; Olesch, G., 1991b, S. 18.
[493] Vgl. Olesch, G., 1991b, S. 18.
[494] Vgl. Olesch 1983, S. 53.
[495] Vgl. Olesch 1983, S. 53.
[496] Triantafillakis, G., 1985, S. 139.
[497] Vgl. Triantafillakis, G., 1985, S. 144.
[498] Vgl. Olesch, G., 1991a, S. 24.
[499] Vgl. Staudt, Erich et al.: Kooperationshandbuch, Stuttgart 1992, S. 145.

und stellt durch die Schriftform einen Vertrauensbeweis dar, indem sich die Partner durch ihre Unterschrift dazu verpflichten, sich an die Kooperationsabsprachen zu halten"[500]. Die schriftliche Niederlegung der einzelnen Vertragsbestandteile erfolgt in der Regel in Form einer Satzung, welche das einzelne Kooperationsmitglied mit der Beitrittserklärung anerkennt. Die Satzung enthält u.a. Regelungen über

- Firma, Sitz, Zweck, Gegenstand und Dauer der Kooperation,
- die Mitgliedschaft (u.a. Erwerb, Beendigung, Ausschluß),
- Führungsorgane (Vorstand, Aufsichtsrat, Generalversammlung),
- Eigenkapital und Haftungssumme (Geschäftsanteile der Mitglieder),
- Rechnungswesen (Jahresabschluß, Verwendung/Deckung des Jahresüberschusses/Jahresfehlbetrages),
- Liquidation und
- Gerichtsstand.

Die Ausgestaltung der verschiedenen Satzungsinhalte richtet sich auch nach der Rechtsform, die durch Anerkennung der satzungsgemäßen Firmierung getroffen wird. Einerseits regelt die Rechtsform die Rechtsbeziehungen der Partner untereinander (Innenverhältnis) und gegenüber Dritten (Außenverhältnis), andererseits hängen von ihr Art und Höhe der Besteuerung ab[501]. Bei den in der Kooperationspraxis angewendeten Rechtsformen handelt es sich um

- Personengesellschaftsformen (z.B. Gesellschaft bürgerlichen Rechts (GbR), offene Handelsgesellschaft (oHG), Kommanditgesellschaft (KG)),
- die eingetragene Genossenschaft (eG) und um
- Kapitalgesellschaften (z.B. Gesellschaft mit beschränkter Haftung (GmbH), Aktiengesellschaft (AG)).

Die wichtigsten Unterschiede zwischen den in der Kooperationspraxis am häufigsten gewählten Rechtsformen sollen nachfolgend dargestellt werden. Hierbei handelt es sich um die eingetragene Genossenschaft sowie um Kapitalgesellschaften (GmbH, GmbH & Co.KG, AG).

a) Die eingetragene Genossenschaft (eG)

Der Zweck der Genossenschaft[502] ergibt sich aus der „Erwartung aller ihrer Mitglieder bzw. Genossen, daß die gemeinsam getragene Unternehmung ihnen Leistun-

---

[500] Staudt, E. et al., 1992, S. 145.
[501] Vgl. Binnenbruck, Horst-Hermann/Ibielski, Dieter/Poeche, Jürgen: Leistungssteigerung durch Kooperation, Merkblatt des Arbeitskreises "Mittel- und Kleinbetriebe" (AKM) des Bundesausschusses Betriebswirtschaft (BBW) im Rationalisierungs-Kuratorium der Deutschen Wirtschaft (RKW) e. V., 2. Aufl., Frankfurt 1978, S. 9; Benisch, W., 1973, S. 105. Die steuerlichen Aspekte finden hier keine weitere Berücksichtigung.
[502] Grundsätzlich ist die Idee der genossenschaftlichen Wirtschaftsführung rechtsformenneutral (vgl. Schultz, Reinhard/Zerche, Jürgen: Genossenschaftslehre, Berlin-New York 1983, S. 14). Nachfolgend werden jedoch nur die Genossenschaften betrachtet, die in der Rechtsform der eingetragenen Genossenschaft gemäß dem Genossenschaftsgesetz (GenG) geführt werden.

gen bereitstellt, durch die ihre eigenen Wirtschaften (. . .) **besondere** Vorteile erlangen, d.h. **gefördert** werden"[503]. Dieser Förderungsauftrag umfaßt im wesentlichen die Schuldvertragstypen im Zweiten Buch des Bürgerlichen Gesetzbuchs (BGB), z.B. Warenlieferungen, Darlehensgewährungen, Gebrauchsüberlassungen und Dienstleistungen[504]. Der Förderauftrag stellt ein wesentliches Charakterristikum bei der Abgrenzung der Genossenschaft gegenüber einer Kapitalgesellschaft dar, die ebenfalls von ihren Gruppenmitgliedern getragen wird: Der Hauptzweck der Kapitalgesellschaft besteht in der Erzielung und Verteilung von Gewinnen, während die Genossenschaft in erster Linie die Bereitstellung von Leistungen für die Mitgliedsunternehmen verwirklicht[505]. Dies schließt jedoch nicht aus, daß insbesondere größere Genossenschaften nach finanziellen Überschüssen streben[506].

Zu den wichtigen Merkmalen der Genossenschaft zählen u.a., daß jedes Mitglied grundsätzlich nur über eine Stimme[507] in der Generalversammlung[508] verfügt (Kopfstimmrecht) und daß sich die Haftung der Mitglieder auf den Geschäftsanteil begrenzt. Insbesondere das Kopfstimmrecht zeigt die Dominanz des personalen Elements (Demokratiepronzip) in der Genossenschaft:

„Das Mitglied und nicht die Kapitalbeteiligung - wie bei der AG - steht im Vordergrund der rechtlichen Regeln."[509]

Der rechtliche Rahmen der Genossenschaft eignet sich besonders für die wirtschaftliche Zusammenarbeit größerer Gruppierungen, die auch durch Mitgliederwechsel nicht in Gefahr geraten[510]. Allerdings führen satzungsgemäße Prozedere zu umfangreichen - gesetzlich verankerten Prüfungen und zu einer gewissen, bürokratischen Schwerfälligkeit, die sich negativ auf das Innovationspotential der Kooperation auswirken kann[511]. *Vierheller* beurteilt zudem die geringe Eigentümerbindung durch die Genossenschaft kritisch:

„Die potentiellen Transaktionskosten der vertikalen Verbundsteuerung werden in der Genossenschaft um so höher, je geringer die Eigentümerbindung der Mitglieder an den Kollektivbetrieb im Vergleich zur Bindung an den dezentralen Individualbetrieb ist. Begünstigt wird dies in der genossenschaftlichen Rechtsform durch einen niedrigen Stimm- und Kapitalanteil des Mitglieds."[512]

Vierheller begründet seine Aussage mit dem Kopfstimmrecht und der Tendenz zur Mindestbeteiligung, deren Ursache darin liegt, daß eine freiwillige Erhöhung des Kapitalanteils in der Genossenschaft weder zu einem höheren Stimmrecht noch zu

---

[503] Vgl. Boettcher, Erik: Die Genossenschaft in der Marktwirtschaft, Tübingen 1980, S. 1. Siehe auch § 2, Abs. 1 GenG.
[504] Vgl. Michel, Heinrich: Die Fördergeschäftsbeziehung zwischen Genossenschaft und Mitglied, Göttingen 1987, S. 17. Siehe auch § 2, Abs. 2 GenG.
[505] Vgl. Boettcher, E., 1980, S. 2.
[506] Vgl. Schultz, R./Zerche, J., 1983, S. 32.
[507] Mehrstimmrechte sind gemäß § 43 Abs. 3 GenG ausgeschlossen.
[508] Siehe zur Abstimmung in der Generalversammlung ausführlicher Kap. 5.2.4.2.
[509] Schultz, R./Zerche, J., 1983, S. 15.
[510] Vgl. Staudt , E. et al., 1992, S. 143.
[511] Vgl. Staudt , E. et al., 1992, S. 143.
[512] Vierheller, R., 1988, S. 72.

einer erhöhten Ertragsbeteiligung führt. Zudem würden steigende Mitgliederzahlen den relativen Stimm- und Kapitalanteil des Einzelmitglieds und damit die Eigentümerbindung an den Kollektivbetrieb reduzieren[513]. Ob jedoch allein mit den Argumenten *Vierhellers* die vertraglichen Bindung von Genossenschaftsbetrieben begründet und auf die Transaktionskostenhöhe der Kooperation geschlossen werden kann, erscheint fragwürdig, denn über die Kapitalbeteiligung hinaus existieren hierzu weitere Möglichkeiten, wie z.B. Kooperationsgebühren, spezifische Investitionen oder die Laufzeit des Vertrages. Das Beispiel eines Franchise-Systems zeigt zudem, daß eine hohe Bindungsintensität unabhängig von der Einräumung eines Stimmrechts erreicht werden kann, weil - aus der Sicht des Franchisenehmers - der Anschluß an ein funktionierendes Konzept im Vordergrund steht und nicht die Ausübung eines Stimmrechts.

b) Kapitalgesellschaften (GmbH, GmbH & Co.KG, AG)

Mit der Anerkennung der GmbH als Rechtsform verpflichten sich die einzelnen Handelsbetriebe zur Einbringung der Stammeinlage und werden somit zu Gesellschaftern. Da sich die Haftung der GmbH auf die Stammeinlage begrenzt, haften die Gesellschafter auch nur in der Höhe dieses Betrages. Im Gegensatz zur Genossenschaft stellt sich die Übertragung der Geschäftsanteile als relativ kompliziert dar, so daß der Gesellschafterstatus sich eher für eine langfristige Bindung der Partner eignet[514].

Die GmbH & Co.KG kann hinsichtlich der Eignung für Kooperationsvorhaben ähnlich beurteilt werden. Im Unterschied zur GmbH besteht hier die Möglichkeit, in der Kommanditgesellschaft Raum für Mitgliederbewegungen zu schaffen, während sich die Initiatoren der Kooperation als Kerngruppe in der GmbH zusammenschließen[515]. Hiermit bestehen vertragliche Ansatzpunkte z.B. für die Unterscheidung von alten und neuen Kooperationsmitgliedern oder für die Bindung von mehr oder weniger kapitalintensiven Betriebstypen.

Vor dem Hintergrund zahlreicher Umwandlungen von Genossenschaften in Kapitalgesellschaften in der jüngeren Vergangenheit, intensivierte sich die Diskussion über Auswirkungen der Rechtsformentscheidung für die Handelskooperation[516]. Dabei zeigte sich, daß nicht das demokratische Prinzip (Kopfstimmrecht) der Genossenschaft den Ausschlag für die Umgründung gab, sondern dieses Prinzip im Gegenteil auch in vielen Kapitalgesellschaften praktiziert wird. Vielmehr stand, neben finanzpolitischen Aspekten, ein geändertes Selbstverständnis der Gruppen im Vordergrund, das sich durch die Aufspaltung des Eigentümer- und Kundenverhältnisses innerhalb der Kooperation äußert. Hierdurch soll verhindert werden, daß die Mitgliedsbetriebe - quasi als Kunden - Leistungen der Kooperation in Anspruch nehmen und zugleich die Kooperation als Eigentümer tragen. Dieses in Genossen-

---

[513] Vgl. Vierheller, R., 1988, S. 72.
[514] Vgl. Staudt , E. et al., 1992, S. 144.
[515] Vgl. Staudt , E. et al., 1992, S. 145.
[516] Vgl zu den folgenden Ausführungen Olesch, G., 1991, S. 23 f.

schaften verfolgte Identitätsprinzip könnte zu kostenintensiven Interessenkonflikten und Kontrollproblemen führen.

Statt dessen wird z.B. mit dem Übergang zur Aktiengesellschaft das Ziel verfolgt, durch Erschließung neuer Kapitalquellen den Einfluß der ehemaligen Genossen zurückzudrängen. Auch die Gründung eigener Franchise-Linien, die als hundertprozentige Tochtergesellschaften von der Kooperationszentrale geführt werden, unterstreichen die Unabhängigkeit der Zentrale von ihren Mitgliedsbetrieben. Weitere Konsequenzen ergeben sich für die Gestaltungsmöglichkeiten in der Führungsorganisation; beispielsweise muß der Aufsichtsrat bei geringerem Einfluß der Mitglieder nicht zwingend mit deren Vertretern besetzt sein[517]. Hierdurch können Kontroll- und Einigungskosten reduziert werden. Ob die Abkehr vom Eigentümerprinzip insgesamt zur Effizienzsteigerung führt, sollte im Einzelfall genau geprüft werden. Hierbei gilt es zu berücksichtigen, daß die Eigentümerstellung - wie bereits dargestellt - auch zur Intensivierung der Mitgliederbindung und zur Transaktionskostenreduzierung beiträgt, so daß eine Kapitalbeteiligung, in einem situativ zu bestimmenden Ausmaß, notwendig erscheint. Letztendlich handelt es sich um ein Optimierungsproblem, bei dem es darum geht, eine effiziente Allokation von Verfügungsrechten (property rights) zu ermitteln.

Insgesamt zeigt sich, daß durch die Rechtsform und die Satzung wesentliche Regelungen für die kooperative Zusammenarbeit festgelegt werden, die vor allem die Kapitalaufbringung sowie das Stimmrecht betreffen und damit auch die Mitgliederbindung beeinflussen. Satzung und Rechtsform stellen daher wichtige Elemente des vertraglichen Instrumentariums zur Festlegung der Koordinationsform dar. Vertragliche Regelungen über die Gestaltung kooperativer Leistungen, wie z.B. Wareneinkauf oder Marketing, finden in der Satzung jedoch kaum Berücksichtigung.

5.1.1.3 Vertragliche Regelung konzeptioneller Inhalte

Unter dem Begriff der konzeptionellen Inhalte sei hier der kooperative Leistungsaustausch, z.B. in den Bereichen Warenbeschaffung, Marketing, Dienstleistungen etc., verstanden. Zur Koordination dieser Konzepte bieten sich alternative Steuerungsmechanismen an, die auf einem Kontinuum zwischen folgenden Extremlösungen angesiedelt sind:

1. Die Inanspruchnahme von Kooperationsleistungen beruht vollständig auf freiwilliger Basis (Marktlösung).
2. Die Inanspruchnahme von Kooperationsleistungen wird bis ins letzte Detail vertraglich geregelt (Hierarchielösung).

Die erste Extremlösung würde ein weitgehendes Vertrauen in die Attraktivität der Kooperationsleistungen voraussetzten, weil rational handelnde Kooperationsteilnehmer sich für kooperationsexterne Marktpartner entscheiden würden, wenn sie sich hiervon eine größere Nutzenstiftung versprechen. Hierbei bemißt sich die At-

---

[517] Vgl. Kap. 5.2.4.2.

5.1 Auswahl transaktionskosteneffizienter Koordinationsformen

traktivität zentraler Leistungen nicht nur an günstigen Bezugskonditionen, sondern auch an der Exklusivität bzw. Spezifität der erbrachten Leistungen (z.B. kooperationseigene Handelsmarken, Zentralregulierung, Beratungsleistungen).

Im anderen Extrem erklären sich die Kooperationspartner bereit, ihre dezentrale Entscheidungsautonomie erheblich zu begrenzen und den Regelungen des Vertrags zu folgen. Abstufungen auf dem Kontinuum zwischen den Extremlösungen lassen sich am Beispiel der zentralen Warenbeschaffung verdeutlichen. In der Kooperationspraxis existieren diesbezüglich zahlreiche Zwischenlösungen, z.B. die Absprache von Mindestbezugsquoten innerhalb eines Zeitraums oder Bezugsvereinbarungen über Kernsortimente.

Bei der Festlegung der Konzeptelemente einer Kooperation lassen sich folgende Ebenen unterscheiden[518]:

– Kooperationselemente,
– Kooperationsintensität und
– Abstimmungstechniken.

Durch die Beschreibung der Kooperationselemente werden die Kooperationsfelder festgelegt. Dies geschieht häufig in Form von sogenannten **Kooperationspaketen**, z.B. als Waren-, Konditionen-, Dienstleistungs-, Finanzierungs- oder auch Beteiligungspaket.

Mit der vertraglichen Regelung der Kooperationsintensität verbindet sich das Ziel, das Ausmaß der Zusammenarbeit in den einzelnen Kooperationsfeldern festzulegen bzw. zu beeinflussen. Hierbei kommt es darauf an, operative Maßstäbe zur Beurteilung der Kooperationsintensität anzusetzen, z.B. in Form von Bezugsquoten oder Kostenanteilen für Gemeinschaftswerbung.

Die Festlegung von Abstimmungstechniken soll dazu beitragen, die Nutzung der verschiedenen Kooperationspakete durch die Mitglieder aufeinander abzustimmen. Hierzu tragen z.B. Informations- und Kommunikationsprozesse sowie organisatorische Richtlinien bei.

Grundsätzlich kann nicht davon ausgegangen werden, daß die verschiedenen Kooperationssysteme sämtliche Möglichkeiten auf den drei Ebenen der vertraglichen Gestaltung von Konzeptelementen auch nutzen. Bei Verbundgruppen kommt statt dessen dem Vertrag als Steuerungsinstrument eine eher unterdurchschnittliche Bedeutung zu, obwohl sich die Kooperationsintensität in den letzten Jahren stark erhöht hat[519]. Hingegen zeigen Franchise-Systeme eine Tendenz zu wesentlich detaillierteren Kooperationspaketen. Dies kann anhand von Verfahrensklauseln aufgezeigt werden, die der Vertrag zwischen Franchisegeber und Franchisenehmer üblicherweise beinhaltet. Diese beziehen sich beispielsweise auf folgende Inhalte:

– Ausdehnung des Absatzgebietes,
– Mindestlagerbestand,

---

[518] Vgl. zu den folgenden Ausführungen Tietz, B., 1991, S. 712 f.
[519] Vgl. Tietz, Bruno/Mathieu, Günter: Das Kontraktmarketing als Kooperationsmodell, Köln u.a. 1979, S. 25; Tietz, B., 1991, S. 713.

- Bezugsquellen,
- Einkaufspreise beim Franchisegeber,
- Verkaufspreise des Franchisenehmers,
- Teilnahme des Franchisenehmers an Ausbildungsmaßnahmen,
- Kontrollrechte des Franchisegebers.

Obwohl es sich hierbei nur um eine Auswahl von vertraglichen Inhalten handelt, zeigt sich der hohe Detaillierungsgrad des Franchise-Vertrages bei der Beschreibung von Kooperationsfeldern und -intensität sowie bei der Ausgestaltung der Abstimmungsprozesse. Rechtlich betrachtet fallen diese Vereinbarungen unter das Gesetz zur Regelung der Allgemeinen Geschäftsbedingungen (AGB-Gesetz), weil es sich hierbei um einen weitgehend standardisierten Vertrag handelt, der nicht individuell ausgehandelt wird. Das AGB-Gesetz gleicht das strukturelle Ungleichgewicht zwischen den Vertragsparteien aus, indem insbesondere der Schutz des Franchisenehmers sichergestellt wird[520].

Beispiele aus der Kooperationspraxis zeigen allerdings, daß auch Verbundgruppen versuchen, Vertragselemente des Franchising zu übernehmen und in ihre Gruppenstruktur zu integrieren[521]. Hierbei stehen folgende Zielsetzungen im Vordergrund:

1. Schaffung zusätzlicher Betriebs- bzw. Vertriebstypen neben den bestehenden Programmen.
2. Umstellung von Partnern mit weniger intensiven Kooperationskonzepten auf ein Franchise-Konzept.

Exemplarisch sei diesbezüglich das erfolgreiche Beispiel QUICK-SCHUH der NORD-WEST-RING SCHUH EINKAUFSGENOSSENSCHAFT eG erwähnt. Hierbei handelt es um eine Diversifikation mit dem Ziel, neben dem klassischen Fachhandels-Betriebstyp auch eine Diskontierungsstrategie[522] einzuführen. Zu diesem Zweck werden die Gestaltung der Außenfront, Ladeneinrichtung, Warenpräsentation und Werbemaßnahmen von der Zentrale vorgegeben. Der Erfolg der Franchise-Linie neben dem traditionellen Verbundgeschäft wird u.a. damit begründet, daß beide Bereiche sich imagemäßig nicht berühren.

Es zeigt sich somit, daß horizontale Verbundgruppenkonzepte und vertikale Franchise-Systeme institutionell miteinander verknüpft werden können, so daß es schwerfällt, horizontale und vertikale Systeme trennscharf abzugrenzen. Insgesamt betrachtet gilt es, die Regelungsdichte der verschiedenen Verträge situativ den Gegebenheiten anzupassen. Gerade bei einer hohen Regelungsdichte stellt sich allerdings die Frage, ob die Verträge auch von allen Kooperationspartnern eingehalten werden. Die Dezentralität von Kooperationssystemen, das Vorkommen opportuni-

---

[520] Vgl. Skaupy, W., 1995, S. 128 f.
[521] Vgl. zu den folgenden Ausführungen Tietz, B., 1991, S. 720 - 723.
[522] "Mit Diskontierung wird eine absatzpolitische Strategie bezeichnet, bei der Konsumgüter des Massenabsatzes bei einfacher Ladenausstattung zu niedrigen Preisen angeboten werden." Katalog E, 1995, S 48.

stischer Verhaltensweisen und ein komplexes System von vertraglichen Regelungen lassen hieran Zweifel aufkommen. Zudem stellt sich die Frage, ob überhaupt sämtliche zukünftigen Entscheidungssituationen bereits bei Vertragsschluß abzusehen sind. Die nachfolgenden Ausführungen dienen der vertiefenden Untersuchung dieser Probleme.

5.1.2 Die Durchsetzung vertraglicher Vereinbarungen

Mit den Ausführungen zum organizational failures framework wurde aufgezeigt, daß die neue Institutionenökonomie unvollständige Verträge und opportunistische Verhaltensweisen als realistischen Annahmen in ihre Modelle einbezieht. Für die Gestaltung von Kooperationssystemen bedeutet dies zum einen, daß es wahrscheinlich nicht gelingen wird, sämtliche Entscheidungssituationen, die in der Zukunft auftreten werden, bei Vertragsschluß zu berücksichtigen. Zum anderen sollte bereits bei Vertragsschluß bedacht werden, daß opportunistische Transaktionspartner auch zum Abweichen von den Vereinbarungen bereit sind, wenn sie sich hiervon Vorteile versprechen. Dabei kann nicht davon ausgegangen werden, daß diese Abweichungen offengelegt oder direkt entdeckt werden. Nachfolgend soll daher untersucht werden, welche Effekte von diesem „Versagen" der Verträge ausgehen können und welche Instrumente zur Vermeidung dieser Auswirkungen zur Verfügung stehen.

5.1.2.1 Externe Effekte als Principal-Agent-Problem

Mathewson und *Winter* untersuchen den Franchise-Vertrag, unter Anwendung des Principal-Agent-Ansatzes, als vorvertragliches Entscheidungsproblem[523]. Hierbei wird angenommen, daß der Franchisenehmer (Agent) einen national bekannten Markennamen benutzt und hierfür, neben einer einmaligen Pauschalsumme (Eintrittsgebühr) einen bestimmten Anteil seiner Gewinne an den Franchisegeber (Principal) zahlt. Darüber hinaus verpflichtet sich der Franchisenehmer, vorgegebene Qualitäts-Standards (z.B. Preis, Verkaufsförderung, Beratung) einzuhalten. Die vertraglichen Pflichten des Franchisegebers bestehen darin, den Markennamen durch Werbung zu profilieren sowie Aus- und Weiterbildungsprogramme anzubieten.

Trotz weitgehender Spezifikation der gegenseitigen Leistungsbeziehungen bleibt der Franchise-Vertrag unvollständig. Würde es sich um einen vollständig spezifizierten Vertrag handeln, könnten Prinicipal und Agent ihren gemeinsamen Gewinn zu Beginn der Vereinbarung ermitteln. Dies würde die Sicherheit bezüglich der relevanten Unwelteinflüsse und dem Verhalten des Transaktionspartners voraussetzen. Statt dessen bleiben Entscheidungen bei Vertragsbeginn offen und werden

---

[523] Vgl. zu den folgenden Ausführungen Mathewson, Frank G./Winter, Ralph A.: The Economics of Franchise Contracts, in: Journal of Law and Economics, Jg. 28 (1985), S. 503 - 506; Dnes, Anthony W.: Franchising: A Case-study Approach, Aldershot u.a. 1992, S. 13 f.

im Eigeninteresse der Entscheidungsträger, in Abhängigkeit von vertraglichen Anreizen, zu einem späteren Zeitpunkt gefällt.

Es besteht allerdings die Möglichkeit, daß das Eigeninteresse von dem Kollektivinteresse abweicht, z.B. wenn einzelne Franchisenehmer nicht dem auferlegten Qualitäts-Standard entsprechen, um die eigenen Kosten zu reduzieren. Dieses Verhalten könnte verstärkt werden, wenn die Franchisenehmer über ihren Gewinn nicht vollständig verfügen können, sondern laut Vertrag einen Anteil an den Franchisegeber entrichten. In diesem Fall stellt die Kostenreduzierung für den Franchisenehmer eine Möglichkeit dar, den eigenen Gewinn über das vertraglich zugesicherte Maß zu erhöhen.

Vorausgesetzt wird, daß die gemeinsamen Investitionen von Franchisegebern und Franchisenehmern in die Reputation des Markennamens zu einer Steigerung des mengenmäßigen System-Output führen. Unter diesen Bedingungen entstehen externe Effekte, wenn einzelne Franchisenehmer ihre Qualität verschlechtern und Endabnehmer hierauf zunächst nicht reagieren, weil sie von der Qualitäts-Ausstrahlung des Markennamens auf die Qualität des einzelnen Franchise-Betriebes schließen. Durch die Senkung ihres Qualitäts-Standards profitieren die einzelnen Franchisenehmer zunächst, weil die Reduzierung ihrer Kosten im vollen Umfang zur Gewinnsteigerung führt[524]. Längerfristig verlieren Endabnehmer allerdings das Vertrauen in die Marke, wodurch sich Erlös- und Kostennachteile ergeben, die als horizontale externe Effekte sämtliche Franchisenehmer des Systems betreffen. *Mathewson* und *Winter*[525] argumentieren, daß diese horizontalen Effekte zwar ein zusätzliches Problem für die Kontrolle und Durchsetzung von Franchise-Verträgen darstellen; eine zentrale Bedeutung komme jedoch der vertikalen Betrachtungsweise zu[526]. Die Ursache für vertikale externe Effekte besteht in der asymmetrischen Verteilung von Informationen über die lokalen Marktgegebenheiten der einzelnen Franchisenehmer (z.B. über die lokale Nachfragesituation). Diesbezüglich befindet sich der Franchisegeber tendenziell im Nachteil, weil er die Distanz zu den lokalen Märkten überbrücken muß. Es besteht daher die Möglichkeit, daß opportunistische Franchisenehmer gegenüber dem Franchisegeber eine unrichtige Nachfragesituation vortäuschen, um hiermit ihren niedrigeren Qualitäts-Input zu begründen. Die folgende Abbildung veranschaulicht dies.

---

[524] Vgl. Rubin, Paul H.: The Theory of the Firm an the Structure of the Franchise Contract, in: Journal of Law and Economics, Vol. 21 (1978), S. 228; ausführlicher hierzu Lal, Rajiv: Improving Channel Coordination Through Franchising, in: Marketing Science, Vol. 9 (1990), No. 4, S. 304 f.

[525] Vgl. zu den folgenden Ausführungen Mathewson, F. G./Winter, R. A., 1985, S. 506 - 510.

[526] Dies wird damit begründet, daß vertikale externe Effekte schon bei einem einzigen Franchisenehmer vorkommen, während horizontale externe Effekte mehrere Franchisenehmer voraussetzen. Horizontale externe Effekte stellen daher lediglich eine zusätzliche negative Auswirkung jeglicher Form von 'free riding' dar. Vgl. Mathewson, F. G./Winter, R. A., 1985, S. 505.

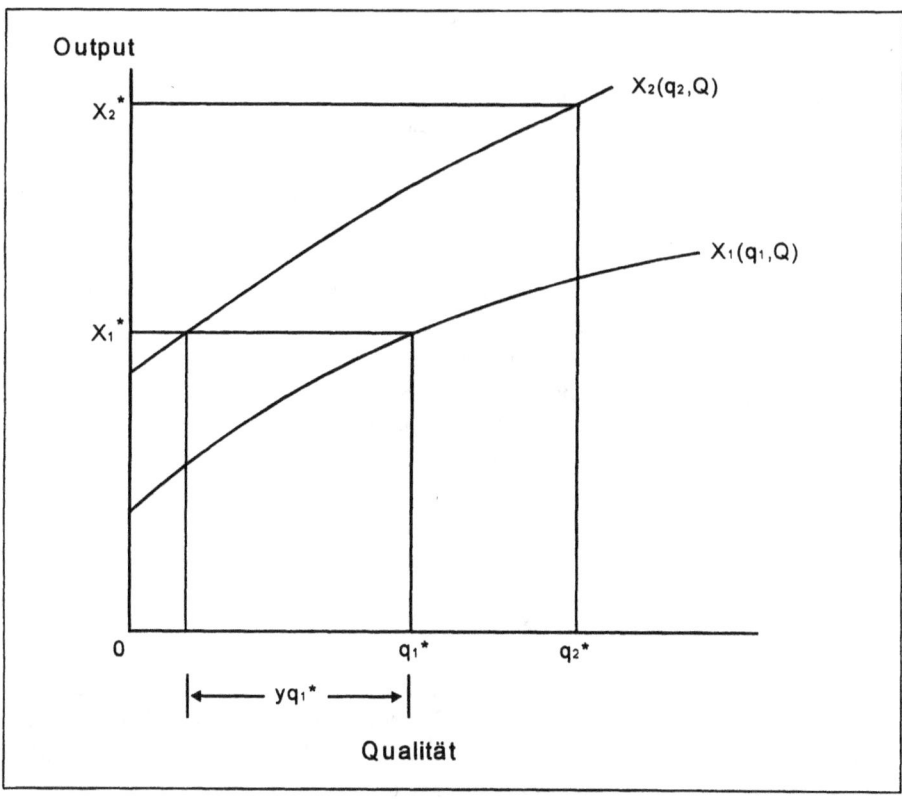

Abb. 45: Lokale Qualität und „free riding"; Quelle: Mathewson, G. F./Winter, R. A., 1985, S. 509.

Abbildung 45 zeigt auf der Ordinate den Output des Franchisenehmers. Der Output X_2^* kommt zustande, wenn der Franchisenehmer, in Abhängigkeit von der tatsächlichen Nachfrage $X_2(q_2,Q)$, für das vorgeschriebene Qualtätsniveau q_2^* sorgt. Hingegen kommt der Output X_1^* zustande, wenn der Franchisenehmer die geringere Nachfrage $X_1(q_1,Q)$ vortäuscht. Die Kurvenverläufe drücken das Abhängigkeitsverhältnis des Output vom Qualitätsinput des Franchisenehmers (q_i) und den Investitionen des Franchisegebers (Q) aus, wobei letztere das Täuschungsvorhaben des Franchisenehmers nicht beeinflussen. Die Qualitätsstandards q_1^* und q_2^* wurden jeweils für die beiden verschiedenen Nachfragesituationen vertraglich vereinbart.

Der Franchisenehmer kann eine geringere Nachfrage deswegen vortäuschen, weil er über die besseren Informationen verfügt und der Franchisegeber nur den Output kontrollieren kann. Er muß gegenüber dem Franchisegeber allerdings einen Output (X_1^*) signalisieren, der konsistent mit der vorgetäuschten Nachfragesituation ($X_1(q_1,Q)$) übereinstimmt. Der Faktor y zeigt den Qualitätsunterschied an, der sich bei diesem Output zwischen der tatsächlichen Nachfrage ($X_2(q_2,Q)$) und der vorgetäuschten Nachfrage ($X_1(q_1,Q)$) ergibt. Der Franchisenehmer kann nur deshalb seine

Qualität reduzieren und den Gewinn erhöhen, weil er das Renommee des Franchisesystems nutzt.

Es zeigt sich, daß das Verhalten des Franchisenehmers, der in diesem Fall auch als **free rider** oder **Trittbrettfahrer** bezeichnet wird, sich zum Nachteil des Franchisegebers auswirkt. Zum einen vermindert sich der Anteil des Franchisegebers an der Gewinnen des Franchisenehmers, und zum anderen erleidet der Markenname eine Imageverlust, so daß getätigte Investitionen in die Marke sich zumindest teilweise in sunk costs verwandeln.

Eine Möglichkeit, um diese Effekte zu vermeiden, besteht aus Sicht des Franchisegebers darin, durch regelmäßige Kontrollen die Einhaltung der Qualitätsstandards sicherzustellen. Hierdurch entstehen jedoch kooperationsinterne Kontrollkosten, die wiederum zu Lasten des Franchisegebers bzw. des Gesamtsystems gehen. Daher soll nachfolgend gefragt werden, ob darüber hinaus Anreiz- oder Sanktionsmechanismen eingesetzt werden können, die zur Vermeidung externer Effekte beitragen.

5.1.2.2 Anreize zur Vermeidung externer Effekte

Die bisherigen Ausführungen zu externen Effekten in Franchisesystemen haben gezeigt, daß es bei asymmetrischer Informationsverteilung und unvollständigen Verträgen zu einseitigen, opportunistischen Verhaltensweisen kommen kann, die eine Effizienzminderung für das Gesamtsystem bedeuten. *Mathewson* und *Winter* führen daher, in Verbindung mit Kontrollmöglichkeiten des Franchisegebers, Mindesterwartungen der Franchisenehmer an ihren Gewinn als notwendige und hinreichende Bedingungen für das Zustandekommen von Franchise-Verträgen ein[527]. Dabei gehen *Mathewson* und *Winter* davon aus, daß Franchisenehmer, deren Einkommenserwartungen erfüllt sind, durch die Androhung von negativen Sanktionen dazu bewegt werden können, auf Täuschungsvorhaben zu verzichten. Diese Sanktionen können z.B. darin bestehen, daß eine einmalig zu entrichtende Pauschalsumme bei Vertragsbruch nicht zurückgezahlt wird. Nachfolgend werden sämtliche Voraussetzungen erfaßt, die den Gewinn des Franchisegebers beeinflussen[528].

$$R_F = F + (1-f) \Sigma T_i X_i (q_i, Q) - C(p) - Q - G, \quad i = 1,2 \tag{5.1}$$

F = Einmalig zu entrichtende Pauschalsumme
f = Prozentualer Anteil des Franchisenehmers am Verkaufserlös
T_i = Wahrscheinlichkeit der Situation i, $T_1 + T_2 = 1$
X_i = Nachfrage in Situation i, $X_i = X_i (q,Q)$ und $X_2 > X_1$
q_i = Qualitäts-Input (Kosten) des Franchisenehmers in Situation i
Q = Investitionen des Franchisenehmers in die Profilierung der Marke
G = Versunkene Kosten des Franchisegebers

---

[527] Vgl. zu den folgenden Ausführungen Mathewson, F. G./Winter, R. A., 1985, S. 510-513.
[528] Vgl. zu den folgenden Ausführungen auch Dnes, A. W., 1992, S. 14 - 16.

C = Überwachungskosten des Franchisegebers, C = C(p)
p = Häufigkeit der Überwachung

Gleichung (5.1) bezieht sich auf ein Franchising mit einem Franchisegeber und einem Franchisenehmer. Der Gewinn des Franchisegebers setzt sich aus der einmaligen Eintrittsgebühr und seinem Anteil an den erwarteten Verkaufserlösen zusammen, abzüglich seiner Kosten. Um Täuschungsvorhaben von Franchisenehmern zu unterbinden, wird Bedingung (5.2) vorausgesetzt:

$$fX_2(q_2,Q) - q_2 - F \geq (1-p)\{fX_2[q_1(1-y),Q] - q_1(1-y) - F\} \quad (5.2)$$

y = Verhältnis, das die niedrigere Angabe der Nachfrage ausdrückt.

Die linke Seite der Bedingung (5.2) beinhaltet den Gewinn des Franchisenehmers unter korrekter Angabe der lokalen Nachfrage und bei Einhaltung des vertraglich vereinbarten Qualitäts-Standards. Dieser Gewinn sollte mindestens dem Gewinn bei Vortäuschung des geringeren Output entsprechen. Das Verhältnis (y) zwischen der vorgetäuschten und der tatsächlichen Nachfrage wird durch Gleichung (3) beschrieben und beinhaltet daher die Annahme asymmetrischer Informationsverteilung.

$$X_2[q_1(1-y),Q] = X_1(q_1,Q) \quad (5.3)$$

Bedingung (5.4) setzt den minimalen Gewinnanspruch des Franchisenehmers gleich Null und sieht daher eine Verlustvermeidung als notwendige und hinreichende Bedingung vor, um Täuschung zu vermeiden[529].

$$fX_i(q_i,Q) - q_i - F \geq 0, \quad i = 1,2 \quad (5.4)$$

Auch wenn die Auswirkung und Steuerung der Gewinnverteilung in Franchise-Systemen und die damit verbundenen Sanktionsmechanismen hier nur ansatzweise aufgezeigt werden können, so zeigt sich dennoch die Bedeutung dieser Instrumente für die vorvertragliche Berücksichtigung opportunistischer Verhaltensweisen. Darüber hinaus wäre der Einsatz weiterer Anreizmechanismen zu erwähnen, wie z.B. die exklusive Zusicherung eines Absatzgebietes oder Vereinbarungen über spezifische Investitionen, deren Wert bei Vertragsbruch verloren ginge[530].

Bei der Bewertung dieser Instrumente für den ökonomischen Erfolg von Kooperationsvorhaben gilt es zu berücksichtigen, daß die Einbeziehung zusätzlicher vertraglicher Vereinbarungen zunächst höhere Transaktionskosten verursacht. Diesen Kosten müssen aber die Effizienzvorteile entgegengehalten werden, die aufgrund

---

[529] Eine Gewinnerwartung, die mindestens Null beträgt erscheint nur insoweit realistisch, solange die Franchisenehmer objektiv und subjektiv davon ausgehen können, daß der Franchisegeber nach der gleichen Satisfizierungsbedingung handelt.
[530] Vgl. Klein, Benjamin: Transaction Cost Determinants of "Unfair" Contractual Arrangements, in: American Economic Review, Vol. 70 (1980), No. 2, S. 359.

der Vermeidung externer Effekte erreicht werden. Hierzu gehört nicht nur ein drohender Imageverlust, sondern auch die Vermeidung von Verhandlungskosten bei Vertragsauflösung sowie Anbahnungs- und Vereinbarungskosten bei der Aufnahme von neuen Franchisenehmern. Darüber hinaus lassen sich die permanenten Kontrollkosten durch funktionierende Anreizmechanismen reduzieren.

Zuletzt stellt sich die Frage, ob die aufgezeigten Erkenntnisse über externe Effekte, die sich bisher ausschließlich auf Franchise-Systeme bezogen haben, auch auf die Gestaltung der vertraglichen Grundlage von Verbundgruppen übertragen lassen. Diesbezüglich gilt es, u.a. folgende Einschränkungen zu berücksichtigen:

1. Der Kooperationsvertrag von Verbundgruppen legt den Leistungsumfang der Mitgliedsbetriebe i.d.R. nicht in dem Maße fest, wie dies durch den Franchise-Vertrag geschieht. Statt dessen erfolgt die Umsetzung zentraler Konzepte oftmals auf freiwilliger Basis, so daß es schwerfällt bei mangelnder Akzeptanz Sanktionen zu verhängen.
2. Nicht alle Verbundgruppen verwenden nach außen gerichtete Kennzeichen, wie z.B. Markennamen oder Logos, so daß sich die Möglichkeiten zum free riding reduzieren.
3. Mitgliedsbetriebe in Verbundgruppen verfügen i.d.R. über eine weitreichendere Ertrags- und Investitionsautonomie[531] als Franchise-Betriebe, so daß Gewinnverteilungskonzepte nur schwer umgesetzt werden können.

Es bestehen allerdings auch Gemeinsamkeiten zwischen Verbundgruppen und Franchise-Systemen. Horizontale und vertikale externe Effekte können auch in Verbundgruppen vorkommen, weil hier zunehmend gemeinsame Markennamen bzw. Erkennungszeichen eingesetzt werden. Darüber hinaus bestehen Ansatzpunkte, um auf die Gewinnverteilung einzuwirken. Beispielsweise kann die Satzung einer Handelskooperationen eine einmalige Eintrittsgebühr sowie regelmäßige Kooperationsbeiträge vorsehen. Durch die Festlegung von Gesellschafter- oder Genossenschaftsanteilen können Kooperationen eine engere Bindung der Mitglieder erreichen und mit Gewinnverteilungskonzepten Ansatzpunkte für Sanktionsmöglichkeiten schaffen.

Anreizmöglichkeiten bestehen durch die Zahlung jährlicher Rückvergütungen, z.B. in Abhängigkeit von der erzielten Bezugsquote oder der Umsetzung vorgegebener Marketingpläne. Auch die Zusicherung eines exklusiven Verkaufsgebiets kann einen Anreiz darstellen.

Es zeigt sich somit, daß das Problem der Durchsetzung vertraglicher Vereinbarungen in Verbundgruppen nicht den Stellenwert einnimmt, den es in Franchise-Systemen erreicht, weil die Leistungsqualität von Verbundgruppenmitgliedern nicht im gleichen Umfang fixiert wird. Dies schließt jedoch die Existenz von Trittbrettfahrern und die hiermit verbundenen externen Effekte in Verbundgruppen nicht aus. Die aufgezeigten Kontroll- und Anreizmechanismen sollten daher in Relation zu den spezifischen Investitionen der Verbundgruppe in den gemeinsamen Marktauftritt festgelegt werden.

---

[531] Vgl. Kap. 4.2.3.2.

5.2 Transaktionskosten und organisatorische Gestaltung der Handelskooperation

In den nachfolgenden Abschnitten wird in einem ersten Schritt gefragt, ob Transaktionskostentheorie und Organisationstheorie sich mit völlig unterschiedlichen Inhalten beschäftigen oder ob es zwischen den beiden Ansätzen Berührungspunkte gibt. Nachdem mögliche Interdependenzen aufgezeigt wurden, widmen sich die weiteren Ausführungen den Grundprinzipien der Organisation, um darauf aufbauend den Einfluß der Organisation auf die Transaktionskostenhöhe zu erläutern. Diese Erkenntnisse werden genutzt, um die organisatorischen Alternativen von Handelskooperationen zu beurteilen, die zum einen die Organisationsstruktur der Systemzentrale und zum anderen die Organisation der Kooperationsführung betreffen.

5.2.1 Interdependenzen zwischen Transaktionskosten und Organisation

Organisation als Funktion „kann als zielgerichtete, dauerhafte Regelung der durch die Aktionsträger bewirkten Aufgabenerfüllungsprozesse gekennzeichnet werden"[532]. Unter dem Begriff der Organisationsstruktur wird demnach ein geordnetes System organisatorischer Regeln verstanden, zu denen personenbezogene Verhaltensregeln (Verhaltenserwartungen) und maschinenbezogene Funktionsregeln gehören[533]. Bereits bei der Beschreibung kontingenztheoretischer Ansätze wurde auf bestehende Interdependenzen zwischen der Erklärung von Organisationsstrukturen und vertraglicher Alternativen hingewiesen[534]. Bevor die Auswirkungen solcher Interdependenzen auf die Transaktionskosten der Handelskooperation beschrieben werden können, erscheint es notwendig, Gemeinsamkeiten und Unterschiede im Vergleich zwischen Transaktionskostenansatz und Organisationstheorie aufzuzeigen.

Die Gemeinsamkeiten beider Ansätze werden darin gesehen, daß organisatorische Zielsetzungen unter Berücksichtigung gegebener Bedingungsfaktoren mittels geeigneter Instrumentalvariablen verfolgt werden[535]. Beide Ansätze beziehen somit situative Kontextfaktoren in die Analyse ein, wodurch eine Anwendung auf individuelle Entscheidungssituationen ermöglicht wird[536]. Allerdings weist hier bereits der Begriff der **organisatorischen Zielsetzungen** darauf hin, daß Transaktionskostenansatz und Organisationstheorie unterschiedliche Zielinhalte betrachten. Während die Transaktionskostentheorie - im Sinne einer rein ökonomischen Analyse - allein das Oberziel des Investors berücksichtigt, bezieht die Organisationstheorie auch die

---

[532] Grochla, E., 1978, S. 13.
[533] Vgl. Grochla, E., 1978, S. 12 - 14.
[534] Vgl. Kap. 3.2.2.
[535] Vgl. Hill, Wilhelm/Fehlbaum, Raymond/Ulrich, Peter: Organisationslehre, Bd. 1, 3. Aufl., Bern-Stuttgart 1981, S. 29.
[536] Vgl. Michaelis, E., 1985, S. 226.

Zielsetzungen anderer Personengruppen mit ein[537], z.B. die sozio-emotionale Bedürfnisbefriedigung der Arbeitnehmer. Noch deutlicher lassen sich die Unterschiede zwischen den beiden Ansätzen anhand des jeweils eingesetzten Instrumentariums aufzeigen.

Als Instrumentarium der Organisationstheorie werden hauptsächlich formale Regeln angesehen[538], die in ihrer Gesamtheit die Organisationsstruktur in verschiedenen Dimensionen[539] beschreiben. Die Organisationstheorie geht davon aus, „daß bei der Schaffung der Organisationsstruktur nur für einen bestimmten Umfang von abzuschließenden oder abgeschlossenen Verträgen ein genereller Rahmen geschaffen wird, der für den Leistungsvollzug verbindlich ist und der die Bedingungen, unter denen dieser Leistungsvollzug stattfinden muß, berücksichtigt"[540]. Die Wahl zwischen verschiedenen Vertragsformen wird demnach nicht behandelt, statt dessen werden in der Regel Verträge mit Arbeitnehmern impliziert[541]. Hiermit besteht ein wesentlicher Unterschied gegenüber der Transaktionskostentheorie, die vertragliche Lösungen in den Mittelpunkt der Untersuchung stellt.

Neben den verschiedenen Zielsetzungen und Instrumenten setzen die beiden Theorien auch unterschiedliche Bedingungsrahmen voraus. Die Transaktionskostentheorie verlagert einen Teil der von der Organisationstheorie als Daten angesehenen Einflußgrößen in den Gestaltungsbereich und erweitert dadurch den Aktionsbereich[542]. Als Beispiel hierfür dient die Zahl der abgeschlossen Arbeits- oder Kooperationsverträge als Indikator für die Systemgröße, die in der Transaktionskostentheorie in den Aktionsbereich fällt und von der Organisationstheorie als gegeben vorausgesetzt wird.

Es stellt sich die Frage, ob es sich bei der Transaktionskostentheorie, aufgrund des größeren Aktionsbereichs, um das umfassendere Erklärungskonzept handelt, das auch einen Beitrag zur Erklärung von internen Organisationsstrukturen zu leisten vermag. *Frese* gibt diesbezüglich zu bedenken, daß der Transaktionskostenansatz rigoroser aufzeigen müßte, „warum ein Modell, das ursprünglich die Frage klären sollte, wieweit Transaktionen über den Markt abgewickelt werden sollen oder nicht,

---

[537] Vgl. Michaelis, E., 1985, S. 232 f.
[538] Bei 'formalen Regeln' handelt es sich um Verhaltenserwartungen, die in einem bewußten Gestaltungsakt geschaffen und unabhängig von bestimmten Personen von der Systemleitung als gültig erklärt werden. Vgl. Hill, W./Fehlbaum, R./Ulrich, P., 1981, S. 26.
[539] Nach Frese bilden die Feld- (z.B. Region, Kunde), Handlungs- (z.B. Beschaffung, Produktion, Absatz) und Zielbestandteile (z.B. Produkt A, Produkt B) einer Entscheidung die elementaren Dimensionen, auf deren spezifische interpersonelle Aufteilung sich alle Organisationsstrukturen in der Realität zurückführen lassen. Nach der Anzahl der angewendeten Dimensionen lassen sich ein- und mehrdimensionale Strukturen unterscheiden. Vgl. Frese, E., 1993, S. 164 f.
[540] Michaelis, E., 1985, S. 228.
[541] Vgl. Michaelis, E., 1985, S. 228 f.
[542] Vgl. Michaelis, E., S. 230 f.

5.2 Transaktionskosten und organisatorische Gestaltung der Handelskooperation

zugleich das methodische Instrumentarium zur Analyse der Bedingungen effizienter organisatorischer Gestaltung liefern können soll"[543].

Hingegen schließt *Michaelis* einen Beitrag der Transaktionskostentheorie zur Gestaltung von Organisationsstrukturen nicht grundsätzlich aus, sondern beschreibt eine **reziproke Interdependenz** zwischen den beiden Ansätzen. Diese Interdependenz besteht darin, daß „ohne die Lösung der Strukturierungsfrage sinnvolle Antworten auf die Frage nach der Wahl zwischen Vertragstypen nicht gegeben werden können, ebenso wie ohne Transaktionskostenbetrachtungen der Rahmen, für den eine Organisationsstruktur zu schaffen ist, nicht abgesteckt werden kann"[544]. Für die Beurteilung der Transaktionskosten, die aus einer vertraglichen Regelung resultieren, kommt es daher auch darauf an, die formalen Regeln zu kennen, die nachvertraglich die Abwicklung des Kontraktes bestimmen. Beispielsweise sollten vor Abschluß eines Arbeitsvertrages die relevanten formalen Regeln bekannt sein, weil diese das spätere Verhalten der Transaktionspartner beeinflussen und auf deren Informationsproduktions- und -verwertungskapazitäten einwirken[545].

Es stellt sich die Frage, ob die Organisationsstruktur bei der Auswahl von Verträgen grundsätzlich als gegeben angenommen werden muß oder ob durch Veränderungen von Organisationsstrukturen ein aktiver Beitrag zur Transaktionskostenreduzierung geleistet werden kann. Hierbei gilt es zu berücksichtigen, daß Organisationsstrukturen dauerhaft angelegt und daher nicht ständig verändert werden können[546]. Wenn sich allerdings die situativen Bedingungen der Organisation ändern, werden Anpassungen notwendig, um auf veränderte Einflußfaktoren zu reagieren, die auch die Höhe der Transaktionskosten beeinflussen (z.B. Wettbewerbsverhältnisse, verfügbare Informationstechnologien). *Michaelis* argumentiert daher, daß sich das Instrumentarium der Organisationstheorie grundsätzlich auch als Instrumentarium zur Verminderung von Transaktionskosten interpretieren läßt[547]. Dieser Argumentation wird hier gefolgt, allerdings mit dem einschränkenden Hinweis, daß es sich bei der Organisationstheorie nicht um ein reines Teilproblem der Transaktionskostenminimierung handelt, wie es von *Michaelis* vertreten wird[548]. Über die Transaktionskostenziele hinaus verfolgt die Organisation weitere Ziele, wie z.B. die Ausschöpfung von Erlöspotentialen, die Reduzierung von Produktionskosten oder die Erweiterung der Arbeitszufriedenheit. Der Zusammenhang zwischen Organisationstheorie und dem Transaktionskostenansatz wird hier eher als Schnittmenge gesehen, in der insbesondere die Erklärung nachvertraglicher, interner Transaktionskosten eine bedeutende Rolle spielt. Dies kann damit verdeutlicht werden, daß die Kon-

---

[543] Frese, Erich: Organisationstheorie: Historische Entwicklung - Ansätze - Perspektiven, 2. Aufl., Wiesbaden 1992, S. 207.
[544] Michaelis, E., 1985, S. 236 f.
[545] Vgl. Michaelis, E., 1985, S. 238 f.
[546] Vgl. Michaelis, E., 1985, S. 239.
[547] Vgl. Michaelis, E., 1985, S. 241.
[548] Hierzu Michaelis: "Festzuhalten bleibt, daß das von der Organisationstheorie aufgeworfene Organisationsstrukturierungsproblem in Wirklichkeit ein Teilproblem der Transaktionskostenminimierung darstellt." Michaelis, E., 1985, S. 240 f.

trolle von Arbeitnehmern sowohl für die Gestaltung der Organisationsstruktur als auch für die Höhe der internen Transaktionskosten eine Rolle spielt.

5.2.2 Effizienzkriterien organisatorischer Gestaltung

Um beurteilen zu können, welchen Einfluß Organisationsentscheidungen auf die Transaktionskosten von Handelskooperationen nehmen, erscheint es notwendig, zunächst die Grundprinzipien der organisatorischen Gestaltung und ihren Bezug zur Transaktionskostentheorie zu erläutern. Zu diesem Zweck wird hier dem organisationstheoretischen Ansatz von *Frese* gefolgt, welcher die Koordinations- und Motivationseffizienz als Effizienzkriterien bei der Auswahl zwischen Organisationsalternativen heranzieht[549].

5.2.2.1 Koordinationseffizienz

Bezogen auf die Gestaltung von Organisationsstrukturen[550] bezeichnet der Begriff der Koordination das „Ausrichten von Einzelaktivitäten in einem arbeitsteiligen System auf ein übergeordnetes Gesamtziel"[551] und dient somit insbesondere dazu, ein grundlegendes Problem arbeitsteiliger Systeme zu lösen[552]: Zum einen erfordert die begrenzte qualitative und quantitative Kapazität der Organisationseinheiten (Aufgabenträger) die Aufteilung komplexer Gesamtprobleme. Zum anderen geht es darum, eine Vielzahl von isoliert entwickelten Teillösungen auf das Gesamtziel abzustimmen und damit die Integration sämtlicher Teilaktivitäten herbeizuführen. Zur Überbrückung dieses Spannungsverhältnisses stehen als Instrumentarium die Ab-

---

[549] Vgl. Frese, E., 1993, S. 269 - 271. Frese weist allerdings darauf hin, daß mit diesem Ansatz nur solche Effizienzkriterien einbezogen werden, die auf organisatorische Maßnahmen (Kompetenz- und Kommunikationsregelungen) Einfluß nehmen. Koordinations- und Motivationseffizienz stellen damit Subziele im Gesamtzielsystem der Unternehmung (oder alternativer Institutionen) dar, ähnlich wie die Transaktionskosteneffizienz als Ziel bei der Auswahl zwischen vertraglichen Alternativen. Siehe hierzu auch Kap. 3.3.1.

[550] Bisher wurde der Begriff der Koordination auf die Gestaltung von Verträgen angewendet, deren Gesamtkonfiguration, aus der Sicht der Institution, eine Auswahl zwischen marktlichen und hierarchischen Koordinationsformen begründet. In den weiteren Ausführungen wird darauf hingewiesen, ob es sich um organisatorische oder vertragliche Koordination handelt, falls dies aus dem Kontext nicht klar hervorgeht.

[551] Frese, E., 1993, S. 39.

[552] Vgl. Frese, E. 1993, S. 40.

5.2 Transaktionskosten und organisatorische Gestaltung der Handelskooperation 183

grenzung von Entscheidungskompetenzen[553] und die Gestaltung von Informationsbeziehungen zur Verfügung[554].

Allerdings entstehen durch den Einsatz der beiden Instrumente Kosten. Durch die Eingrenzung der Entscheidungskompetenz kommt es zur Abweichung vom theoretischen Ideal einer simultanen Gesamtplanung, weil die Qualität arbeitsteiliger Einzelentscheidungen aufgrund einer geringeren Informationsbasis und/oder einer weniger leistungsfähigen Informationsverarbeitungsmethode nur suboptimal sein kann[555]. Die Kosten dieses Qualitätsverlustes (z.B. aufgrund von Fehlentscheidungen) bezeichnet *Frese* als **Autonomiekosten**. Kommunikationsaktivitäten stellen die einzige organisatorische Möglichkeit dar, um trotz eines gegebenen arbeitsteiligen Systems das Gesamtziel möglichst vollkommen zu verwirklichen[556] und somit Autonomiekosten zu vermeiden. Unter dem Begriff der Kommunikation soll hier der Austausch von Informationen zwischen organisatorischen Entscheidungseinheiten verstanden werden, der generell notwendig wird, wenn der Ort des Informationsanfalls oder der Informationsspeicherung und der Ort des Informationsbedarfs auseinanderfallen[557]. Die organisatorischen Regelung der Kommunikationsaktivitäten erstreckt sich vor allem auf folgende Elemente[558]:

1. Das eine Kommunikation auslösende Ereignis.
2. Übermittelnde Einheit (Sender) und empfangende Einheit (Empfänger).
3. Das Kommunikationsmedium.
4. Der Kommunikationsweg (Festlegung der am Kommunikationsprozeß beteiligten Sender, Übermittler und Empfänger).
5. Die Kommunikationsinhalte.

Allerdings verursachen Kommunikationsaktivitäten Kosten und zumindest zu einem Teil auch Transaktionskosten, so daß sich die Frage nach einer möglichst optimalen Abstimmung von Entscheidungsautonomie und Kommunikationsprozessen ergibt. Die folgende Abbildung zeigt den Zusammenhang zwischen Autonomiekosten und Kommunikationskosten auf.

---

[553] Die Abgrenzung der Entscheidungskompetenzen erfolgt durch Maßnahmen der Stukturierung (vertikale Abgrenzung des Kompetenzspielraumes; Beispiel: Entscheidungsfreiheit eines Aufgabenträgers bis zu einem Auftragsvolumen von DM 10.000,-) und Maßnahmen der Segmentierung (horizontale Abgrenzung der Kompetenzinhalte; Beispiel: Zuständigkeit für Produktgruppe A).

[554] Frese weist darauf hin, daß beide Dimensionen nicht unabhängig voneinander sind, denn "die Art der Zerlegung eines komplexen Entscheidungsproblems in Teilprobleme bestimmt bis zu einem gewissen Grad die Kommunikationsbeziehungen". Frese, E., 1993, S. 40.

[555] Vgl. Frese, E., 1993, S. 271.

[556] Vgl. Frese, E., 1993, S. 99.

[557] Vgl. Frese, E., 1993, S. 82.

[558] Vgl. Frese, E., 1993, S. 82.

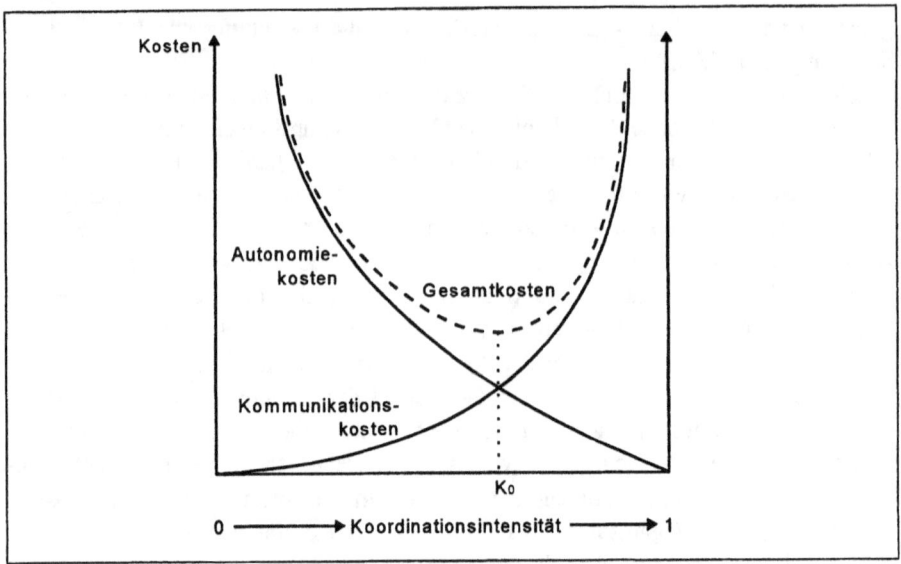

Abb. 46: Zusammenhang zwischen Autonomie- und Kommunikationskosten; Quelle: Frese, E., 1993, S. 101.

Abbildung 46 stellt die Entwicklung von Autonomie- und Kommunikationskosten in Abhängigkeit von der organisatorischen Koordinationsintensität dar. Es zeigt sich, daß bei niedriger Koordinationsintensität (Grenzfall = 0) die Autonomiekosten sehr hoch ausfallen, weil so gut wie keine Kommunikation zwischen den verschiedenen Entscheidungsträgern stattfindet. Im Fall hoher Koordinationsintensität (Grenzfall = 1) müssen jedoch niedrige Autonomiekosten durch sehr hohe Kommunikationskosten „erkauft" werden. Die optimale Koordinationsintensität (K_0) ermittelt sich daher in dem Punkt, wo die Gesamtkosten aus Autonomie- und Kommunikationskosten ihr Minimum erreichen.

Es sollte jedoch bedacht werden, daß die praktische Ermittlung von Automie- und Kommunikationskosten Schwierigkeiten bereiten wird[559]. Daher stellt sich für die Beurteilung der organisatorischen Koordinationseffizienz die Frage nach operationalen (sich an operationalen Subzielen orientierenden) Beurteilungskriterien. Diesbezüglich nennt *Frese* drei Beurteilungsfelder für die Effizienzbewertung von Organisationsstrukturen[560]:

---

[559] Vgl. Frese, E., 1993, S. 100.
[560] Vgl. hierzu Frese, E., 1993, S. 279.

1. Interdependenzeffizienz: Wie gut und mit welchem Aufwand werden Interdependenzen[561] durch die gewählte Alternative abgestimmt?
2. Potentialeffizienz: Wie gut und mit welchem Aufwand werden Ressourcen- und Marktpotentiale durch die gewählte Alternative genutzt?
3. Delegationseffizienz: Wie gut und mit welchem Aufwand werden hierarchisch verbundene Entscheidungen durch die gewählte Alternative koordiniert?

Es läßt sich aufzeigen, daß die verschiedenen Beurteilungsfelder auch Transaktionskosten einschließen. Beispielsweise erfordern auftretende Interdependenzen Abstimmungsprozesse, die Informations- und Kommunikationskosten verursachen. Weiterhin tragen economies of scale zur effizienten Nutzung von Ressourcenpotentialen bei, die sich sowohl als Transaktions- als auch als Produktionskosten äußern können. Auch die Steigerung der Delegationseffizienz kann zur Ersparnis von Transaktionskosten beitragen, wenn Entscheidungen aufgrund problemgerechter hierarchischer Positionierung kostengünstiger getroffen werden. Im Gegensatz zu den bisher betroffenen internen Transaktionskosten der Organisationen richtet sich die Nutzungseffizienz von Marktpotentialen auch auf Transaktionskosten externer Marktkontakte. Zur Einsparung von Transaktionskosten kommt es z.B., wenn eine marktgerechtere Organisationsstruktur zur Reduzierung von Anbahnungs- und Vereinbarungskosten führt.

Es zeigt sich somit, daß eine Verbesserung der Koordinationseffizienz zu Transaktionskostensenkungen führen kann. Es stellt sich jedoch aus der Sicht einer Handelskooperation die Frage, auf welchen Ebenen organisatorische Gestaltung stattfindet, welche strukturellen Alternativen zur Auswahl stehen und welche Instrumente eingesetzt werden können.

Ansatzpunkte hierfür bestehen in der Beschreibung spezialisierter Stellen im Management der Kooperationszentrale, der Ausstattung dieser Stellen mit Entscheidungsbefugnissen sowie in der Zusammenfassung von Stellen zu organisatorischen Bereichen. Als Beispiel läßt sich die organisatorische Unterstützung von Differenzierungskonzepten, etwa der Leistungs- oder Betriebstypendifferenzierung, anführen. Eine besondere Herausforderung für die Handelskooperationen stellt darüber hinaus die organisatorische Integration der Systemzentrale und der angeschlossenen Mitgliedsbetriebe dar, weil hierarchische Verbindungen zwischen den verschiedenen Subsystemen nur bis zu einem bestimmten Grad existieren. Hierbei geht es um die Gestaltung von Informations- und Kommunikationsbeziehungen und um die Einbeziehung der Kooperationsmitglieder in die Enscheidungsfindung auf zentraler Ebene. Als wesentliche Organisationsaufgaben der Handelskooperation ergeben sich damit die

---

[561] Zum Begriff der Interdependenz: "Die Entscheidung der Einheit A begründet eine Interdependenz, wenn sie bei ihrer Realisation das Entscheidungsfeld der Einheit B, d.h. die Ressourcensituation, die interne Umwelt oder den externen Markt der Einheit B, zielrelevant verändert." Frese, E., 1993, S. 29.

- Abgrenzung der Geschäftsbereiche als organisatorisches Problem der Systemzentrale und die
- Organisation der Kooperationsführung unter Einbeziehung der Mitgliederinteressen[562].

Allerdings beinhalten diese Aufgaben nicht nur die Dimension der Koordinierung, sondern auch Motivationsaspekte, weil Entscheidungen in Kooperationen zu einem mehr oder weniger großen Anteil nicht auf hierarchischem Wege durchgesetzt werden können. Die Bedeutung der Motivationsdimension für die Handelskooperation sowie der Bezug zur Transaktionskostentheorie wird daher nachfolgend erörtert.

5.2.2.2 Motivationseffizienz

Der Begriff der Motivation beschreibt den inneren Zustand, der den Menschen antreibt, bewegt und sein Verhalten an Zielen ausrichtet[563]. Die Einbeziehung der Motivationsdimension in die Organisationstheorie liegt deswegen nahe, weil Organisationsstrukturen geschaffen werden, um das aufgabenbezogene Verhalten der Organisationsmitglieder zu beeinflussen[564]. Hierbei geht es, über die formale Beschreibung der Aufgaben hinaus, auch um die Berücksichtigung von Eigenarten und Einstellungen einzelner Mitarbeiter sowie um Bedingungen des individuellen Verhaltens. Im weiteren Sinne werden also Verhaltenswirkungen von Organisationsstrukturen betrachtet.

Die empirische Erforschung der Motivation stößt allerdings auf natürliche Grenzen, weil die unmittelbare Messung oder Beobachtung von intrapersonellen Vorgängen kaum durchgeführt werden kann[565]. Statt dessen läßt sich Motivation mittelbar erfassen, indem z.B. untersucht wird,

- welche von mehreren Alternativen ein Individuum auswählt,
- mit welcher Intensität es diese Alternative verfolgt und
- welche Ausdauer es dabei erkennen läßt[566].

Zwar stellen diese Motivationsaspekte eine tragfähige Basis für weitere Untersuchungen dar; gegenüber dem Konzept der Koordinationseffizienz besteht jedoch das Problem, daß die Rückführung von Kriterien der Motivationseffizienz auf ein geschlossenes theoretisches Konzept nicht gelingt[567]. Der Grund hierfür liegt in der zur Zeit unvollständigen empirischen Fundierung von Annahmen über Motivationswirkungen. Die Darstellung der Kriterien zur Beurteilung von Motivationseffizienz be-

---

[562] Ähnlich Koskivaara-Rautsola, Arja: Möglichkeiten und Grenzen der genossenschaftlichen Zusammenarbeit, Diss. München 1984, S. 110.
[563] Vgl. Berelson, Bernard/Steiner, Garry A.: Human Behavior, New York 1964, S. 240.
[564] Vgl. Frese, E., 1993, S. 104.
[565] Vgl. Frese, E., 1993, S. 105.
[566] Vgl. Campbell, John P./Pritchard, Robert D.: Motivation Theory in Industrial and Organizational Psychology, in: Dunnette, Marvin D., (Hrsg.): Handbook of Industrial and Organizational Psychology, Chicago 1976, S. 64.
[567] Vgl. Frese, E., 1993, S. 105 und 272.

schränkt sich daher auf eine exemplarische Auswahl von Effekten, denen eine hohe Bedeutung innerhalb dieser Forschungsrichtung zugesprochen werden kann. Abbildung 47 gibt hierüber einen Überblick.

Es stellt sich die Frage, ob den verschiedenen Annahmen, die ursprünglich für Unternehmungen abgeleitet wurden, auch eine Bedeutung für die Gestaltung von Handelskooperationen beigemessen werden kann. Eine strikte Trennung zwischen Koordinations- und Motivationsdimension wird hierbei nicht verfolgt, weil Motivationskriterien die koordinationsbestimmte Gestaltung flankieren und in ihrer Wirkung verstärken[568]. In einem weiteren Schritt sollen dann potentielle Zusammenhänge zwischen der Motivationswirkung von Organisationsstrukturen und der Transaktionskostenentstehung in Handelskooperationen aufgezeigt werden.

Auf den Einfluß individueller Autonomiebedürfnisse der angeschlossenen Mitgliedsbetriebe wurde bereits hingewiesen[569]. In Anlehnung an diese Ausführungen kann vermutet werden, daß mit steigendem Autonomiebedürfnis der einzelnen Unternehmer Motivationswirkungen nur dann erzielt werden können, wenn ein bestimmtes Mindestmaß an dezentraler Entscheidungsautonomie gewährt wird. In diesen Fällen könnten Partizipationseffekte zur Motivation der Entscheidungsträger in den Mitgliedsbetrieben erreicht werden, indem zentrale Konzeptionen ausreichende Handlungsspielräume und Einflußmöglichkeiten anbieten.

Nicht behandelt wurden bisher die Autonomieeffekte im zentralen Management der Kooperation. Hier könnten eine weitreichende Autonomie sowie Mitspracherechte der angeschlossenen Handelsbetriebe zur Demotivation des Kooperationsmanagement führen, weil die Durchsetzbarkeit zentraler Pläne in Frage gestellt wird. Auch auf die Bedeutung von Anreizsystemen im Zusammenhang mit dem Auftreten externer Effekte wurde bereits hingewiesen. Eine Zurechnung von Anreizen auf den einzelnen Handlungsträger erfolgt z.B. durch die Verteilung der Kooperationsüberschüsse an die einzelnen Mitglieder in Form von periodischen Rückvergütungen. Diesbezüglich sollte geprüft werden, ob Anreizform und -wirkung vom Handlungsträger auch tatsächlich in Verbindung mit kooperationkonformen Entscheidungen gebracht werden. Dies würde beispielsweise dann geschehen, wenn sich die Höhe der Rückvergütung nach dem Ausmaß der Teilnahme an zentralen Aktivitäten ausrichten würde.

Auf den ersten Blick stellt der Positionierungseffekt einen Gegenpol zur Partizipationsperspektive innerhalb der Autonomieeffekte dar, weil scheinbar autonomiebedingten Effizienzverlusten auf untergeordneten Hierachieebenen durch Verlagerung der Entscheidungen auf ein hohe hierarchische Ebene entgegengewirkt werden kann. Allerdings betont *Frese*, daß es bei der Positionierung einer Aufgabe auf eine hohe Ebene primär um den nach außen gerichteten, „demonstrativen" Effekt geht und sekundär um die Zentralisierung von Entscheidungen[570]. Dies kann am Beispiel von Einkaufsverhandlungen der Kooperationen mit Herstellern verdeutlicht werden.

---

[568] Vgl. Frese, E., 1993, S. 285.
[569] Siehe hierzu Kap. 4.2.3.2.
[570] Vgl. Frese, E., 1993, S. 287.

Der Grund für die Verlagerung dieser Verhandlungen auf eine hohe Hierarchieebene der Kooperationszentrale sollte nicht primär in der Zentralisierung sachlicher Einkaufsentscheidungen liegen, sondern in der Effizienzverbesserung der nach außen gerichteten Verfolgung von Kooperationszielen. Demzufolge würden die Sachentscheidungen unter Beteiligung der Mitgliedsbetriebe z.B. in Fachausschüssen getroffen und die Verhandlung über Einkaufskonditionen vom zentralen Kooperationsmanagement geführt werden.

Kriterium	*Angenommene Motivationswirkungen*
Autonomieeffekt	– Je vollkommener die Zurechnung von Anreizen zu organisatorischen Einheiten gelingt, desto besser ist die Anreizwirkung (Anreizperspektive). – Die Akzeptanz von Maßnahmen steigt mit den Einflußmöglichkeiten der von ihnen betroffenen Handlungsträgern (Partizipationsperspektive)[571].
Positionierungseffekt	Die Durchsetzungsfähigkeit und die Überwindung von Bereichsegoismen steigt tendenziell mit der Stärke der durch die Rangordnung vermittelten Autorität. Die Kompetenzen für durchsetzungsproblematische Aufgaben sind somit in der Hierarchie möglichst hoch zu positionieren.
Entbürokratisierungseffekt	Kleine Einheiten und Marktdruck führen dazu, daß nicht überflüssige Ressourcen gebunden und Programme verfolgt werden, die keinen Nutzen versprechen.
Gruppierungseffekt	Für die effiziente Unterstützung der Aufgabenerfüllung durch Gruppenprozesse soll – der Bereich eine Mindestgröße nicht unterschreiten, – die Mitarbeiterstruktur sollte einen moderaten Differenzierungsgrad aufweisen und – die zu erfüllenden Aufgaben sollten ein gewisses Maß an Vielfalt und Abgeschlossenheit gewährleisten[572].

Abb. 47: Ausgewählte Kriterien zur Beurteilung von Motivationswirkungen organisatorischer Maßnahmen; Zusammenstellung nach Frese, E., 1993, S. 285-288.

---

[571] Vgl. Schanz, Günther: Partizipation, in: Frese, Erich, (Hrsg.): Handwörterbuch der Organisation, 3. Aufl., Stuttgart 1992, Sp. 1901 - 1914.
[572] Vgl. Hackman, J. Richard: The Design of Work Teams, in: Lorsch, Jay W., (Hrsg.): Handbook of Organizational Behaviour, Englewood Cliffs, N.J. 1987, S. 315 - 342.

5.2 Transaktionskosten und organisatorische Gestaltung der Handelskooperation

Auch dem Entbürokratisierungseffekt kann eine Bedeutung für Handelskooperationen beigemessen werden. Gerade hier erscheint es notwendig, die Nutzenstiftung von zentralen Managementpositionen transparent zu gestalten, um seitens der angeschlossenen Mitgliedsbetriebe den Eindruck zu vermeiden, daß durch Kooperationsgebühren und Rabatteinnahmen ein bürokratischer Verwaltungsapparat unterhalten wird, der vorwiegend dem Selbstzweck der Zentrale dient. Ein organisatorischer Ansatz zur transparenteren Gestaltung der zentralen Leistungen besteht darin, kleine organisatorische Einheiten zu bilden, z.B. in Form von Service- und Beteiligungsgesellschaften, die unter dem Dach einer gemeinsamen Holding[573] koordiniert werden[574]. Ob diese Maßnahmen auch tatsächlich zur Entbürokratisierung führen, hängt mit davon ab, ob es hierdurch auch tatsächlich zur Einsparung von externen und internen Transaktionskosten kommt oder ob es sich hierbei nur um vordergründige Maßnahmen handelt.

Durch die Erzielung von Gruppierungseffekten soll erreicht werden, „daß in einem Bereich die Mitarbeiter ein ausreichendes Spektrum an Wissen und Fähigkeiten repräsentieren bzw. aufbauen und daß leistungsfähige Problemlösungsprinzipien und -strategien entwickelt werden können"[575]. In Handelskooperationen erlangen Gruppierungseffekte, neben der Gestaltung zentraler Geschäftsbereiche, wohl vor allem bei der Besetzung von Ausschüssen und Gremien eine Bedeutung[576]. Es stellt sich hierbei die Frage, ob und wie sich die Entscheidungs- und Entscheidungsdurchsetzungs-Effizienz durch Variation der Gestaltungsparameter „Gruppengröße", „Mitarbeiter-" und „Aufgabenstruktur" beeinflussen läßt. Da es sich hierbei vor allem um die organisatorische Gestaltung der Kooperationsleitung handelt, soll diese komplexe Fragestellung an späterer Stelle aufgegriffen werden[577].

Bis hierhin hat sich gezeigt, daß die aufgezeigten Kriterien zur Bestimmung der Motivationseffizienz von Organisationsstrukturen grundsätzlich auch für Handelskooperationen Relevanz besitzen. Noch nicht behandelt wurde die Frage nach Interdependenzen zwischen der Motivationseffizienz und den zu erwartenden Transaktionskosten. Schon bei der Beschreibung der Koordinationsdimension wurde darauf hingewiesen, daß Entscheidungen in Kooperationen nicht allein auf hierarchischem Wege, sondern auch über das Einverständnis der verschiedenen Kooperationspartner getroffen und durchgesetzt werden. Wenn der Kooperationsvertrag hierarchische Koordination nur in geringem Ausmaß vorsieht, wird tendenziell die Notwendigkeit ansteigen, die einzelnen Kooperationsmitglieder zu konformen Verhalten im Sinne der Kooperationsziele zu motivieren. Dem entgegen steht individueller

---

[573] Die Holding-Gesellschaft wird hier als Dachgesellschaft interpretiert, die nicht nur über die Finanzherrschaft verfügt, sondern auch die Planung, Entwicklung und Kontrolle der Tochtergesellschaften betreibt.
[574] Siehe hierzu das Fallbeispiel unter Kap. 5.2.3.2.
[575] Frese, E., 1993, S. 288.
[576] Zwar könnte auch das gesamte Kooperationssystem als 'Gruppe' bezeichnet werden, eine derartige Auslegung erscheint jedoch hier fragwürdig, weil sich die empirischen Arbeiten auf einzelne Unternehmensbereiche beziehen.
[577] Siehe hierzu Kap. 5.2.4.

Opportunismus, der als Einflußfaktor auf die Entstehung von Transaktionskosten im Rahmen des organizational failures framework beschrieben wurde[578]. Gestaltungsmöglichkeiten zur Vermeidung opportunistischen Verhaltens, das in Kooperationssystemen externe Effekte verursacht, wurden bereits an früherer Stelle aufgezeigt[579]. Durch die Einbeziehung der Motivationsdimension als Kriterium für die Effizienz von Organisationsstrukturen wird der Maßnahmenkatalog um organisatorische Gestaltungsinstrumente erweitert. Diese Erweiterung erscheint insbesondere deswegen notwendig, weil nicht nur rationale, nutzenstiftende Aspekte Berücksichtigung finden, sondern das gesamte Spektrum intrapersoneller und individueller Beweggründe abgedeckt wird. Die Tatsache, daß in Handelskooperationen immer wieder Themen wie „Bewahrung der Selbständigkeit" und „Wir-Gefühl" kontrovers diskutiert werden, zeigt die Bedeutung von sozialen Aspekten[580].

5.2.3 Gestaltung der Organisationsstruktur

Die Konfiguration der Gesamtunternehmung als organisatorisches Problem findet nach *Frese* auf zwei Ebenen statt[581]:

1. Die Gliederung einer Unternehmung in Unternehmungsbereiche, die das organisatorische Gesamtbild prägen.
2. Die Gestaltung der Unternehmungsleitung.

Wie bereits gezeigt wurde[582], betreffen diese Ebenen auch die Organisation von Handelskooperationen, so daß die folgenden Ausführungen dieser Unterscheidung folgen. Da die Differenzierung von verschiedenen Leistungszweigen oder Geschäftsbereichen in Kooperationen zunehmend an Bedeutung gewinnt, werden hier zunächst alternative Ansätze zur Gestaltung organisatorischer Bereiche in der Kooperationszentrale vorgestellt.

Die wenigen Veröffentlichungen zur Gestaltung organisatorischer Bereiche in Handelskooperationen zeichnen sich durch eine erhebliche Begriffs- und Themenvielfalt aus. Hierbei fällt teilweise auf, daß die Diskussion von Organisationsstrukturen in einem sehr engen Zusammenhang mit verhaltenswissenschaftlichen Themenbereichen (z.B. Gruppenkonflikte, soziale Beziehungen) steht[583]. Unabhängig hiervon sollen nachfolgend zunächst Strukturalternativen für die Organisation der Handelskooperation aufgezeigt werden, um im Anschluß an einem empirischen Beispiel die Auswirkungen auf die organisatorische Effizienz und hiervon ausgehende Transaktionskostenwirkungen zu erörtern.

---

[578] Siehe hierzu Kap. 4.1.1.
[579] Siehe hierzu Kap. 5.1.2.1.
[580] Vgl. Eschenburg, R., 1971, S. 73.
[581] Vgl. Frese, E., 1993, S. 313.
[582] Siehe hierzu Kap. 5.2.2.1.
[583] So z.B. bei Kuhn, Gustav: Verbundgruppen und Organisationsentwicklung, in: Der Verbund, Jg. 5 (1992), S. 4 - 6; Olesch, G., 1991c, S. 23 - 28.

5.2.3.1 Strukturalternativen

Als Grundformen für die Abgrenzung von organisatorischen Bereichen stehen die

- handlungsorientierte Organisationsstruktur (Funktionalorganisation),
- produktorientierte Organisationsstruktur (Spartenorganisation) und die
- marktorientierte Organisationsstruktur (Regionalorganisation)

zur Verfügung[584]. Welche der aufgeführten Grundformen vorliegt, richtet sich nach dem Kriterium für die Abgrenzung von organisatorischen Einheiten auf der zweiten Hierarchieebene, also unterhalb der Leitungsebene.

Bei der insbesondere von Klein- und Mittelbetrieben häufig gewählten Funktionalorganisation werden die einzelnen Bereiche nach homogenen Gruppen von Handlungen abgegrenzt (z.B. Beschaffung, Marketing, Rechnungswesen etc.). Mit wachsender Unternehmensgröße und zunehmender Diversifikation der angebotenen Leistungen bietet sich die Spartenorganisation an, die auf der zweiten Hierarchieebene z.B. nach Produktgruppen differenziert. Eine weitere Strukturalternative, insbesondere für Unternehmen mit umfangreichen Auslandsaktivitäten, stellt die Regionalorganisation dar. Ein Beispiel hierfür wäre die Unterscheidung der einzelnen Bereiche nach Inlands-, Europa- und Überseegeschäften. Es sei hier der Hinweis angebracht, daß die aufgezeigten Grundstrukturen nicht nur in ihrer ursprünglichen Form realisiert werden, sondern daß es häufig zu Mischformen der hier aufgezeigten Grundstrukturen kommt, die mehr als ein Abgrenzungskriterium auf der zweiten Hierarchieebene aufweisen.

Es stellt sich prinzipiell die Frage, ob diese Abgrenzungskriterien, die ursprünglich in Industrieunternehmen entwickelt wurden, auch für die Organisation von Handelskooperationen in Betracht kommen. Vorab sei erwähnt, daß es sich hierbei vorwiegend um ein Organisationsproblem der Systemzentrale handelt, das aber durch die Zusammenarbeit mit den angeschlossenen Mitgliedsbetrieben auf die gesamte Kooperation ausstrahlt.

Ein Blick auf die unterschiedlichen Entwicklungsphasen[585] von Handelskooperationen zeigt, daß sich die zur Abgrenzung von organisatorischen Grundformen gewählten Kriterien in verschiedenen Entwicklungsstufen widerspiegeln. So würde möglicherweise die Full-Servicephase eine Funktionalorganisation, die Diversifikationsphase eine Spartenorganisation oder die Internationalisierungsphase eine Regionalorganisation begründen. Bei einer solchen Vorgehensweise würden jedoch spezielle, die Handelskooperationen betreffende Aspekte unberücksichtigt bleiben. Zum einen bedeutet der Eintritt in eine Entwicklungsstufe nicht, daß hierdurch die Ausrichtung aus früheren Phasen aufgegeben wird. Beispielsweise schließt eine Diversifizierung durch Sortimentserweiterung den Full-Service-Gedanken nicht aus, sondern begründet eher bestimmte Aufgabenbereiche, wie z.B. Marketing oder Mitgliederservice. Es stellt sich in diesem Fall die Frage, welches Abgrenzungskri-

---

[584] Vgl. zu den folgenden Ausführungen Frese, E., 1993, S. 315 - 429.
[585] Siehe hierzu Kap. 2.2.2.

terium in der Organisationsstruktur einer diversifizierten Full-Service-Kooperation dominieren soll. Als Rahmenbedingung gilt es weiterhin zu berücksichtigen, daß es sich bei Systemzentralen von Handelskooperationen um mittelgroße Betriebe mit höchstens mehreren hundert Mitarbeitern handelt. Zwangsläufig bestehen für die Differenzierbarkeit von Organisationsstrukturen größenbedingte Grenzen.

Als letzten, vielleicht wichtigsten Punkt gilt es zu berücksichtigen, daß für Handelskooperationen nicht nur die organisatorische Unterstützung der Wettbewerbsfähigkeit auf externen Märkten eine Rolle spielt, sondern daß auch dem kooperationsinternen Bereich eine große Bedeutung für den Gesamterfolg des Systems zukommt. Hieran knüpfen sich z.B. Überlegungen an, wie durch Organisation auf die Mitgliederheterogenität reagiert oder der Kontakt zwischen Zentrale und Mitgliedsbetrieben effizienter gestaltet werden kann. Es stellt sich daher die Frage, welche Bedeutung die Mitgliedsbetriebe als **interne Zielgruppe** in der Organisationsstruktur der Handelskooperation spielen sollen.

Eine Antwort auf diese Frage geben die folgenden Organisationsmodelle, die speziell für die Anforderungen von Handelskooperationen entwickelt wurden[586].

1. Das Ausgangsmodell

Es dominieren - dem Funktionsprinzip folgend - die warenbezogenen Aktivitäten (z.B. Einkauf, Lagerhaltung, Logistik), die um Servicefunktionen wie Marketing und Werbung ergänzt werden.

2. Das fachgruppen- und betriebstypenorientierte Modell

Marktausrichtung und Marketing nehmen neben den warenbezogenen Aktivitäten einen höheren Stellenwert ein als in dem Ausgangsmodell. Bei der Organisation der Mitgliederbetreuung wird zwischen gewachsenen, nicht formierten und in Fachgruppen und Betriebstypen formierten Mitgliedern unterschieden.

3. Das betriebstypenorientierte Modell

Mitgliederbetreuung und Marketing stehen mit hoher Priorität neben den traditionellen (Waren-) Aktivitäten der Verbundgruppe. Die Qualität der Zusammenarbeit mit den angeschlossenen Betrieben wird durch intensive Betreuungsarbeit, in Form von Fachberatung unterstrichen.

4. Das integrierte Modell

Der Kooperation gehören ausschließlich formierte, z.B. in Franchise-Linien integrierte, Mitgliedsbetriebe an. Den größten Teil der Dienstleistungen erbringen selbständige Dienstleistungsgesellschaften, die mit den Franchise-Gesellschaften in ei-

---

[586] Vgl. Mathieu, Günter: Anforderungen an moderne Organisations- und Führungsstrukturen in Verbundgruppen, in: Gesellschaft zur Kooperationsförderung im Handel, (Hrsg.): Die innere Erneuerung der Verbundgruppen des Handels, Schriften zur Kooperationspolitik, Nr. 1, Köln 1987, S. 12 - 15.

nem engen Leistungsaustausch stehen. Neben der Dienstleistungsqualität und -flexibilität wird hierdurch auch dem Profit-Center-Prinzip[587] Rechnung getragen.

Die beschriebenen Modelle zeigen intensitätsmäßige Abstufungen in der organisatorischen Einbindung der Mitgliedsbetriebe und in der Differenzierung der Mitgliederbetreuung. Diese Aspekte finden in der formalen Organisationsstruktur des Ausgangsmodells kaum Berücksichtigung. Das fachgruppen- und betriebstypenorientierte Modell bietet Mitgliederservice selektiv für die Betriebe an, die eines der angebotenen Betreuungskonzepte in Anspruch nehmen. Die Arbeit in Fachgruppen erstreckt sich über verschiedene Funktionsbereiche, die von den Mitgliedern modular[588] zusammengestellt werden können. Betriebstypenkonzepte bieten hingegen eine fertige Konfiguration von zentralen Dienstleistungen an und stellen somit ein differenziertes Leistungsangebot dar. In der Organisation der Handelskooperation setzen beide Konzepte entsprechende Stellen, z.B. für Fachgruppenleiter und Betriebstypen-Manager voraus, die bei der Umsetzung der organisatorischen Konzeption Schlüsselpositionen einnehmen[589].

In dem betriebstypenorientierten Modell spielt das Fachgruppenkonzept kaum noch eine Rolle, es werden allerdings auch nichtformierte Mitglieder betreut. Der höchste organisatorische Einbindungsgrad wird durch das integrierte Modell erreicht, nach dem jeder Betrieb formiert und z.B. einer Franchise-Linie zugeordnet wird.

Bei sämtlichen Modellen handelt es sich um Idealtypen, die sich in der Organisationspraxis häufig mit anderen Modellen vermischen[590]. Die Entwicklung der Organisationsstruktur vom Ausgangsmodell zum betriebstypenorientierten Modell soll nachfolgend anhand des empirischen Fallbeispiels der INTERFUNK eG aufgezeigt werden. Mit dieser Vorgehensweise kann selbstverständlich nicht der Anspruch erhoben werden, die organisatorische Effizienz der entsprechenden Maßnahmen allgemeingültig herauszuarbeiten. Vielmehr geht es darum, den Prozeß der Organisationsentwicklung in Handelskooperationen darzustellen und die Anwendung der Effizienzkriterien für die Beurteilung organisatorischer Alternativen aufzuzeigen.

---

[587] Bei Profit-Centern handelt es sich um organisatorisch und rechnungstechnisch abgegrenzte betriebliche Teilbereiche, für die gesonderte Erfolgsanalysen als Grundlage einer erfolgsorientierten Steuerung durchgeführt werden. Vgl. Köhler, Richard: Beiträge zum Marketing-Management - Planung, Organisation, Controlling, 2. Aufl., Stuttgart 1991, S. 182.
[588] Siehe zur Modularität von zentralen Marketingkonzepten Kap. 4.2.2.1.
[589] Vgl. Mathieu, G., 1987, S. 16.
[590] Vgl. Schudak, Rüdiger: INTERFUNK eG - Organisationsstruktur für die 90er Jahre, in: Der Verbund, Jg. 3 (1990a), S. 6.

5.2.3.2 Die Beurteilung von Strukturalternativen: Das Beispiel der INTERFUNK eG

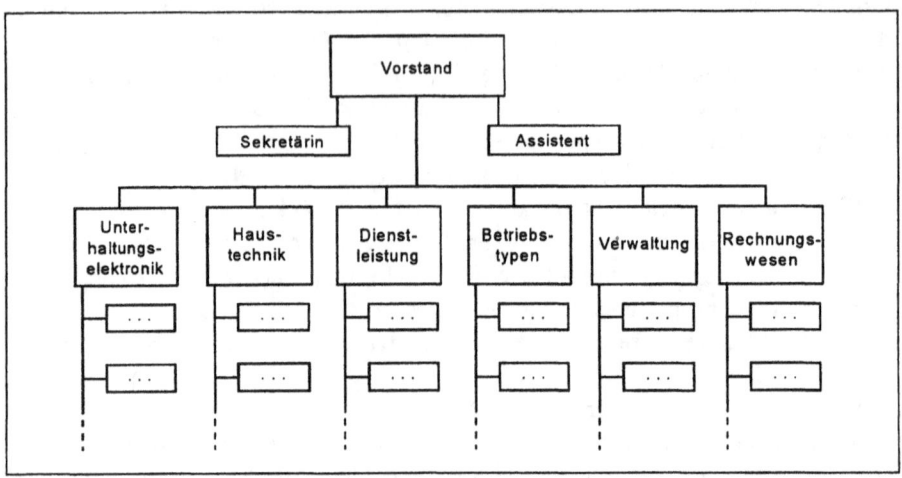

Abb. 48: Die Organisationsstruktur der INTERFUNK eG vor der Reorganisation; Quelle: Vgl. Schudak, R., 1990a, S. 6.

Bei der INTERFUNK eG handelt es sich um eine genossenschaftlich geführte Verbundgruppe in der Elektroeinzelhandelsbranche (Unterhaltungselektronik und Haustechnik), die sich mit geänderten Markt- und Konkurrenzbedingungen konfrontiert sieht[591]. Hierzu zählen insbesondere das Vordringen von Fachmarkt- und Franchise-Ketten sowie die Übernahme von traditionellen Facheinzelhandelsunternehmen durch Großunternehmen des Lebensmittelhandels und Warenhauskonzerne. Hierdurch verlor die INTERFUNK eG mehrere Mitgliedsunternehmen. Die Veränderung der bestehenden Organisationsstruktur wurde als ein Weg angesehen, um - bei Angebot einer Full-Service-Mitgliederbetreuung - die bestehenden Standorte zu sichern und möglichst Chancen zur Expansion zu eröffnen. Die folgende Abbildung stellt die Organisationsstruktur der INTERFUNK eG auf der ersten und zweiten Hierarchieebene in ihrer Ausgangssituation dar.

Das vorangegangene Organisationsmodell zeigt eine breite zweite Ebene, mit Fachabteilungen, die unmittelbar dem Vorstand unterstehen. Die Abgrenzung der einzelnen Abteilungen folgt mehreren Kriterien. So entspricht die Unterscheidung von „Unterhaltungselektronik" und „Haustechnik" dem Spartenprinzip, während die Differenzierung der übrigen Bereiche nach funktionalen Aspekten stattfand.

An dem Modell wurde kritisiert, daß es warenbezogenen Aktivitäten zu sehr in Vordergrund rückt und damit weitgehend dem Ausgangsmodell folgt[592]. Einer Mar-

---

[591] Vgl. zu den folgenden Ausführungen Schudak, R., 1990a, S. 4 f.
[592] Vgl. Schudak, R., 1990a, S. 6.

keting- und Serviceausrichtung der Verbundgruppe sowie einer differenzierten Mitgliederbetreuung wird statt dessen kaum entsprochen. Infolgedessen wurde eine Organisationsreform beschlossen, die folgenden Grundprinzipien berücksichtigen sollte:

1. Funktionale Bündelung von Abteilungen zu klar strukturierten operativen Einheiten.
2. Einführung einer Unternehmensplanung mit dem Ziel, über klar definierte Prioritäten eine rationale und zugleich effiziente Verteilung knapper finanzieller und personeller Ressourcen zu realisieren.
3. Berücksichtigung des Profi-Center-Prinzips mit seiner transparenten Kosten- und Ertragszuordnung und der Erwirtschaftung von Deckungsbeiträgen.
4. Schaffung einer organisatorischen Basis für Standortsicherungs- und Expansionsprogramme[593].

Das Resultat der Umstrukturierungsmaßnahmen stellt die folgende Abbildung dar.

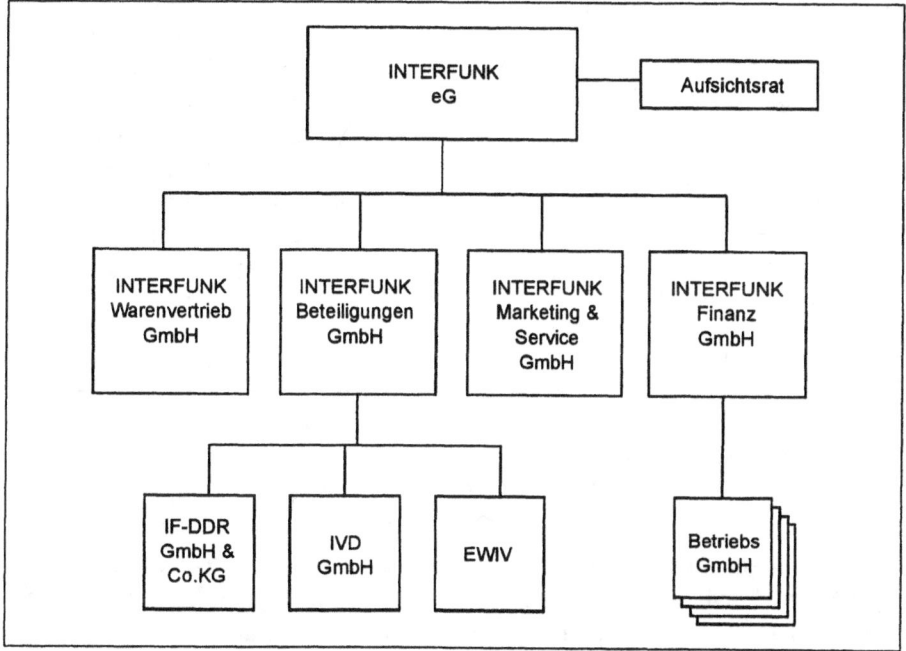

Abb. 49: Die Organisationsstruktur der INTERFUNK eG nach der Reorganisation; Quelle: Schudak, R., 1990b, S. 21.

---

[593] Vgl. Schudak, R., 1990a, S. 8.

Abbildung 49 zeigt, daß die operativen Aufgaben der INTERFUNK eG nicht wie bisher in Abteilungen, sondern in Tochtergesellschaften einer als Holding fungierenden Genossenschaft zugeordnet werden[594]. Dabei hält die INTERFUNK eG jeweils 100% des Stammkapitals der einzelnen Gesellschaften. Die wesentlichen Aufgaben der Genossenschaft und der Gesellschaften werden in der folgenden Übersicht zusammengefaßt.

eG	Warenvertrieb GmbH	Beteiligungen GmbH	Marketing & Service GmbH	Finanz GmbH
-Koordination der Tochtergesellschaften -Strategische Planung u. Controlling -Zentralregulierung/Bonusabrechnung -Mitgliederinformationssystem - Mitgliederakquisition u. Verwaltung -Rechnungswesen -Organisation	-Sortimentsgestaltung -Warenbeschaffung -Lagerhaltung u. Vertrieb -Verkaufsförderung	-Holding- und Koordinierung für Tochtergesellschaften im In- und Ausland	-Bereitstellung aller nicht warenbezogenen Mitgliederbetreuungskonzepte und Leistungen -Entwicklung von Dienstleistungsangeboten (z.B. Marktforschung, Beratung, Aus- und Weiterbildung)	-Vermittlung u. Finanzierung von Mitgliedsbetrieben (Nachfolger, Existenzgründer) -Finanzierung von Expansionsvorhaben -Übernahme zeitweiliger Beteiligungen an regionalen Betriebsgesellschaften

Abb. 50: Die Hauptfunktionen der Unternehmenseinheiten nach der Reorganisation der INTERFUNK eG; Quelle: Vgl. Schudak, R., 1990b, S. 20-23.

Durch die oben aufgezeigte Zusammenfassung der zentralen Aktivitäten in den verschiedenen Gesellschaften wurde die funktionale Bündelung zu klar strukturierten operativen Unternehmenseinheiten unter Berücksichtigung des Profit-Center-Prinzips erreicht. Hierbei finden nicht nur die aktuellen Geschäfte der INTERFUNK eG Berücksichtigung, sondern durch die „Beteiligungen GmbH" und die „Finanz GmbH" werden auch Expansionsbemühungen unterstützt. Die Gesamtkoordination und -planung übernimmt die Genossenschaft als Holding. Die Ziele der Reorganisation erscheinen daher auf den ersten Blick erreicht. Darüber hinaus soll hier jedoch

---

[594] Vgl. zu den folgenden Ausführungen Schudak, Rüdiger: Die neue Organisationsstruktur und Führungsstruktur der INTERFUNK eG, in: Der Verbund, Jg. 3 (1990b), S. 20 - 23.

gefragt werden, ob sich dieser Erfolg auch anhand der organisatorischen Effizienzkriterien sowie durch Möglichkeiten zur Reduzierung von Transaktionskosten begründen läßt. Diesem Zweck dient die Überprüfung der Koordinationseffizienz anhand der Kriterien Potential-, Delegations- und Interdependenzeffizienz[595].

Die Beurteilung der Potentialeffizienz richtet sich nach der Nutzung von Markt- und Ressourcenpotentialen[596], für die sich im Vergleich mit der alten Organisationsstruktur neue Ansätze erkennen lassen. Zum einen zeigt sich die Betonung von Marketing-Aktivitäten durch die Positionierung der „Marketing & Service GmbH" auf der zweiten Hierarchieebene. Zum anderen könnten Ressourcen durch die Bündelung von Funktionen in den einzelnen Gesellschaften besser genutzt werden. Diesbezüglich wird z.B. berichtet, daß Synergie- und Kostendegressionseffekte (u.a. auch Personaleinsparung) durch die Zusammenfassung von Werbe- und Verkaufsförderungsaufgaben in einem Bereich erzielt wurden, die vorher auf mehrere Abteilungen verteilt waren[597]. Demnach würde es zur Ausnutzung von economies of scale kommen, die potentiell auch zur Reduzierung von Transaktionskosten beitragen würden.

Die Beurteilung der Delegationseffizienz erfordert, Kosten und Nutzen des Informations- und Problemlösungspotentials von Einheiten auf übergeordneten Hierarchieebenen abzuwägen[598]. Auch diesbezüglich lassen sich Änderungen nach der Reorganisation aufzeigen. Vorteile könnten durch die Verlagerung strategisch bedeutsamer Funktionsbereiche (z.B. Marketing, Beteiligungen) auf die zweite Hierarchieebene entstehen, statt diese wie vorher einzelnen Sparten oder Warenfunktionen unterzuordnen. Wenn sich hierdurch Informationsbasis und Problemumsicht der Entscheidungsträger in diesen Bereichen verbessern ließen, würde sich hierdurch ein Effizienzvorteil begründen. Auch wurde möglichen Nachteilen durch Delegation von Aufgaben der Genossenschaft auf die Gesellschaften vorgebeugt, indem die Geschäftsleiter der Gesellschaften den Vorstand innerhalb der Holding in Personalunion bilden[599]. Hierdurch kommt es nicht nur zur Einsparung von Personalkosten, sondern es besteht auch ein Ansatz zur Intensivierung von Informations- und Kommunikationsbeziehungen zwischen der Genossenschaft und den Gesellschaften. Sofern es sich um die Problemlösung bei der Anbahnung und Abwicklung von Verträgen handelt, führt eine effiziente Delegation von Entscheidungen zu geringeren Transaktionskosten, u.a. durch kürzere Entscheidungszeiten, geringeren Ressourceneinsatz und verbesserter Entscheidungsqualität. Letztere trägt mit zur Reduzierung von nachvertraglichen Kosten bei, weil vorvertragliche Transaktionsunsicherheiten aufgrund einer verbesserten Informationsversorgung vermindert werden.

---

[595] Siehe hierzu auch Kap. 5.2.2.1.
[596] Vgl. Frese, E., 1993, S. 281 f.
[597] Vgl. Schudak, R., 1990b, S 22.
[598] Vgl. Frese, E., 1993, S. 284 f.
[599] Vgl. Schudak, R., 1990b, S. 20.

Als drittes Beurteilungskriterium für die Beurteilung der Koordinationseffizienz dient die Interdependenzeffizienz[600]. Eine Interdependenz entsteht immer dann, wenn die Realisation einer Entscheidung, die eine organisatorische Einheit trifft, das Entscheidungsfeld einer anderen Einheit zielrelevant verändert[601]. Zu zielrelevanten Veränderungen kann es bei der Ausschöpfung von Marktpotentialen, bei der Ressourcennutzung oder durch interne Leistungsverflechtungen kommen[602]. Von der neuen Organisationsstruktur kann angenommen werden, daß gegenüber der alten Struktur neue Interdependenzen entstehen. So können beispielsweise die Aktivitäten der „Marketing & Service GmbH" die Kundenerwartungen beeinflussen, mit denen die „Warenvertrieb GmbH" konfrontiert wird. Eventuell beeinflussen auch die Entscheidungen der „Finanz GmbH" (z.B. über die Bindung von finanziellen Mitteln) die Möglichkeiten der „Beteiligungen GmbH" zielrelevant. Die Aktivitäten der Einheiten erfordern daher kostenverursachende Informations- und Abstimmungsprozesse, um nachteilige Auswirkungen von Interdependenzen innerhalb und außerhalb der Kooperation zu verhindern. Ob die Interdependenzsituation vor der Reorganisation effizienter gelöst wurde, kann aufgrund der vorhandenen Informationen nicht entschieden werden. Möglicherweise wurden Interdependenzen durch Produktmanager ausgeschaltet, die den verschiedenen Sparten „Unterhaltungselektronik" und „Haustechnik" zugeordnet waren. Aber auch die Einteilung dieser Sparten könnte Interdependenzen begründen, wenn z.B. zwischen den beiden Produktgruppen Nachfrageabhängigkeiten bestehen würden.

Insgesamt betrachtet, überwiegen Anhaltspunkte, die auf eine Steigerung der Koordinationseffizienz hinweisen, was sich auch durch eine Verminderung von Transaktionskosten, mit vorteilhaften Auswirkungen auf die Potential- und Delegationseffizienz, begründen ließe. Ob von der neuen Organisationsstruktur auch Auswirkungen auf die Motivationseffizienz ausgehen, kann auf der Basis der vorhandenen Informationen kaum beurteilt werden. Eventuell könnten positive Effekte von der Bildung selbständiger Gesellschaften ausgehen, weil Leistungsanreize besser zugeordnet werden können.

Eine abschließende oder umfassendere Effizienzbeurteilung der Reorganisation kann hier nicht erfolgen, da hierzu genauere Kenntnisse der organisatorischen Verhältnisse notwendig wären. Allerdings ging es bei dem vorgestellten Fallbeispiel weniger um das Ergebnis der Effizienzbeurteilung als vielmehr um die Darstellung der Anwendung organisationstheoretischer Grundprinzipien auf die Gestaltung von Handelskooperationen und ihre Auswirkung auf das Transaktionskostenniveau.

5.2.4 Organisation der Kooperationsleitung

Unter dem Begriff **Unternehmungsleitung** wird ein Individuum oder eine Gruppe als höchste Ebene der Unternehmungshierarchie verstanden, die zur Formulierung

---

[600] Siehe hierzu auch Kap. 5.2.2.1.
[601] Vgl. Frese, E., 1993, S. 29; siehe auch Kap. 5.2.2.1.
[602] Vgl. Frese, E., 1993, S. 281 f.

der offiziellen, für alle Unternehmungsaktivitäten verbindlichen Unternehmungsziele legitimiert ist[603]. Dieses Begriffsverständnis gilt hier für Kooperationssysteme analog. Die Regelung der Kooperationsleitung wird in Grundzügen durch die Satzung der Kooperation festgelegt, ähnlich wie die Unternehmungsverfassung die Unternehmungsführung bestimmt[604]. Hierbei spielen rechtliche Rahmenbedingungen eine wichtige Rolle, die z.B. in Abhängigkeit von der gewählten Rechtsform oder der Betriebsgröße verbindlich werden. Da Satzungsänderungen in vielen Kooperationen nur mit einem erheblichen Abstimmungsaufwand realisiert werden können, stellt die Gestaltung der Kooperationsleitung und deren satzungsgemäße Festschreibung einen Entscheidungsbereich mit strategischem Charakter dar.

Die Darstellung organisatorischer Probleme im Bereich der Kooperationsleitung erfolgt in zwei Schritten. Zunächst werden die Organisation der Kooperationsleitung als Problem der Regelung kollektiver Entscheidungen dargestellt und die hiermit verbundenen Transaktionskosten aufgezeigt. In dem zweiten Schritt geht es um die Abgrenzung und Effizienzbeurteilung von Gremien und Organen, die für die Institutionalisierung von kooperativen Entscheidung in Betracht kommen.

5.2.4.1 Organisation kollektiver Entscheidungen

Jegliche Form von Kooperation verursacht spezielle Kosten für das Zustandekommen kollektiver Entscheidungen, die sich in

- Konsensfindungskosten und
- externe Kosten

unterteilen lassen[605]. Konsensfindungskosten begründen sich „bei Kollektiventscheidungen durch Verhandlungsprozesse, die notwendig werden, wenn die individuellen Ziele und Ziel-Mittel-Vorstellungen der Mitglieder des Kollektivs a priori nicht homogen sind"[606]. Hierzu gehören auch Informationskosten, die vor jeder Verhandlung anfallen und die tendenziell steigen, je geringer der Informationsstand, je größer die Anzahl der Beteiligten und je größer die Zahl der erforderlichen Einzelentscheidungen sind[607]. Verhandlungskosten entstehen vor allem als zeitlicher Aufwand für den Einigungsprozeß. Die Höhe der Verhandlungskosten wird durch die Anzahl der an der Entscheidung Beteiligten, dem Entscheidungsverfahren, der

---

[603] Vgl. Frese, Erich (unter Mitarbeit von Mensching, Helmut/Werder, Axel v.): Unternehmungsführung, Landsberg am Lech 1987, S. 15.

[604] Vgl. Frese, E., 1993, S. 488 - 491.

[605] Vgl. Vierheller, Rainer: Demokratie und Management, Göttingen 1983, S. 105; zur Unterscheidung zwischen individuellen und kollektiven Entscheidungen vgl. Buchanan, James M./Tullock, Gordon: The Calculs of Consent, 5. Aufl., Michigan-Don Mills 1974, S. 33 - 36.

[606] Vierheller, R., 1983, S. 105.

[607] Vgl. Boettcher, Erik: Kooperation und Demokratie in der Wirtschaft, Tübingen 1974, S. 59 - 61; Eschenburg, Rolf: Kooperation und Organisation der obersten Willensbildung - Die Grundzüge der ökonomischen Kooperationstheorie und ihre Bedeutung für Genossenschaften, in: Boettcher, Erik, (Hrsg.): Führungsprobleme in Genossenschaften, Göttingen 1977, S. 135.

Anzahl, Dringlichkeit und Sachqualität der erforderlichen Entscheidungen, sowie dem Grad der Heterogenität der individuellen Präferenzordnungen determiniert[608].

Der Begriff der externen Kosten[609] bezeichnet hier die Nachteile, die dem Individuum aus der kollektiv getroffenen, verbindlichen Entscheidung erwachsen. Hierzu gehören Kompensationszahlungen, die als Entschädigung von kompromißbereiten Mitgliedern an andere Mitglieder gezahlt werden, um diese ebenfalls zur Einwilligung zu bewegen. Weitere externe Kosten entstehen durch Nachteile für Mitglieder, die als Minderheit überstimmt wurden und die daraufhin negative Folgen zu tragen haben.

Es zeigt sich, daß es sich bei den Kosten der kollektiven Willensbildung zu einem großen Anteil um kooperationsinterne Transaktionskosten handelt, und es soll weiter gefragt werden, welche Ansätze zur Reduzierung dieser Kosten bestehen. Diesbezüglich bieten sich zwei Möglichkeiten an: Zum einen können sämtliche Kooperationsmitglieder versuchen, eine kostenminimierenden Abstimmungs- und Entscheidungsmodus (Entscheidungsregel) zu finden; zum anderen besteht die Alternative der Nicht-Beteiligung am kollektiven Willensbildungsprozeß (Apathie)[610].

Bei Nicht-Beteiligung am kollektiven Entscheidungsprozeß[611] sinken die Konsensfindungskosten für das einzelne Mitglied auf Null, weil es an keinen Verhandlungen teilnimmt. Würden alle Mitglieder so handeln, käme es zu keiner Entscheidung. Praktische Erfahrungen im Genossenschaftsbereich zeigen jedoch, daß zumindest ein Teil der Mitglieder in der Kooperationsleitung mitwirkt.

Das apathische Entscheidungsverhalten des anderen Teils erhöht allerdings die Wahrscheinlichkeit externer Kosten, weil diese Mitglieder die eigenen Interessen nicht zur Geltung bringen. Bei rational bestimmter Wahl zwischen Beteiligung und Nicht-Beteiligung hängt daher die Lösung des Entscheidungsproblems davon ab, „ob das Individuum die Senkung der Konsensfindungskosten bei Nicht-Beteiligung höher oder niedriger einschätzt als die damit verbundene Steigerung der zu erwartenden externen Kosten"[612].

Die Beteiligung an der kollektiven Entscheidungsfindung[613] setzt eine Entscheidungsregelung voraus, wodurch die Mindestzahl von erforderlichen Ja-Stimmen für eine Kollektiventscheidung mit allgemeiner Verbindlichkeit festgelegt wird. Die Wirkung unterschiedlicher Entscheidungsregeln kann anhand der beiden Extremfälle aufgezeigt werden, zwischen denen die Auswahl stattfindet: Im einen Extrem reicht eine einzige Ja-Stimme aus, um eine verbindliche Entscheidung durchzusetzen, im entgegengesetzten Fall müssen alle Mitglieder der Entscheidung zustimmen (Einstimmigkeitsprinzip).

---

[608] Vgl. Boettcher, E.:, 1974, S. 61.
[609] Vgl. zu den folgenden Ausführungen Vierheller, R., 1983, S. 106.
[610] Vgl. Vierheller, R., 1983, S. 106 f.
[611] Vgl. zu den folgenden Ausführungen Vierheller, R., 1983, S. 107 f.
[612] Vierheller, R., 1983, S. 108.
[613] Vgl. zu den folgenden Ausführungen Vierheller, R., 1983, S. 116 - 119.

Dem ersten Extremfall kommt eher eine theoretische Bedeutung zu, weil jedes Mitglied nach eigenem Ermessen Entscheidungen treffen könnte, die ohne Einwilligung der anderen Mitglieder für die gesamte Kooperation Gültigkeit besitzen würden. Im Gegenzug können andere Mitglieder den Entschluß durch eine Nachfolgeentscheidung aufheben, sobald die Gültigkeitsfrist für die zuerst getroffene Entscheidung ausgelaufen ist. Als kennzeichnend für diese Entscheidungsregel kann festgehalten werden, daß hierdurch die Konsensfindungskosten minimiert werden, weil Verhandlungskosten nicht anfallen. Entgegengesetzt treten allerdings maximale externe Kosten auf, die zu Mitgliederaustritten führen würden.

Die Entscheidungsregel nach dem Einstimmigkeitsprinzip führt ebenfalls zu entgegengesetzten Kostenverläufen, allerdings tritt hier der umgekehrte Fall ein. Die Notwendigkeit, eine von allen Mitgliedern getragene Entscheidung zu treffen, führt zu komplizierten Verhandlungsprozessen, durch die es zu einer Maximierung der Konsensfindungskosten kommt. Allerdings minimiert diese Entscheidungsregel die externen Kosten, weil der Konsens von jedem Mitglied getragen wird. Es zeigt sich daher, daß keine Entscheidungsregel beide Kostenarten gleichzeitig minimiert, d.h. nur die Summe beider Kostenarten läßt sich minimieren. Die folgende Grafik zeigt die minimalen Entscheidungskosten bei der Anzahl von erforderlichen Ja-Stimmen im Punkt x.

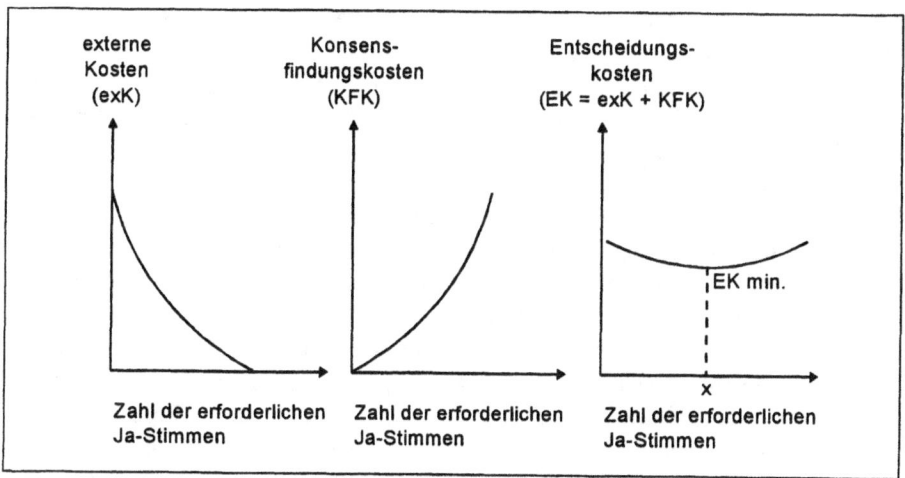

Abb. 51: Kostenminimierung bei kollektiver Entscheidung; Quelle: Vgl. Vierheller, R., 1983, S. 119.

Die bis hierhin gewonnen Erkenntnisse über die Kosten kollektiver Entscheidungen werden nachfolgend für die Darstellung der Vor- und Nachteile von Leitungsorganen und -gremien in Handelskooperation genutzt.

5.2.4.2 Abgrenzung von Organen und Gremien

Bei der Darstellung kollektiver Entscheidungskosten wurde davon ausgegangen, daß sich das einzelne Mitglied entweder direkt oder gar nicht an der Entscheidungsfindung beteiligt. Ein Beispiel für die direkte Beteiligung aller Mitglieder stellt die Generalversammlung der Genossenschaft dar, in der jedes Mitglied über eine Stimme verfügt (§ 26 Abs. 2 GenG). Das Genossenschaftsgesetz benennt eine Reihe von Fällen, die eine Mehrheit von drei Vierteln aller Stimmen erfordern (§ 31 Abs. 2 GenG), während sonst die einfache Mehrheit ausreicht. Hierzu zählen z.B. die Änderung der Satzung, der Widerruf der Bestellung von Mitgliedern des Vorstands und die Auflösung der Genossenschaft. Hierbei handelt es offensichtlich um bedeutsame Entscheidungen, die je nach Ergebnis zu erheblichen externen Kosten führen können, so daß in diesen Fällen höhere Konsensfindungskosten, aufgrund einer höheren Zahl von Ja-Stimmen zur verbindlichen Entscheidungsfindung, in Kauf genommen werden.

Eine ausschließliche Entscheidungsfindung unter direkter Beteiligung der Mitglieder in der Generalversammlung würde allerdings erhebliche Nachteile für alle Beteiligten nach sich ziehen[614]. Kooperationsziele wie Wachstum, Aufgabenexpansion und -differenzierung sowie Konzentrationstendenzen und Umweltdynamik setzen ständige Entscheidungsbereitschaft und -fähigkeit voraus, so daß die Mitglieder nahezu jederzeit die Teilnahme an der Generalversammlung in Kauf nehmen müßten. Der hiermit verbundene Zeit- und Ressourcenaufwand würde entweder zu Lasten der einzelnen Betriebe gehen oder zu einer hohen Anzahl von Nichtteilnehmern an der Kollektiventscheidung führen. Der Gebrauch von Vetorechten oder nicht erreichte Mehrheitsfähigkeiten bei Versammlungen würden zudem die Reaktions- und Handlungsfähigkeit der Genossenschaft beeinträchtigen[615].

Diese Entscheidungskosten lassen sich durch die Übertragung von Entscheidungskompetenzen an Fachleute - z.B. hauptamtliche Geschäftsführer oder Manager - senken. Durch Ausbildung und Erfahrung der Fachleute sowie durch deren Spezialisierung und Konzentration auf Führungsaufgaben besteht die Möglichkeit, Entscheidungszeiten zu verkürzen, bei gleichzeitiger Steigerung der Entscheidungsqualität[616]. Zur vollständigen Ausschöpfung dieser Vorteile wird dem Manager ein Handlungsspielraum gewährt, in dem er seine Entscheidung allein, aber mit verbindlicher Innen- und Außenwirkung für die Kooperation treffen kann. Hierbei sollte bedacht werden, daß die individuellen Ziele des Managers gegenüber den Zielen der Mitglieder differieren können; beispielsweise könnte ein Konflikt über das Einkommen des Managers entstehen[617]. Je größer der Handlungsspielraum des Managers ausfällt, desto mehr muß das Mitglied befürchten, daß auch Entscheidungen getroffen werden, die seinen eigenen Interessen nicht entsprechen. Die Kosten, die hierdurch entstehen, werden auch als externe Kosten der Manager-Autonomie be-

---

[614] Vgl. zu den folgenden Ausführungen Vierheller, R., 1983, S. 120 f.
[615] Vgl. Boettcher, E., 1980, S. 78.
[616] Vgl. Vierheller, E., 1983.
[617] Vgl. Boettcher, E., 1980, S. 78 f.

zeichnet, denen allerdings gegenläufige Entscheidungskosten gegenüberstehen[618]. Es stellt sich die Frage nach der Bestimmung des optimalen Autonomiegrades, der die Summe aus Entscheidungskosten und externen Kosten der Managerautonomie minimiert. Abbildung 52 zeigt die grafische Lösung dieses Entscheidungsproblems. Die minimalen Gesamtkosten, die sich als Summe von externen Kosten der Managerautonomie und Entscheidungskosten ergeben, werden hier bei dem Autonomiegrad (x) erreicht.

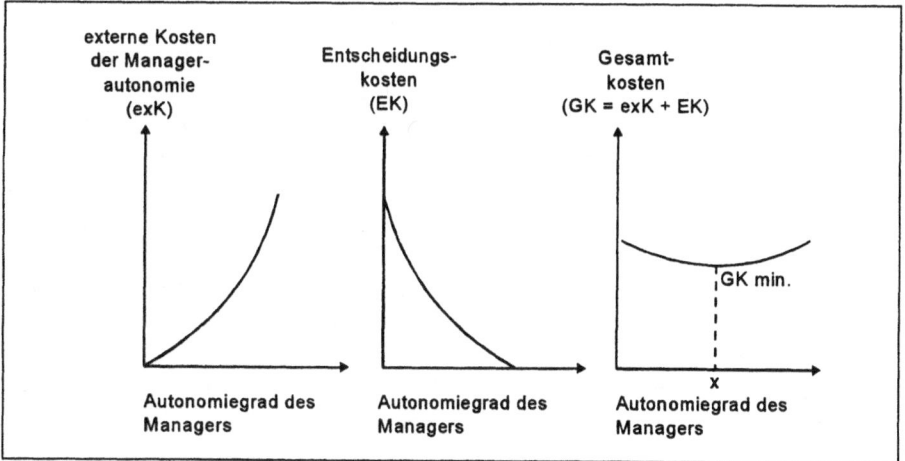

Abb. 52: Kostenminimierung bei Managerentscheidung; Quelle: Vgl. Vierheller, R., 1983, S. 123.

Daß die Begrenzung der Managerautonomie auch in der Kooperationspraxis eine Rolle spielt, kann wiederum am Beispiel der genossenschaftlichen Satzung verdeutlicht werden. Gemäß dem Genossenschaftsgesetz ist für die Geschäftsführung der Vorstand zuständig, der die Genossenschaft in eigener Verantwortung leitet (§ 14 Abs. 1 GenG). Zu den Aufgaben des Vorstands gehören z.B. die Formulierung der Unternehmensziele, die gesamte Organisation, die Planung der Geschäftsabläufe, die Finanzierung und die Führung der Mitarbeiter[619].

Eine Begrenzung der Managerautonomie wird durch die Generalversammlung ausgeübt, die sich eine Reihe wichtiger Entscheidungen vorbehält[620]. Zu diesen Entscheidungen zählen gemäß § 30 GenG z.B. die Änderung der Satzung, Feststellung des Jahresabschlusses, Verwendung des Jahresüberschusses bzw. -fehlbetrages, Entlastung des Vorstands, Festlegung des Eintrittsgeldes[621] sowie die Auflösung der

---

[618] Vgl. Vierheller, R., 1983, S. 122.
[619] Vgl. Gräser, Bernd/Hoppert, Rainer/Werhahn, Jürgen W.: Die Satzung der Genossenschaften, Wiesbaden 1990, S. 51 f.
[620] Vgl. Vierheller, R., 1983, S. 121.
[621] Vgl. Gräser, B./Hoppert, R./Werhahn, J. W., 1990, S. 111.

Genossenschaft und die Änderung der Rechtsform. Eine weitere Eingrenzung der Entscheidungskompetenz des Vorstands übt der Aufsichtsrat aus, der die Geschäftsführung überwacht (§ 22 Abs. 1 GenG) und in den nur selbständige, aktiv tätige Mitglieder gewählt werden können[622]. Die Überwachungsfunktion kann z.B. durch Berichterstattung über die Angelegenheiten der Genossenschaft oder durch Prüfung von Kassen- oder Wertpapierbeständen wahrgenommen werden. Darüber hinaus verlangt das Genossenschaftsgesetz die Zustimmung des Aufsichtsrats bei gundlegenden Geschäftsführungsmaßnahmen[623]. Hierzu zählen gemäß § 23 GenG Abs. 1 z.B. Grundstücksgeschäfte, Übernahme und Aufgabe von Beteiligungen, Prokuraerteilung und die Festlegung von Termin und Ort der Generalversammlung.

Es zeigt sich insgesamt, daß zumindest das Genossenschaftsgesetz eine Reihe von Einrichtungen zur Begrenzung der Managerautonomie vorsieht. Mit der Eingrenzung der Manager-Autonomie verbinden sich allerdings auch Nachteile. So sieht *Eschenburg* einen Wettbewerbsnachteil bei der Anwerbung von Führungskräften:

„So lange erstklassige Führungskräfte knapp sind, haben Unternehmen, die nur Managerpositionen mit eingeschränkter Entscheidungsbefugnis zu bieten haben, keine besonders große Aussichten, erstklassige Führungskräfte zu bekommen."[624]

Zwar besteht die Möglichkeit, dem Manager den Unabhängigkeitsanspruch durch Kompensationszahlungen abzukaufen, hierdurch würden allerdings zusätzliche Kosten für die Kooperation entstehen.

Um auch Spontaneität, Kreativität und die Nutzung der höheren Fachkompetenz sicherzustellen, gehen Genossenschaften zunehmend dazu über, den Handlungsspielraum der Geschäftsführer zu erweitern[625], was auch durch die Weiterentwicklung des Genossenschaftsgesetzes zum Ausdruck kommt[626].

Größere Möglichkeiten zur Erweiterung der Managerautonomie läßt das GmbH-Gesetz zu, das die Bildung eines Aufsichtsrats nicht zwingend vorsieht[627]. In der Kooperationspraxis kommt es daher zu zahlreichen Interpretationen der Rolle des Aufsichtsrats, z.B. als Beirat mit vorwiegend beratender Funktion oder als Fachbeirat, der nur für bestimmte Sachgebiet eine Zuständigkeit besitzt. Über die bisher diskutierten Organe (Generalversammlung, Vorstand und Aufsichtsrat) kommt es in Kooperationen zur Bildung weiterer Ausschüsse, Projektgruppen und Fachtagungen, die mehr oder weniger regelmäßig zusammenkommen. Die folgende Abbildung gibt hierüber einen Überblick:

---

[622] Vgl. Gräser, B./Hoppert, R./Werhahn, J. W., 1990, S. 81 f.
[623] Vgl. Gräser, B./Hoppert, R./Werhahn, J. W., 1990, S. 78 f.
[624] Eschenburg, Rolf: Genossenschaft und Demokratie, in: Zeitschrift für das gesamte Genossenschaftswesen, Bd. 22 (1972), S. 136.
[625] Vgl. Boettcher, E., 1980, S. 80 f.
[626] Siehe hierzu ausführlich Fritz, Reinhard: Stellung und Aufgaben des genossenschaftlichen Vorstandes, Gelsenkirchen 1984, S. 100 - 103.
[627] Vgl. o.V.: Schrittmacher oder Bremser ? - Die Rolle des Aufsichts- und Beirates in der Verbundgruppe, in: Der Verbund, Jg. 1 (1988), Nr. 3, S. 4.

5.2 Transaktionskosten und organisatorische Gestaltung der Handelskooperation

I Gremien kraft Satzung

- Aufsichtsrat
- Verwaltungsrat
- Mitgliederversammlung
  (Delegiertenversammlung)
- Beirat

II Ausschüsse/Kommissionen

- Marketingausschuß
- Werbeausschuß
- Einkaufsausschuß
- Sortimentsausschuß
- Kreditausschuß
- Organisationsausschuß
- Musterungskommissionen

III Projektbezogene Arbeitsgruppen

- Arbeitsgruppe EDV
- Arbeitsgruppe Logistik
- Strategiegruppe
- Kreativgruppe
- Arbeitsgruppe "Betriebstypenpolitik"
- Arbeitsgruppe "Beteiligungsmodelle"

IV Fachtagungen

- Erfa-Gruppen
- Cheftagungen
- Regionalkonferenzen
- Juniorenkreise
- Ländergruppentagungen
- Betriebstypentagungen
- Schulungs-/Seminarveranstaltungen

Abb. 53: Ausgewählte Gremien in Verbundgruppen des Handels; Quelle: Vgl. Batzer,E./ Lachner,J./Mayerhöfer, W, 1989, S. 68.

Ein Vorteil der verschiedenen Gremien besteht in den vielfältigen Möglichkeiten zur aktiven Einbindung von Kooperationsmitgliedern in die Arbeit der Systemzentrale, je nach Interesse und Fachkenntnissen. Diesen positiven Effekten kann allerdings entgegengehalten werden, daß sich gerade interne Auseinandersetzungen in Gruppen oftmals als sehr langwierig erweisen und daß dabei häufig aus der individuellen Einzelsicht heraus argumentiert wird[628]. Eine hohe Anzahl von Organen und Gremien in der Leitungsorganisation einer Kooperation könnte daher ein erhebliches Kostenpotential begründen[629], wenn hierdurch zahlreiche Informations-, Kommunikations- und Abstimmungsprozesse entstehen. Jeder organisatorischen Implementierung von Organen oder Gremien sollte deswegen eine Kosten-Nutzen-Abschätzung vorausgehen, um unnötige Transaktionskosten zu vermeiden. Als Vergleichsmaßstab sollte die Kosten-Nutzen-Relation herangezogen werden, die sich bei Alleinentscheidung durch das Kooperations-Management ergibt. Allerdings sind hierbei Kosten und Nutzen einer Gruppenentscheidung nicht als gegeben anzusehen, sondern diese können durch Einsatz von Gestaltungsinstrumenten beeinflußt werden. Als Gestaltungsansätze zur Beeinflussung der Transaktionskosteneffizienz von Gruppenentscheidungen kommen z.B. die Variation der Teilnehmer- und Sitzungszahl, die Wahl des Sitzungsortes und der Einsatz von neutralen Moderatoren in Be-

---

[628] Vgl. Tietz, Bruno: Alternative Entscheidungskonzepte in Verbundgruppen - Teil 1, in: Der Verbund, Jg. 6 (1993c), Nr. 3, S. 8.
[629] Vgl. Müller-Hagedorn, L., 1995, S. 193.

tracht. Darüber hinaus sollte geprüft werden, inwieweit neue Informations- und Kommunikationstechnologien zur Unterstützung von Gruppenentscheidungen beitragen.

Die Transaktionskosteneffizienz von Manager-Entscheidungen hängt u.a. von der Organisationsstruktur der Zentrale ab, deren Gestaltung sich nach den Subzielen „Koordinationseffizienz" und „Motivationseffizienz" ausrichten sollte. Direkten Einfluß auf Qualität und Kosten von Managerentscheidungen nehmen z.B. die Einräumung des individuellen Autonomiegrades (Delegation), die Zuweisung des Aufgabenbereichs (Segmentierung), die Informationsversorgung sowie monetäre und nicht-montäre Anreizsysteme.

6 Zusammenfassung der Ergebnisse

Für die Handelskooperation ergibt sich zunehmend die Notwendigkeit, die eigene Position im Wettbewerb der distributiven Systeme zu bestimmen und umzusetzen. In diesem Wettbewerb stellt die Handelskooperation eine institutionelle (vertragliche) Alternative zwischen der rein marktlichen Koordination (selbständige Händler) und der Hierarchielösung (Filialsysteme, Direktvertrieb) dar. Es ergibt sich die Ausgangsfrage, in welchem Ausmaß marktliche oder hierarchische Koordinationsmechanismen zur Wettbewerbsfähigkeit der Handelskooperation beitragen.

Die Transaktionskostentheorie bietet sich diesbezüglich als Erklärungsansatz an, weil diese die Effizienz vertraglicher Vereinbarungen in den Mittelpunkt der Untersuchungen stellt. Als Effizienzmaßstab dienen die Transaktionskosten, die durch die Anbahnung, Vereinbarung, Kontrolle und Anpassung von Verträgen entstehen. Ein Distributionssystem kann als effizient bezeichnet werden, wenn es zumindest keine höheren Transaktionskosten im Vergleich zu alternativen Systemen verursacht. Allerdings läßt sich die Effizienz eines Distributionssystems nicht ausschließlich mit der Transaktionskostenhöhe erklären, weil die Kostenreduzierung nicht allein das Zielsystem der Handelskooperation bestimmt. Dies soll jedoch die Bedeutung des Transaktionskostenansatzes nicht beeinträchtigen, denn die Verringerung von Transaktionskosten stellt ein wesentliches Subziel dar, dessen Verfolgung zur Sicherung der Wettbewerbsfähigkeit von Handelskooperationen beiträgt. Darüber hinaus stellt die Transaktionskostentheorie eine allgemeine Theorie dar, die eine Integration verschiedener Einzeltheorien ermöglicht, so daß andere Erklärungsansätze hinzugezogen werden können.

Zur Beurteilung der Transaktionskosten als Subzielgröße erweist sich eine direkte Messung als problematisch. Der Grund hierfür liegt in der oftmals schwierigen Trennung von betrieblichen Produktions- und Transaktionsprozessen. Dieses Problem kann im Einzelfall unter Einbeziehung der entscheidungsrelevanten Transaktionskosten gelöst werden. Allerdings bietet sich für die Beurteilung komplexer und langfristig angelegter Vertragssysteme, zu denen Kooperationsvereinbarungen zählen, die Einbeziehung relevanter Einflußfaktoren an, um in Abhängigkeit von deren Ausprägungen, Tendenzaussagen über die Transaktionskosteneffizienz alternativer Koordinationsmechanismen zu treffen. Bei der Auswahl und Anwendung der Einflußfaktoren wird hier zwischen allgemeinen und speziellen Determinanten unterschieden. Innerhalb der allgemeinen Einflußfaktoren lassen sich die Ursachen der Transaktionskostenentstehung aufzeigen, zu denen die begrenzte Rationalität der Entscheidungsträger, die Umweltunsicherheit, die Wettbewerbssituation sowie der individuelle Opportunismus der Kooperations- und Marktpartner gehören. Über eine differenzierte Betrachtung dieser Bedingungen lassen sich Aussagen über die Effizienz von Koordinationsmechanismen treffen und Gestaltungsmöglichkeiten aufzeigen.

Die Eigenschaften der Transaktionen und ihr Einfluß auf die Transaktionskosten werden durch die Transaktionsdimensionen Spezifität, Häufigkeit und Unsicherheit berücksichtigt. Es zeigt sich, daß die Kooperation bei einem mittleren Spezifitätsgrad und häufiger Wiederholbarkeit der gemeinsam durchzuführenden Transaktionen eine effiziente Koordinationsform darstellt. Sollten hohe spezifische Investitionen erforderlich sein, empfiehlt es sich, diese durch bindungsintensive Verträge abzusichern. Hingegen spricht eine erhebliche Unsicherheit bezüglich der durchzuführenden Distributionsaufgabe eher für eine losere Kooperation, denn es fällt schwerer, die kooperative Zusammenarbeit längerfristig zu regeln.

Infrastrukturelle Rahmenbedingungen bilden die relevanten Einflußfaktoren der Transaktionsumwelt, zu denen vor allem rechtliche und technologische Rahmenbedingungen zählen. Durch die wettbewerbsrechtliche Unterscheidung zwischen horizontalen und vertikalen Kooperationen, müssen Verbundgruppen im Vergleich mit Franchise-Systemen weiterreichende Restriktionen in Kauf nehmen, z.B. durch die Untersagung von Bezugsverpflichtungen. Angesichts der zunehmenden Verflechtungen von horizontalen und vertikalen Beziehungen in der Kooperationspraxis sind an dieser Rechtsprechung Zweifel angebracht. Technologische Rahmenbedingungen erlangen für Handelskooperationen insbesondere durch Neuentwicklungen im Bereich der Informations- und Kommunikationstechnologien eine Bedeutung. Die Integration verschiedener Technologien und die Vernetzung dezentraler Ressourcen tragen mit zur effizienteren Gestaltung von Informations- und Kommunikationsbeziehungen bei.

Die besonderen Fähigkeiten der Kooperation, zur Ausschöpfung von Kostensenkungs- und Erlöspotentialen, werden durch die speziellen Einflußfaktoren einbezogen. Die Handelskooperation kann einen Kostenvorteil gegenüber alternativen Distributionssystemen erzielen, indem sie entweder die Kosten des Warenbezugs durch Bündelung von Einkaufsaktivitäten reduziert, oder indem sie die Handlungskosten des Gesamtsystems durch gemeinsame Aufgabenerfüllung senkt. Günstige Einkaufskonditionen werden insbesondere dann zu erzielen sein, wenn den Herstellern große Bestellmengen zu sicheren Abnahmebedingungen in Aussicht gestellt werden können. Hierdurch reduzieren sich die Transaktionskosten der Handelskooperation und der Hersteller.

Mit der gemeinsamen Aufgabenerfüllung im Einkauf, im Marketing und durch zentrale Dienstleistungen wird versucht, Skalenerträge durch Größenvorteile und Lerneffekte zu erwirtschaften, um hierdurch sowohl Transaktions- als auch Produktionskosten einzusparen. Es zeigt sich jedoch, daß die Ausnutzung dieser Kostensenkungspotentiale mit von der Fähigkeit des Kooperationssystems abhängt, zusätzliche Erlöse durch einen abgestimmten Auftritt auf den lokalen Endabnehmermärkten zu erzielen. Wenn diese Märkte relativ homogene Strukturen aufweisen, Nachfrageveränderungen nur begrenzt auftreten und die Endabnehmer elastisch auf Werbung reagieren, bestehen für einen abgestimmten Marktauftritt gute Erfolgsaussichten. In diesem Szenario besitzen die Kooperationssysteme einen Wettbewerbsvorteil, die ihre gemeinsamen Aktivitäten vertraglich regeln und die Einhaltung der Verträge sicherstellen. Verbundgruppen, deren gemeinsame Aufgabenerfüllung weitgehend auf dem Prinzip der Freiwilligkeit beruht, müßten in diesem Fall höhere Transaktionskosten in Kauf nehmen. Insbesondere für Verbundgruppen stellt sich daher die Frage, ob deren Mitgliedsbetriebe einer engeren Zusammenarbeit und Begrenzung der individuellen Handlungsspielräume zustimmen würden. Dies hängt von der Heterogenität der Mitgliederstruktur und von der grundsätzlichen Bereitschaft der Unternehmer, zur Begrenzung ihrer eigenen Autonomie ab.

Der Nutzen der aufgezeigten Zusammenhänge ergibt sich für die einzelne Handelskooperation aus den Gestaltungsempfehlungen, die auf der Basis dieser Erkenntnisse gegeben werden können. Zur Gestaltung des Kooperationssystems bieten sich vertragliche Vereinbarungen und organisatorische Maßnahmen an. Der Vergleich zwischen Kooperationsvereinbarungen von Verbundgruppen und Franchise-Systemen zeigt, daß bei Verbundgruppen lediglich die rechtlichen Rahmenbedingungen der Zusammenarbeit festgelegt werden, eine Regelung der innerkooperativen Leistungsbeziehungen unterbleibt weitgehend. Kooperationsvereinbarungen von Verbundgruppen eröffnen den Mitgliedsbetrieben somit Handlungsspielräume zur individuellen Marktbearbeitung. Die Umsetzung zentraler Konzeptionen würde dann zur Entstehung zusätzlicher Transaktionskosten führen, wenn diese Pläne nur von einem Teil der Mitglieder akzeptiert würden. Weiterhin versuchen Verbundgruppen nur sehr begrenzt, die Mitgliederbindung, z.B. durch vertraglich festgeschriebene Investitionen oder langfristig kündbare Verträge, zu erhöhen.

Hingegen regeln Franchise-Verträge die Leistungsbeziehungen zwischen den Kooperationspartnern wesentlich detaillierter. Zudem wird die individuelle Investitions- und Ertragsautonomie der Franchisenehmer eingeschränkt, wodurch die Voraussetzungen für den Einsatz weitreichender Sanktions- und Anreizmechanismen geschaffen werden. Hieraus ergeben sich jedoch nicht zwangsläufig Effizienzvorteile. Auf dynamischen und unsicheren Märkten könnten sich Franchise-Verträge als zu starr erweisen und notwendige Anpassungsprozesse verhindern. Darüber hinaus steigern eine asymmetrische Informationsverteilung und die Einschränkung der individuellen Ertragsautonomie die Wahrscheinlichkeit von vertragswidrigen Verhaltensweisen, wodurch sich ein Effizienzverlust für das Gesamtsystem begründen könnte. Monetäre Anreizsysteme stellen eine Möglichkeit dar, die Einhaltung bindungsintensiver Kooperationsverträge zu fördern.

Neben der vertraglichen Gestaltung stellen organisatorischen Maßnahmen einen weiteren Ansatz zur aktiven Einflußnahme auf das Transaktionskostenniveau dar. Diese Interdependenzen bestehen, weil die organisatorische Einräumung von Entscheidungskompetenzen auch die Entwicklung der Kommunikations- und Abstimmungsprozesse innerhalb der Kooperation betrifft. So können, durch effiziente Organisationstrukturen in der Systemzentrale, beispielsweise Transaktionskosten bei der Marktbearbeitung und Mitgliederbetreuung abgebaut werden. Hierbei spielen auch Motivationswirkungen eine Rolle, die dazu beitragen, opportunistische Verhaltensweisen und die hierdurch entstehenden Transaktionskosten zu reduzieren. Weiterhin beeinflußt die Organisation der Kooperationsleitung die Höhe der Kommunikations- und Abstimmungskosten, die vor allem durch eine effiziente Verteilung von Entscheidungskompetenzen auf die Mitgliedsbetriebe und das Kooperationsmanagement verringert werden können.

Es stellt sich zuletzt die Frage, ob die Transaktionskostentheorie den hier formulierten Anspruch, eine zentrale Theorie für die Erklärung der Handelskooperation darzustellen, erfüllen kann. Dieser Anspruch könnte durch die aufgezeigte Notwendigkeit, auch nicht-institutionenökonomische Erklärungsansätze (z.B. Preistheorie, Kontingenztheorie) einzubeziehen, in Zweifel gezogen werden. Es hat sich jedoch gezeigt, daß sich die verschiedenen Theorien nicht ausschließen sondern sinnvoll ergänzen.

Der Transaktionskostenansatz bietet sich deswegen als zentrale Theorie der Handelskooperation an, weil er das Bindeglied zwischen den kooperierenden Unternehmungen in den Mittelpunkt rückt: *Den Kooperationsvertrag*. Dieser legt die Grundregeln für eine Koordinationsform fest, der weder ein rein marktlicher noch ein rein hierarchischer Charakter zugesprochen werden kann. Die Effizienz der gewählten Koordinationsform bemißt sich u.a. an den Transaktionskosten, die durch diese Alternative verursacht werden. Angesichts der Rolle des Handels als **Transaktionskosten-Spezialist** kann diesem Effizienzkriterium eine hohe Bedeutung beigemessen werden.

Literaturverzeichnis

Albach, Horst: Kosten, Transaktionen und externe Effekte im betrieblichen Rechnungswesen, in: Zeitschrift für Betriebswirtschaftslehre, Jg. 58 (1988), S. 1143 - 1170.

Alchian, Armen A./Demsetz, Harold: Production, information costs, and economic organization, in: American Economic Review, Vol. 62 (1972), S. 777 - 795.

Anderson, Erin/Gatignon, Hubert: Models of Foreign Entry: A Transaction Cost Analysis and Propositions, in: Journal of International Business Studies, Vol. 17 (1986), No. 17, S. 1 - 26.

Anderson, Erin: The Salesperson as Outside Agent or Employee: A Transaction Cost Analysis, in: Management Science, Vol. 4 (1985), No. 3, S. 234 - 254.

Aschoff, Albrecht: Kooperation und Gesetzgebung, in: Wirtschaftlichkeit, o. Jg. (1965), Nr. 2, S. 12 - 18.

Baligh, Helmy H./Richartz, Leon E.: An Analysis of Vertical Market Structures, in: Management Science, Vol. 10 (1964), No. 4, S. 667 - 689.

Bänsch, Axel: Operationalisierung des Unternehmenszieles Mitgliederförderung, Göttingen 1983.

Barth, Klaus: Betriebswirtschaftslehre des Handels, 2. Aufl., Wiesbaden 1993.

Batzer, Erich/Lachner, Josef/Meyerhöfer, Walter: Die handels- und wettbewerbspolitische Bedeutung der Kooperationen des Konsumgüterhandels, Bd. 1, Allgemeiner und zusammenfassender Teil, München 1989.

Batzer, Erich/Lachner, Josef/Meyerhöfer, Walter: Der Handel in der Bundesrepublik Deutschland - Teil II, München 1991.

Bauer, Antonie/Illing, Gerhard: Transaktionskosten und das Coase-Theorem, in: Wirtschaftswissenschaftliches Studium, Jg. 21 (1992), Nr. 12, S. 933 - 936.

Behrens, Karl Christian: Versuch einer Systematisierung der Betriebsformen des Einzelhandels, in: Behrens, Karl Christian, (Hrsg.): Memorium Julius Hirsch, Tübingen 1962, S. 131 - 143.

Benisch, Werner: Kooperationsfibel, 4. Auflage, Bergisch Gladbach 1973.

Berelson, Bernard/Steiner, Gary A.: Human Behavior, New York 1964.

Beuthien, Volker/Schwarz, Günter Chr./Täger, Uwe Chr.: Handelskooperationen und Franchisesysteme im Distributionswettbewerb in Europa - Eine handelspolitische und wettbewerbsrechtliche Darstellung, Teil I, München 1994.

Bidlingmaier, Johannes: Betriebsformen des Einzelhandels, in: Tietz, Bruno, (Hrsg.): Handwörterbuch der Absatzwirtschaft, Stuttgart 1974, Sp. 526 - 546.

Binnenbruck, Horst-Hermann/Ibielski, Dieter/Poeche, Jürgen: Leistungssteigerung durch Kooperation, Merkblatt des Arbeitskreises „Mittel- und Kleinbetriebe" (AKM) des Bundesausschusses Betriebswirtschaft (BBW) im Rationalisierungs-Kuratorium der Deutschen Wirtschaft (RKW) e. V., 2. Aufl., Frankfurt 1978.

Bloom, Derek/Jay, Andrea/Twymann, Tony: The Validity of Advertising Pretests, in: Journal of Advertising Research, Vol. 17 (1977), No. 2, S. 7 - 16.

Boettcher, Erik: Die Genossenschaft in der Marktwirtschaft, Tübingen 1980.

Boettcher, Erik: Kooperation und Demokratie in der Wirtschaft, Tübingen 1974.

Bott, Helmut: Zwischenbetriebliche Kooperation und Wettbewerb, Diss. Köln 1967.

Brand, Dieter: Der Transaktionskostenansatz in der betriebswirtschaftlichen Organisationstheorie, Frankfurt am Main u.a. 1990.

Braun, Günther E.: Der Beitrag der Nutzwertanalyse zur Handhabung eines multidimensionalen Zielsystems, in: Wirtschaftswissenschaftliches Studium, Nr. 2, Jg. 11 (1982), S. 49 - 54.

Buchanan, James M./Tullock, Gordon: The Calculs of Consent, 5. Aufl., Michigan-Don Mills 1974.

Bullinger, Dieter: Die Unternehmung im Beratergeflecht, in: Die Unternehmung, Jg. 38 (1984), Nr. 2, S. 163 - 168.

Campbell, John P./Pritchard, Robert D.: Motivation Theory in Industrial and Organizational Psychology, in: Dunnette, Marvin D., (Hrsg.): Handbook of Industrial and Organizational Psychology, Chicago 1976, S. 63 - 130.

Cheung, Steven N. S.: The Structure of a Contract and the Theory of Non-Exclusive Resource, in: The Journal of Law and Economics, Vol. 13 (1970), S. 49 - 70.

Coase, Ronald H.: The Nature of the Firm, in: Economica, Vol. 4 (1937), S. 386 - 405.

Coase, Ronald H.: The Problem of Social Cost, in: Journal of Law and Economics, Vol. 3 (1960), S. 1 - 44.

Commons, John R.: Institutional Economics, in: American Economic Review, Vol. 21 (1931), S. 648 - 657.

Commons, John R.: Legal Foundations of Capitalism, New York 1924.

Curry, J. A. H. u.a.: Partners for Profit - A Study of Franchising, 2. Aufl., New York 1966.

Cyert, Richard M./March, James G.: A Behavioral Theory of the Firm, Englewood Cliffs, New Jersey 1963.

Dahmen, Egbert: Die Veränderungen der Betriebsführung des Facheinzelhandels durch Beteiligung an Koalitionen, Köln 1972.

Dautzenberg, Philipp: Verbundgruppenmanagement im Spannungsfeld zwischen Zentralisierung und Dezentralisierung, Diss. St. Gallen 1996.

Demsetz, Harold: Towards a theory of property rights, in: The American Economic Review, Vol. 57 (1967), S. 347 - 359.

Deutsch, Paul: Die Betriebsformen des Einzelhandels, Stuttgart 1968.

Dnes, Anthony W.: Franchising: A Case-study Approach, Aldershot u.a. 1992.

Dülfer, Eberhard: Betriebswirtschaftslehre der Kooperative, Göttingen 1984.

EK Großeinkauf eG, (Hrsg.): Satzung in der Fassung vom 23. April 1994.

Engelhardt, Werner H./Kleinaltenkamp, Michael/Rieger, Sören: Der Direktvertrieb im Konsumgüterbereich, Stuttgart u.a. 1984.

Engelhardt, Werner H./Witte, Petra: Direktvertrieb im Konsumgüter- und Dienstleistungsbereich, Stuttgart 1990.

Eschenburg, Rolf: Ökonomische Theorie der genossenschaftlichen Zusammenarbeit, Tübingen 1971.

Eschenburg, Rolf: Genossenschaft und Demokratie, in: Zeitschrift für das gesamte Genossenschaftswesen, Bd. 22 (1972), S. 132 - 158.

Eschenburg, Rolf: Kooperation und Organisation der obersten Willensbildung - Die Grundzüge der ökonomischen Kooperationstheorie und ihre Bedeutung für Genossenschaften, in: Boettcher, Erik, (Hrsg.): Führungsprobleme in Genossenschaften, Göttingen 1977, S. 123 - 155.

Eschenburg, Rolf: Mikroökonomische Aspekte von Property Rights, in: Schenk, Karl-Ernst, (Hrsg.): Ökonomische Verfügungsrechte und Allokationsmechanismen in Wirtschaftssystemen, Berlin 1978, S. 9 - 27.

Frese, Erich (unter Mitarbeit von Mensching, Helmut/Werder, Axel v.): Unternehmungsführung, Landsberg am Lech 1987.

Frese, Erich: Organisationstheorie: Historische Entwicklung - Ansätze - Perspektiven, 2. Auflage, Wiesbaden 1992.

Frese, Erich: Grundlagen der Organisation. Konzept - Prinzipien - Strukturen, 5. Aufl., Wiesbaden 1993.

Fritz, Reinhard: Stellung und Aufgaben des genossenschaftlichen Vorstandes, Gelsenkirchen 1984.

Furubotn, Eirik/Pejovich, Svetozar: Property rights and economic theory: A survey of recent literature, in: Journal of Economic Literature, Vol. 10 (1972), S. 1137 - 1162.

Gablers Wirtschafts-Lexikon, 13. Aufl., Wiesbaden 1992.

Gahrens, Norbert: Die Ökonomisierung der Warendistribution durch zwischenbetriebliche Kooperationen, Göttingen 1990a.

Gahrens, Norbert: Zur Entstehung und Entwicklung der Kooperation in der Absatzwirtschaft, in: Der Verbund, Jg. 3 (1990b), Nr. 4, S. 15 - 17.

Glaser, Jörg: Mitgliederbindung in Verbundgruppen - Möglichkeiten und Grenzen des Einsatzes von Corporate Identity-Strategien, in: Trommsdorff, Volker, (Hrsg.): Handelsforschung 1994/95 - Kooperationen im Handel und mit dem Handel, Wiesbaden 1994, S. 155 - 166.

Gobran, Michael: Elektronischer Datenaustausch zwischen VME und seinen Gesellschaftern zeigt Erfolge, in: Der Verbund, Jg. 8 (1995), Nr. 2, S. 19 - 24.

Gräser, Bernd/Hoppert, Rainer/Werhahn, Jürgen W.: Die Satzung der Genossenschaften, Wiesbaden 1990.

Grochla, Erwin: Unternehmung und Betrieb, in: Beckerath, Erwin v. et al., (Hrsg.): Handwörterbuch der Sozialwissenschaften, Bd. 10, Göttingen 1959a, S. 583 - 588.

Grochla, Erwin: Betriebsverband und Verbandbetrieb, Berlin 1959b.

Grochla, Erwin: Systemtheorie und Organisationstheorie, in: Zeitschrift für Betriebswirtschaft, Jg. 40 (1970), S. 1 - 16.

Grochla, Erwin: Betrieb, Betriebswirtschaft und Unternehmung, in: Grochla, Erwin/Wittmann, Waldemar, (Hrsg.): Handwörterbuch der Betriebswirtschaftslehre, 4. Aufl., Bd. 1, Stuttgart 1974, Sp. 541 - 557.

Grochla, Erwin: Einführung in die Organisationstheorie, Stuttgart 1978.

Gümbel, Rudolf: Handel, Markt und Ökonomik, Wiesbaden 1985.

Hackman, J. Richard: The Design of Work Teams, in: Lorsch, Jay W., (Hrsg.): Handbook of Organizational Behaviour, Englewood Cliffs, N.J. 1987, S. 315 - 342.

Hammes, Michael/Poser, Günter: Die Messung von Transaktionskosten, in: Das Wirtschaftsstudium, Jg. 21 (1992), S. 885 - 889.

Harms, Volker: Interessenlagen und Interessenkonflikte bei der zwischenbetrieblichen Kooperation, Würzburg-Wien 1973.

Harrigan, Kathryn R.: Strategic Alliances and Partner Asymmetries, in: Management International Review, Special Issue, 1988, S. 53 - 72.

Häusel, Georg: Unternehmen brauchen ein ikonisches Leitbild, in: Der Verbund, Jg. 5 (1992), Nr. 2, S. 4 - 10.

Hauser, Heinz: Zur ökonomischen Theorie von Institutionen, in: Timmermann, Mannfred, (Hrsg.): Nationalökonomie morgen: Ansätze zur Weiterentwicklung wirtschaftswissenschaftlicher Forschung, Stuttgart u.a. 1981, S. 59 - 84.

Heinen, Edmund: Aufgaben, Methoden und Ergebnisse der betriebswirtschaftlichen Zielforschung. Einführung zu Kirsch, Werner: Gewinn und Rentabilität - Ein Beitrag zur Theorie der Unternehmungsziele, in: Heinen, Edmund, (Hrsg.): Die Betriebswirtschaft in Forschung und Praxis, Bd. 5, Wiesbaden 1968.

Hering, Franz-J.: Informationsbelastung in Entscheidungsprozessen. Experimental-Untersuchung zum Verhalten in komplexen Situationen, in: Bronner, Rolf, (Hrsg.): Schriften zur empirischen Entscheidungsforschung, Band 4, Frankfurt am Main-Bern-New York 1986.

Hill, Wilhelm/Fehlbaum, Raymond/Ulrich, Peter: Organisationslehre, Bd. 1, 3. Aufl., Bern-Stuttgart 1981.

Jensen, Michael C./Meckling William H.: Theory of the Firm: Managerial Behavior, Agency Costs and Ownership Structure, in: Journal of Financial Economics, Vol. 3 (1976), S. 305 - 360.

Kaas, Klaus P./Fischer, Marc: Der Transaktionskostenansatz, in: WISU - Das Wirtschaftsstudium, Nr. 8 - 9, Jg. 22 (1993), S. 686 - 692.

Katalog E - Begriffsdefinitionen aus der Handels- und Absatzwirtschaft, 4. Ausgabe, Köln 1995.

Kieser, Alfred/Kubicek, Herbert: Organisation, 2. Aufl., Berlin-New York 1983.

Klein, Benjamin: Transaction Cost Determinants of "Unfair" Contractual Arrangements, in: American Economic Review, Vol. 70 (1980), No. 2, S. 356 - 362.

Klein-Blenkers, Fritz: Die Nutzung des Betriebsvergleichs für die Handelsforschung, in: Mitteilungen des Institus für Handelsforschung an der Universität zu Köln, Jg. 35 (1983), S. 105 - 118.

Knauth, Peter: Sunk Costs, in: Wirtschaftswissenschaftliches Studium, Jg. 21 (1992), Nr. 2, S. 76 - 78.

Knoblich, Hans: Zwischenbetriebliche Kooperation, in: Zeitschrift für Betriebswirtschaft, Jg. 39 (1969), S. 497 - 514.

Kogut, Bruce: The Stability of Joint Ventures: Reciprocity and Competetive Rivalry, in: Journal of Industrial Economies, Vol. 38 (1989), S. 183 - 198.

Köhler, Richard: Beiträge zum Marketing-Management - Planung, Organisation, Controlling, 2. Aufl., Stuttgart 1991.

Koskivaara-Rautsola, Arja: Möglichkeiten und Grenzen der genossenschaftlichen Zusammenarbeit, Diss. München 1984.

Krug, Barbara: Die Entzauberung der Samurai, in: Frankfurter Allgemeine Zeitung, Nr. 84 v. 10.4.1993, S. 13.

Krüsselberg, Utz: Theorie der Unternehmung und Institutionenökonomik, Heidelberg 1992.

Kuhn, Gustav: Entwicklung und Probleme der Kooperation im Handel, Göttingen 1977.

Kuhn, Gustav: Verbundgruppen und Organisationsentwicklung, in: Der Verbund, Jg. 5 (1992), S. 4 - 6.

Kunkel, Michael: Franchising und asymmetrische Informationen, Wiesbaden 1994.

Küpper, Hans-Ulrich: Controlling, in: Wittmann, Waldemar, (Hrsg.): Handwörterbuch der Betriebswirtschaft, Band 1, 5. Aufl., Stuttgart 1993, Sp. 647 - 661.

Lal, Rajiv: Improving Channel Coordination Through Franchising, in: Marketing Science, Vol. 9 (1990), No. 4, S. 299 - 318.

Lerchenmüller, Michael: Handelsbetriebslehre, Ludwigshafen-Kiel 1992.

Ley, Hans-Josef/Wolberg, Horst: Verbundgruppen: „Mittler" zwischen Industrie und Handel - Produktmarktforschung für die Industrie, in: Der Verbund, Jg. 8 (1995), Nr. 2, S. 12 - 15.

Liesegang, Helmuth: Der Franchise-Vertrag, 3. Auflage, Heidelberg 1990.

Maas, Rainer-Michael: Absatzwege - Konzeptionen und Modelle, Wiesbaden 1980.

Macneil, Ian R.: Contracts: Adjustment of Long-term Economic Relations under Classical, Neoclassical, and Relational Contract Law, in: Northwestern University Law Review, Vol. 72 (1978), S. 854 - 905.

Marré, Heribert: Funktionen und Leistungen des Handelsbetriebes, Köln-Opladen 1960.

Masten Scott E.: Transaction Costs, Institutional Choice and the Theory of the Firm, Diss. Pennsylvania 1982.

Mathewson, Frank G./Winter, Ralph A.: The Economics of Franchise Contracts, in: Journal of Law and Economics, Jg. 28 (1985), S. 503 - 526.

Mathieu, Günter: Anforderungen an moderne Organisations- und Führungsstrukturen in Verbundgruppen, in: Gesellschaft zur Kooperationsförderung im Handel, (Hrsg.): Die innere Erneuerung der Verbundgruppen des Handels, Schriften zur Kooperationspolitik, Nr. 1, Köln 1987, S. 7 - 21.

Mayntz, Renate: Soziologie der Organisation, Reinbeck bei Hamburg 1963.

Mayo, Michael C.: The Determents of Channel Structure: A Transaction Cost Approach, Diss. Ann Arbor 1988.

Michaelis, Elke: Organisation unternehmerischer Aufgaben - Transaktionskosten als Beurteilungskriterium, Frankfurt am Main-Bern-New York 1985.

Michel, Heinrich: Die Fördergeschäftsbeziehung zwischen Genossenschaft und Mitglied, Göttingen 1987.

Milgrom, Paul/Roberts, John: Economics, Organization and Management, Englewood Cliffs-New Jersey 1992.

Möhlenbruch, Dirk/Nickel, Sylvia: Kooperationsstrategien als Element der wettbewerbsstrategischen Konzeption von Einzelhandelsunternehmungen, in: Trommsdorf, Volker, (Hrsg.): Handelsforschung 1994/95. Kooperationen im Handel und mit dem Handel, Wiesbaden 1994, S. 3 - 22.

Müller, Klaus/Goldberger, Ernst: Unternehmens-Kooperation bringt Wettbewerbsvorteile, Zürich 1986.

Müller, Wolfgang: Die Koordination von Informationsbedarf und Informationsbeschaffung als zentrale Aufgabe des Controlling, in: Zeitschrift für betriebswirtschaftliche Forschung, Jg. 26 (1974), S. 683 - 693.

Müller-Hagedorn, Lothar: Zur Erklärung der Vielfalt und Dynamik der Vertriebsformen, in: Zeitschrift für betriebswirtschaftliche Forschung, Jg. 42 (1990), S. 451 - 466.

Müller-Hagedorn, Lothar: Handelsmarketing, 2. Aufl., Stuttgart-Berlin-Köln 1993.

Müller-Hagedorn, Lothar: Wettbewerb der Systeme, in: Pawlitzek, Bernd/ Solfrian, Dieter W., (Hrsg.): Vom Einkaufsverband zum Fullservice- und Marketingverbund, Seminardokumentation der Mercuri International Deutschland, München 1994, S. 28 - 60.

Müller-Hagedorn, Lothar: The Variety of Distribution System, in: Journal of Institutional and Theoretical Economics, Vol. 151 (1995), S. 186 - 202.

Müller-Hagedorn, Lothar/Bekker, Thorsten: Der Betriebsvergleich als Controllinginstrument in Handelsbetrieben, in: Wirtschaftswissenschaftliches Studium, Jg. 23 (1994), S. 231 - 236.

Nieschlag, Robert: Die Dynamik der Betriebsformen im Handel, Essen 1954.

Nieschlag, Robert: Auf dem Wege zum Full Service, in: Moderner Markt, o.Jg. (1967), Nr. 7, S. 36 - 42.

Nieschlag, Robert: Binnenhandel und Binnenhandelspolitik, 2. Aufl., Berlin 1972a.

Nieschlag, Robert: Grundfragen der Unternehmungspolitik im Filialbetrieb, in: Nieschlag, Robert/Eckardstein, Dudo v., (Hrsg.): Der Filialbetrieb als System - Das Cornelius Stüssgen Modell, Köln 1972b, S. 11 - 24.

Nieschlag, Robert/Dichtl, Erwin/Hörschgen, Hans: Marketing, 15. Auflage, Berlin 1988.

North, Douglas C.: Transaction Costs, Institutions, and Economic History, in: Zeitschrift für die gesamte Staatswissenschaft, Vol. 140 (1984), S. 7 - 17.

o.V.: Schrittmacher oder Bremser ? - Die Rolle des Aufsichts- und Beirates in der Verbundgruppe, in: Der Verbund, Jg. 1 (1988), Nr. 3, S. 4 - 5.

o.V.: Strategische Ansätze zur Weiterentwicklung der Verbundgruppen, in: Der Verbund, Jg. 1 (1988), Nr. 1, S. 4 - 6.

o.V.: Zukunftsstrategien für die Einkaufsverbände, in: Der Verbund, Jg. 1 (1988), Nr. 2, S. 6 - 8.

Oberparleiter, Karl: Funktionen und Risikenlehre des Warenhandels, Berlin-Wien 1930.

Olesch, Günter: Die Einkaufsverbände des Einzelhandels, Frankfurt am Main 1980.

Olesch, Günter: Das Kartellrecht der Einkaufszusammenschlüsse, Frankfurt am Main. 1983.

Olesch, Günter: Die Bedeutung des neuen § 5 c GWB für die Kooperationspraxis, in: Der Verbund, Jg. 2 (1989), Nr. 4, S. 9 - 14.

Olesch, Günter: Die Bedeutung der Zentralregulierung als Kooperationsinstrument zwischen Verbundgruppen und Lieferanten, in: Der Verbund, Jg. 3 (1990), Nr. 2, S. 20 - 22.

Olesch, Günter: Strategische Partnerschaften im deutschen und europäischen Kartellrecht, in: Der Verbund, Jg. 4 (1991a), Nr. 2, S. 23 - 26.

Olesch, Günter: Strategische Partnerschaften im deutschen und europäischen Kartellrecht - 2. Teil, in: Der Verbund, Jg. 4 (1991b), Nr. 3, S. 17 - 18.

Olesch, Günter: Die Kooperationen des Handels, Frankfurt am Main 1991c.

Olesch, Günter: Das interkooperative Gemeinschaftsunternehmen als Wettbewerbsinstrument, in: Der Verbund, Jg. 5 (1992), Nr. 1, S. 10 - 15.

Olesch, Günter: Internationalisierungsstrategien der Kooperationen des Handels, in: Thexis, Jg. 11 (1994), Nr. 4, S. 16 - 26.

Olesch, Günther: Zwischen Selbständigkeit und Gruppenbindung, in: Handelsblatt, Nr. 6 v. 9.1.1996, S. 13.

Ouchi, William G.: A Conceptual Framework for the Design of Organizational Control Mechanismus, in: Management Science, Vol. 25 (1979), S. 833 - 848.

Ouchi, William G.: Markets, Bureaucracies and Clans, in: Administrative Science Quarterly, Vol. 25 (1980), S. 129 - 141.

Picot, Arnold: Transaktionskostenansatz in der Organisationstheorie: Stand der Diskussion und Aussagewert, in: Die Betriebswirtschaft, Jg. 42 (1982), Nr. 2, S. 267 - 284.

Picot, Arnold: Transaktionskosten im Handel, in: Betriebs-Berater, Beilage 13/1986 zu Heft 27/1986, S. 1 - 16.

Picot, Arnold: Ökonomische Theorien der Organisation - Ein Überblick über neuere Ansätze und deren betriebswirtschaftliches Anwendungspotential, in: Ordelheide, Dieter/Rudolph, Bernd/Büsselmann, Elke, (Hrsg.): Betriebswirtschaftslehre und Ökonomische Theorie, Stuttgart 1991, S. 143 - 170.

Picot, Arnold: Ronald H. Coase - Nobelpreisträger 1991, in: Wirtschaftswissenschaftliches Studium, Jg. 21 (1992), S. 79 - 83.

Picot, Arnold/Dietl, Helmut: Transaktionskostentheorie, in: Wirtschaftswissenschaftliches Studium, Jg. 19 (1990), Nr. 4, S. 178 - 184.

Picot, Arnold/Franck, Egon: Aufgabenfelder eines Informationsmanagement (II), in: WISU - Das Wirtschaftsstudium, Nr. 6, Jg. 22 (1993), S. 520 - 526.

Porter, Michael E.: Wettbewerbsstrategie (Competitive Strategy), 6. Aufl., Frankfurt 1990.

Pratt, John W./Zeckhauser, Richard J.: Principals and Agents: An Overview, in: Pratt, John W./Zeckhauser, Richard J., (Hrsg.): Principals and Agents: The Structure of Business, Boston 1991, S. 1 - 35.

Raasche, Hans O.: Kooperation - Chance und Gewinn, Heidelberg 1970.

Richardson, G. B.: The Organization of Industry, in: The Economic Journal, Vol. 82 (1972), S. 883 - 896.

Richter, Rudolf: Institutionenökonomische Aspekte der Theorie der Unternehmung, in: Ordelheide, Dieter/Rudolph, Bernd/Büsselmann, Elke, (Hrsg.): Betriebswirtschaftslehre und Ökonomische Theorie, Stuttgart 1991, S. 395 - 429.

Richter, Rudolf: Institutionen ökonomisch analysiert, Tübingen 1994.

Riebel, Paul: Einzelkosten- und Deckungsbeitragsrechnung: Grundfragen einer markt- und entscheidungsorientierten Unternehmensrechnung, 7. Aufl., Wiesbaden 1994.

Rotering, Joachim: Zwischenbetriebliche Kooperation als alternative Organisationsform. Ein transaktionskostentheoretischer Erklärungsansatz, Stuttgart 1993.

Rubin, Paul H.: The Theory of the Firm an the Structure of the Franchise Contract, in: Journal of Law and Economics, Vol. 21 (1978), S. 223 - 233.

Rühle v. Lilienstern, Hans: Konkurrenzfähiger durch zwischenbetriebliche Kooperation, in: Der Deutsche Volks- und Betriebswirt, Jg. 10 (1964), Nr. 2, S. 21 - 23.

Salje, Peter: Die mittelständische Kooperation zwischen Wettbewerbspolitik und Kartellrecht, Tübingen 1980.

Sandig, Curt: Betriebswirtschaftspolitik, 2. Aufl., Stuttgart 1966.

Schanz, Günther: Partizipation, in: Frese, Erich, (Hrsg.): Handwörterbuch der Organisation, 3. Aufl., Stuttgart 1992, Sp. 1901-1914.

Schenk, Hans-Otto: Marktwirtschaftslehre des Handels, Wiesbaden 1991.

Schenk, Hans-Otto: Verbundlehre: Neuer Wissenschaftsansatz für die Kooperation, in: Der Verbund, Jg. 6 (1993), Nr. 1, S. 4 - 7.

Schenk, Karl-Ernst: Märkte, Hierarchien und Wettbewerb, München 1981.

Schneider, Dieter J. G.: Unternehmungsziele und Unternehmungskooperation - Ein Beitrag zur Erklärung kooperativ bedingter Zielvariationen, Wiesbaden 1973.

Schudak, Rüdiger: INTERFUNK eG - Organisationsstruktur für die 90er Jahre, in: Der Verbund, Jg. 3 (1990a), S. 4 - 8.

Schudak, Rüdiger: Die neue Organisationsstruktur und Führungsstruktur der INTERFUNK eG, in: Der Verbund, Jg. 3 (1990b), S. 20 - 23.

Schultz, Reinhard: Einkaufsgenossenschaften und freiwillige Ketten des Lebensmitteleinzelhandels - ein Vergleich, Karlsruhe 1969.

Schultz, Reinhard/Zerche, Jürgen: Genossenschaftslehre, Berlin-New York 1983.

Schwarz, Peter: Morphologie von Kooperationen und Verbänden, Tübingen 1979.

Sieben, Günter/Schildbach, Thomas: Betriebswirtschaftliche Entscheidungstheorie, 3. Aufl., Düsseldorf 1990.

Simon, Herbert A.: Models of Man, New York 1957.

Skaupy, Walther: Franchising - Handbuch für die Betriebs- und Rechtspraxis, 2. Aufl., München 1995.

Sölter, Arno: Grundzüge industrieller Kooperationspolitik, in: Wirtschaft und Wettbewerb, Jg. 16 (1966), Nr. 3, S. 223 - 262.

Specht, Günter: Grundlagen der Preisführerschaft, Wiesbaden 1971.

Specht, Günter: Distributionsmanagement, 2. Aufl., Stuttgart-Berlin-Köln 1992.

Staudt, Erich et al.: Kooperationshandbuch, Stuttgart 1992.

Strohm, Andreas: Ökonomische Theorie der Unternehmensentstehung, Freiburg i. Br. 1988.

Szyperski, Norbert: Informationsbedarf, in: Grochla, Erwin, (Hrsg.): Handwörterbuch der Organisation, 2. Aufl., Stuttgart 1980, Sp. 904 - 913.

Tiedtke, Horst: Kooperationsmarketing - der Zwang zur Zielformulierung, in: Der Verbund, Jg. 4 (1991), S. 20 - 22.

Tietz, Bruno: Konsument und Einzelhandel, 3. Auflage, Frankfurt am Main 1983.

Tietz, Bruno: Handbuch Franchising, Landsberg am Lech 1991.

Tietz, Bruno: Der Handelsbetrieb, 2. Aufl., München 1993a.

Tietz, Bruno: Alternative Entscheidungskonzepte in Verbundgruppen - Vortrag anläßlich der Unternehmenspolitischen Tagung der Internationalen Vereinigung von Einkaufs- und Marketingverbänden (IVE), Saarbrücken 1993b.

Tietz, Bruno: Alternative Entscheidungskonzepte in Verbundgruppen - Teil 1, in: Der Verbund, Jg. 6 (1993c), Nr. 3, S. 5 - 10.

Tietz, Bruno/Mathieu, Günter: Das Kontraktmarketing als Kooperationsmodell, Köln u.a. 1979.

Tietzel, Manfred: Die Ökonomie der Property Rights: Ein Überblick, in: Zeitschrift für Wirtschaftspolitik, Jg. 30 (1981), S. 207 - 243.

Topritzhofer, Edgar/Schmidt, Berthold: Die Formulierung und empirische Ermittlung absatzwirtschaftlicher Reaktionsfunktionen (II), in: WISU - Das Wirtschaftsstudium, Jg. 7 (1978), S. 14 - 19.

Treis, Bartho/Lademann, Rainer: Das Beschaffungsverhalten von Einzelhändlern in kooperativen Gruppen, in: Marketing - Zeitung für Forschung und Praxis, Jg. 3 (1981), Nr. 3, S. 169 - 180.

Triantafillakis, Georgios: Die Abgrenzung zwischen Kooperation und Kartell im deutschen und EG-Recht, Frankfurt am Main-Bern-New York 1985.

Ulrich, Hans: Die Die Unternehmung als produktives soziales System, 2. Aufl., Bern-Stuttgart 1970.

Vierheller, Rainer: Informationsgefälle und Entscheidungskoordination in der integrierten Genossenschaft, in: Zeitschrift für das gesamte Genossenschaftswesen, Jg. 24 (1974), S. 3 - 19.

Vierheller, Rainer: Demokratie und Management, Göttingen 1983.

Vierheller, Rainer: Handelsgenossenschaften im Wandel, in: Budäus, Dietrich/Gerum, Elmar/Zimmermann, Gebhard, (Hrsg.): Betriebswirtschaftslehre und Theorie der Verfügungsrechte, Wiesbaden 1988.

Weede, Erich: Kosten-Nutzen-Kalküle als Grundlage einer allgemeinen Konfliktsoziologie, in: Zeitschrift für Soziologie, Jg. 13 (1984), Nr. 1, S. 3 - 19.

Wegehenkel, Lothar: Coase-Theorem und Marktsystem, Tübingen 1980a.

Wegehenkel, Lothar: Transaktionskosten, Wirtschaftssystem und Unternehmertum, Tübingen 1980b.

Wegehenkel, Lothar: Gleichgewicht, Transaktionskosten und Evolution - Eine Analyse der Koordinierungseffizienz unterschiedlicher Wirtschaftssysteme, Tübingen 1981.

Wenger, Ekkehard/Terberger, Eva: Die Beziehung zwischen Agent und Pinzipal als Baustein einer ökonomischen Theorie der Organisation, in: Wirtschaftswissenschaftliches Studium, Jg. 17 (1988), S. 506 - 514.

Wilkins, Alan L./Ouchi William G.: Efficient Cultures: Exploring the Relationship between Culture and Organizational Perfomance, in: Administrative Science Quarterly, Vol. 28 (1983), S. 468 - 481.

Williamson, Oliver E.: Markets and Hierarchies: Analysis and Antitrust Implications, New York 1975.

Williamson, Oliver E.: Transaction-Cost Economics: The Governance of Contractual Relations, in: Journal of Law and Economics, Vol. 22 (1979), S. 233 - 261.

Williamson, Oliver E.: The Economics of Organization: The Transaction Cost Approach, in: American Journal of Sociology, Vol. 87 (1981), No. 3, S. 548 - 577.

Williamson, Oliver E.: Corporate Finance and Corporate Governance, in: Journal of Finance, Vol. 43 (1988), S. 567 - 591.

Williamson, Oliver E.: Die ökonomischen Institutionen des Kapitalismus - Unternehmen, Märke, Kooperationen, Tübingen 1990.

Williamson, Oliver E.: Comparative Economic Organization, in: Ordelheide, Dieter/Rudolph, Bernd/Büsselmann, Elke, (Hrsg.): Betriebswirtschaftslehre und Ökonomische Theorie, Stuttgart 1991.

Wintrobe, Ronald: It pays to do good, but not to do more good than it pays - A note on the survival of altruism, in: Journal of Economic Behavior and Organization, Vol. 2 (1981), S. 201 - 213.

Wittmann, Waldemar: Information, in: Grochla, Erwin, (Hrsg.): Handwörterbuch der Organisation, 2. Aufl., Stuttgart 1980, Sp. 894 - 904.

Wöhe, Günter: Einführung in die Allgemeine Betriebswirtschaftslehre, 18. Aufl., München 1993.

Wölk, Andrea/Schmidt, Ulrich/Mang, Karl: Kooperation verbrauchernaher Einzelhandlungen, Berlin 1973.

Woratschek, Herbert: Betriebsform, Markt und Strategie, Wiesbaden 1992.

Zahn, Erich: Informationstechnologie, in: Bea, Franz X./Dichtl, Erwin/ Schweitzer, Marcell, (Hrsg.): Allgemeine Betriebswirtschaftslehre, Band 2 - Führung, Stuttgart-New York 1983.

Zelewski, Stephan: Grundlagen, in: Corsten, Hans/Reiß, Michael, (Hrsg.): Betriebswirtschaftslehre, München-Wien 1994, S. 1 - 140.

Zentes, Joachim: Kooperative Wettbewerbsstrategien im internationalen Konsumgütermarketing, in: Zentes, Joachim, (Hrsg.): Strategische Partnerschaften im Handel, Stuttgart 1992, S. 3 - 31.

GPSR Compliance

The European Union's (EU) General Product Safety Regulation (GPSR) is a set of rules that requires consumer products to be safe and our obligations to ensure this.

If you have any concerns about our products, you can contact us on

ProductSafety@springernature.com

In case Publisher is established outside the EU, the EU authorized representative is:

Springer Nature Customer Service Center GmbH
Europaplatz 3
69115 Heidelberg, Germany

www.ingramcontent.com/pod-product-compliance
Lightning Source LLC
LaVergne TN
LVHW010340260326
834688LV00036B/796